本书受“十二五”国家科技支撑计划项目

“快速检测技术及电动汽车相关产品和材料检测验证技术研究与示范”

（编号：012BAK26B04）资助出版。

主　编　郑建国
副主编　周明辉
　　　　刘莹峰

绿色车用涂料有毒有害物质检测技术

Detection Technology for Toxic and Harmful Substances in Green Friendly Coatings for Vehicle

ZHEJIANG UNIVERSITY PRESS
浙江大学出版社

图书在版编目（CIP）数据

绿色车用涂料有毒有害物质检测技术 / 郑建国主编.
—杭州：浙江大学出版社，2014.12
ISBN 978-7-308-14136-9

Ⅰ. ①绿… Ⅱ. ①郑… Ⅲ. ①汽车—涂料—有毒物质
—检测 Ⅳ. ①TQ630.7

中国版本图书馆 CIP 数据核字（2014）第 283353 号

内容提要

本书收集整理目前常见车用涂料的成分资料，以及国内外技术规范、法律法规对车用涂料化学安全的限制性指标。对车用涂料中高风险八大类有毒有害物质（挥发性溶剂、阻燃剂、固化剂、增塑剂、稳定剂、重金属及材料表征），结合现代的光谱、色谱及质谱快速分析技术，提出绿色涂料有毒有害物质快速测定方法。本书可供从事涂料检验检测技术等相关专业人员参考。

绿色车用涂料有毒有害物质检测技术

主　编　郑建国
副主编　周明辉　刘莹峰

责任编辑	王　波
封面设计	十木米
出版发行	浙江大学出版社 （杭州市天目山路 148 号　邮政编码 310007） （网址：http://www.zjupress.com）
排　　版	杭州好友排版工作室
印　　刷	富阳市育才印刷有限公司
开　　本	710mm×1000mm　1/16
印　　张	14.25
字　　数	271 千
版 印 次	2014 年 12 月第 1 版　2014 年 12 月第 1 次印刷
书　　号	ISBN 978-7-308-14136-9
定　　价	42.00 元

浙江大学出版社发行部联系方式：(0571) 88925591；http://zjdxcbs.tmall.com

前　言

近年来随着汽车行业的跨越式发展，汽车正逐渐进入寻常家庭，随之而来的是，汽车在使用生命周期中对环境安全和人体健康的危害越来越受到人们的重视。其中车用涂料是人们较为关注的一个热点。一方面车用涂料使得整车性能更为优异，而另一方面，由于涂料中大量使用有机溶剂及性能助剂，对人体造成了严重的安全隐患。例如，在高速行驶的密闭车厢内，因车内空气不流通，车内气味过大使得消费者感到不适，继而经检测发现车内空气质量超标的事情时有发生。中央电视台也曾于2013年在《焦点访谈》栏目中，对市面上的在售汽车做过抽查，结果发现大部分新车的车内空气质量超标，首要原因就是车内空气的挥发性有机物和甲醛超标，而这一切的根源又是因为车用涂料中的有机溶剂残留量过高。此外，随着车用涂料工业的迅猛发展，许多高性能、高附加值的助剂被使用到汽车涂料中。已有研究表明，许多为显著改善材料性能而使用的添加剂对环境有着严重的负面影响，如铅及其化合物、镉及其化合物、多溴联苯和多溴二苯醚等。伴随着车用涂料的使用及废置，这些添加剂会暴露于环境中，对环境安全造成危害。因此各国先后出台法律、法规及技术性规范，对车用涂料中的有毒有害物质进行限制，更为环保、安全的"绿色涂料"的概念应运而生。

目前国内已有一批优秀的与车用涂料技术相关的专著和参考书，但重点多着墨于车用涂料的加工、使用性能，而对车用涂料的安全性作全面评价的，以及关于对应的评价技术的内容涉及不多。本书作者为长期在第一线从事车用涂料检验的专业人员，有着丰富的监管、检测和研究经验。基于作者在车用涂料检验领域多年的检测经验和科研成果，本书不仅系统阐述了车用涂料中的高风险有害物质，及各国（地区）出台的法律、法规及技术性规范，而且重点阐述其中高风险有害物质（如挥发性有机物、固化剂、稳定剂等）的检测方法，并提出完整快速筛选及准确定量解决方案，适于监管者、检验员、生产企业、消费者等各个层面的读者参考和借鉴。

由于编者学识水平和经验有限，书中缺点和错误在所难免，恳请读者给予批评指正。

编　者
2014年10月

目　　录

第1章 车用涂料概述

1.1 车用涂料的定义与分类

1.1.1 车用涂料的定义

汽车涂料(automotive coating),是指用于涂覆于汽车上的涂料。广义上来说,汽车涂料不单指涂覆于车体外表面的涂料,也包括汽车内部、汽车底盘及汽车零部件上的涂料。汽车涂料也是涂料的一种。汽车涂上涂料后,不仅使车体表面形成一种保护膜,令车身不容易被氧气、水和环境中的污染物所腐蚀,从而延长汽车的使用寿命,还能给人以美观感受。不同的汽车涂料有不同的功能与效果,选择不同的品种、不同的颜色,还可以展现出车主的不同个性,因此,汽车涂料对于汽车本身来说至关重要。

汽车涂料与其他涂料也有不同之处。由于汽车本身价格较高甚至非常昂贵,加之通常要经历春夏秋冬和刮风下雨暴晒等天气的历练,因此对汽车涂料的性能要求极高。汽车涂料不仅要做到漆膜具有良好的机械性能、丰满度好、光泽高,还要做到附着力好、硬度高、抗划伤能力强,同时更要具备极好的耐候性、耐刮耐磨性、光泽持续性,和优良的耐汽油、耐酒精、耐酸、耐碱、耐盐雾等性能。

1.1.2 汽车涂料的分类

汽车涂料产品众多,分类方法也很多,通常有以下几种分类方法:

1. 按涂料的形态分,可分为水性涂料、溶剂性涂料、粉末涂料、高固体分涂料等。

2. 按用途分,可分为车面漆、底盘漆、零部件漆、车内漆等。

3. 按装饰效果分,可分为纯色漆和闪光漆。纯色漆也称素色漆,其色彩效果是单色的,眼睛观察表面没有闪烁颗粒。而闪光漆又可分为金属漆和珠光漆。金属漆里通常加入金粉(实为铜粉)、银粉或铝粉;珠光漆则主要是加入了珠光云母粉,眼睛观察表面有闪烁颗粒。金属漆和珠光漆各有不同的正侧面效果。

4. 按施工方法分，可分为刷涂涂料、喷涂涂料、辊涂涂料、浸涂涂料、电泳涂料等。

5. 按施工工序分，可分为底漆、中涂漆（二道底漆）、面漆、罩光漆等。

6. 按功能分，可分为装饰涂料、防腐涂料、导电涂料、防锈涂料、耐高温涂料、示温涂料、隔热涂料、防火涂料、防水涂料、隔音减振涂料等。

1.2 车用涂料的组成与用途

与一般的涂料一样，汽车涂料一般由成膜物质（树脂）、颜料、助剂、溶剂等组成。

1.2.1 成膜物质（树脂）

成膜物质（树脂）与颜料、填料结合在一起，在底材上形成均一致密的涂膜，经固化后形成涂层。它是涂膜的主要成分，决定着涂料的基本特性。成膜物质（树脂）可分为天然树脂和人工合成树脂（包括：热塑型、热固型、自交联型）。

1. 天然树脂

昆虫或树木的分泌物。成分：松香、虫胶。

2. 人工合成树脂

热塑型人工合成树脂：高温时软化、易被溶剂溶解（或溶胀）。化学成分：乙烯树脂、CAB 醋酸丁酸纤维素、硝基纤维素等。

热固型人工合成树脂：加热不容易软化、硬度高、耐溶剂。化学成分：三聚氰胺、环氧树脂、丙烯酸树脂等。

自交联型人工合成树脂：双组分混合时发生化学反应并固化。化学成分：不饱和树脂、聚酯树脂、聚氨酯树脂等。

下面是目前主要的几种常见成膜物质（人工合成树脂）及其主要性能和用途：

(1)丙烯酸乳液（水性）

a. 品种：根据乳液的不同可分为纯丙、苯丙、硅丙、醋丙、自交联丙烯酸等。

b. 优点：成本适中、耐候性优良、性能可调整性好、无有机溶剂释放等。

c. 用途：主要用于建筑物的内外墙涂装、皮革涂装、木器涂料等。

(2)溶剂型丙烯酸树脂

a. 品种：可分为自干型丙烯酸树脂（热塑型）和交联固化型丙烯酸树脂（热固

型）。交联固化型丙烯酸涂料主要有丙烯酸氨基漆、丙烯酸聚氨酯漆、丙烯酸醇酸漆、辐射固化丙烯酸涂料等品种。

b. 优点：自干型丙烯酸具有表干迅速、易于施工、保护和装饰作用明显等优点。交联固化型丙烯酸制漆一般都具有很高的固含量，一次涂装可以得到很厚的涂膜，而且机械性能优良，可以制成高耐候性、高丰满度、高弹性、高硬度的涂料。缺点：自干型丙烯酸涂料固含量不容易太高，硬度、弹性不容易兼顾，一次施工不能得到很厚的涂膜，涂膜丰满性不够理想。交联固化型丙烯酸涂料施工比较麻烦，许多品种还需要加热固化或辐射固化，对环境条件要求比较高，一般都需要较好的设备和较熟练的涂装技巧。

c. 用途：主要用于建筑涂料、塑料涂料、电子涂料、道路画线涂料、汽车涂料、电器涂料、木器涂料、建筑涂料等。

(3)聚氨酯树脂

a. 品种：聚氨酯漆可以分为双组分聚氨酯和单组分聚氨酯。

b. 优点：较高的固体含量、漆膜坚硬耐磨，一般都具有良好的机械性能、优良的耐化学腐蚀性能，良好的耐油、耐溶剂性能。缺点：施工工序复杂，对施工环境要求很高，漆膜容易产生弊病。

c. 用途：应用方向有木器涂料、地板涂料、汽车修补涂料、防腐涂料、地坪涂料、电子涂料、特种涂料等。

(4)硝基纤维素

a. 品种：硝基漆主要成膜物是以硝化棉为主，配合醇酸树脂、改性松香树脂、丙烯酸树脂、氨基树脂等软硬树脂共同组成。

b. 优点：装饰作用较好，施工简便，干燥迅速，对涂装环境的要求不高，具有较好的硬度和亮度，不易出现漆膜弊病，修补容易。缺点：固含量较低，需要较多的施工道数才能达到较好的效果；耐久性不太好，尤其是内用硝基漆，其保光保色性不好，使用时间稍长就容易出现诸如失光、开裂、变色等弊病；漆膜保护作用不好，不耐有机溶剂、不耐热、不耐腐蚀。

c. 用途：硝基漆主要用于木器及家具的涂装、家庭装修、一般装饰涂装、金属涂装、一般水泥涂装等方面。

(5)环氧树脂

a. 品种：环氧漆的主要品种是双组分涂料，由环氧树脂和固化剂组成。

b. 优点：对水泥、金属等无机材料的附着力很强；涂料本身非常耐腐蚀；机械性能优良，耐磨，耐冲击；可制成无溶剂或高固体分涂料；耐有机溶剂，耐热，耐水；涂膜无毒。缺点：耐候性不好，日光照射久了有可能出现粉化现象，因而只能用于底漆或内用漆；装饰性较差，光泽不易保持；对施工环境要求较高，低温下涂膜固化缓慢，效果不好；许多品种需要高温固化，涂装设备的投入较大。

c. 用途：主要用于地坪涂装、汽车底漆、金属防腐、化学防腐等方面。

(6)氨基树脂

a. 品种：主要有丁醚化三聚氰胺甲醛树脂、甲醚化三聚氰胺甲醛树脂、丁醚化脲醛树脂等树脂。氨基烤漆主要由两部分组成：一为氨基树脂，二为羟基树脂部分（主要有醇酸树脂、聚酯树脂、含羟丙烯酸树脂、环氧树脂等树脂）。

b. 优点：氨基烤漆固化后的漆膜性能极佳，漆膜坚硬丰满，光亮艳丽，牢固耐久，具有很好的装饰作用及保护作用。缺点：对涂装设备的要求较高，能耗高，不适合于小型生产。

c. 用途：主要用于汽车面漆、卷材、家具涂装、家用电器涂装、各种金属表面涂装、仪器仪表及工业设备的涂装。

(7)醇酸树脂

a. 品种：(a)短油不干性醇酸树脂（主要用于硝基漆、聚氨酯漆、氨基和聚酯烤漆等）；(b)长油干性醇酸树脂（用于自干醇酸漆）。

b. 优点：醇酸漆价格便宜、施工简单、对施工环境要求不高、涂膜丰满坚硬、耐久性和耐候性较好、装饰性和保护性都比较好。缺点：醇酸漆干燥较慢、涂膜不易达到较高的要求，不适于高装饰性的场合。

c. 用途：醇酸漆主要用于一般木器、家具及家庭装修的涂装，一般金属装饰涂装、要求不高的金属防腐涂装、一般农机、汽车、仪器仪表、工业设备的涂装等方面。

(8)不饱和聚酯树脂

a. 品种：不饱和聚酯分为气干性不饱和聚酯和辐射固化（光固化）不饱和聚酯两大类。

b. 优点：可以制成无溶剂涂料，一次涂刷可以得到较厚的漆膜，对涂装温度的要求不高，而且漆膜装饰作用良好，漆膜坚韧耐磨，易于保养。缺点：固化时漆膜收缩率较大，对基材的附着力容易出现问题，气干性不饱和聚酯一般需要抛光处理，手续较为烦琐，辐射固化不饱和聚酯对涂装设备的要求较高，不适合于小型生产。

c. 用途：不饱和聚酯漆主要用于家具、木制地板、金属防腐等方面。

(9)乙烯树脂、橡胶树脂

a. 品种：包括氯醋共聚树脂、聚乙烯醇缩丁醛、偏氯乙烯、过氯乙烯、氯磺化聚乙烯漆、氯化橡胶等品种。

b. 优点：耐候、耐化学腐蚀、耐水、绝缘、防霉、柔韧性佳。缺点：主要表现在耐热性一般、不易制成高固体涂料、机械性能一般、装饰性能差等方面。

c.用途:主要用于工业防腐涂料、电绝缘涂料、磷化底漆、金属涂料、外用涂料等方面。

(10)酚醛树脂

a.酚醛树脂是酚与醛在催化剂存在下缩合生成的产品,可分为线型酚醛树脂、热固型酚醛树脂和油溶性酚醛树脂、水溶性酚醛树脂。

b.优点:酚醛漆干燥快,漆膜光亮坚硬、耐水性及耐化学腐蚀性好。缺点:酚醛漆容易变黄,不宜制成浅色漆,耐候性不好。

c.用途:用于防腐涂料、绝缘涂料、一般金属涂料、一般装饰性涂料等方面。

常见人工合成树脂主要性能及用途汇总见表1.1。

表1.1 常见人工合成树脂主要性能及用途一览表

序号	人工合成树脂	品种	优点	缺点	用途
1	丙烯酸乳液(水性)	纯丙、苯丙、硅丙、醋丙、自交联丙烯酸等	成本适中耐候性优良、性能可调整性好、无有机溶剂释放等	/	主要用于建筑物的内外墙涂装,皮革涂装、木器涂料等
2	溶剂型丙烯酸树脂	可分为自干型丙烯酸树脂(热塑型)和交联固化型丙烯酸树脂(热固型)。交联固化型丙烯酸涂料主要有丙烯酸氨基漆、丙烯酸聚氨酯漆、丙烯酸醇酸漆、辐射固化丙烯酸涂料等品种	自干型丙烯酸具有表干迅速、易于施工、保护和装饰作用明显。交联固化型丙烯酸制漆一般都具有很高的固含量,一次涂装可以得到很厚的涂膜,而且机械性能优良,可以制成高耐候性、高丰满度、高弹性、高硬度的涂料	自干型丙烯酸涂料固含量不容易太高,硬度、弹性不容易兼顾,一次施工不能得到很厚的涂膜,涂膜丰满性不够理想。交联固化型丙烯酸涂料施工比较麻烦,许多品种还需要加热固化或辐射固化,对环境条件要求比较高,一般都需要较好的设备和较熟练的涂装技巧	主要用于建筑涂料、塑料涂料、电子涂料、道路画线涂料、汽车涂料、电器涂料、木器涂料、建筑涂料等
3	聚氨酯树脂	可以分为双组分聚氨酯和单组分聚氨酯	较高的固体含量、漆膜坚硬耐磨,一般都具有良好的机械性能、优良的耐化学腐蚀性能,良好的耐油、耐溶剂性能	施工工序复杂,对施工环境要求很高,漆膜容易产生弊病	应用方向有木器涂料、地板涂料、汽车修补涂料、防腐涂料、地坪涂料、电子涂料、特种涂料等

续表

序号	人工合成树脂	品种	优点	缺点	用途
4	硝基纤维素	硝基漆主要成膜物是以硝化棉为主，配合醇酸树脂、改性松香树脂、丙烯酸树脂、氨基树脂等软硬树脂共同组成	装饰作用较好，施工简便，干燥迅速，对涂装环境的要求不高，具有较好的硬度和亮度，不易出现漆膜弊病，修补容易	固含量较低，需要较多的施工道数才能达到较好的效果；耐久性不太好，尤其是内用硝基漆，其保光保色性不好，使用时间稍长就容易出现诸如失光、开裂、变色等弊病；漆膜保护作用不好，不耐有机溶剂、不耐热、不耐腐蚀	主要用于木器及家具的涂装、家庭装修、一般装饰涂装、金属涂装、一般水泥涂装等方面
5	环氧树脂	环氧漆的主要品种是双组分涂料，由环氧树脂和固化剂组成	对水泥、金属等无机材料的附着力很强；涂料本身非常耐腐蚀；机械性能优良，耐磨，耐冲击；可制成无溶剂或高固体分涂料；耐有机溶剂，耐热，耐水；涂膜无毒	耐候性不好，日光照射久了有可能出现粉化现象，因而只能用于底漆或内用漆；装饰性较差，光泽不易保持；对施工环境要求较高，低温下涂膜固化缓慢，效果不好；许多品种需要高温固化，涂装设备的投入较大	主要用于地坪涂装、汽车底漆、金属防腐、化学防腐等方面
6	氨基树脂	主要有丁醚化三聚氰胺甲醛树脂、甲醚化三聚氰胺甲醛树脂、丁醚化脲醛树脂等树脂氨基烤漆主要由两部分组成：一为氨基树脂，二为羟基树脂部分（主要有醇酸树脂、聚酯树脂、含羟丙烯酸树脂、环氧树脂等树脂）	氨基烤漆固化后的漆膜性能极佳，漆膜坚硬丰满，光亮艳丽，牢固耐久，具有很好的装饰作用及保护作用	对涂装设备的要求较高，能耗高，不适合于小型生产	主要用于汽车面漆、卷材、家具涂装、家用电器涂装、各种金属表面涂装、仪器仪表及工业设备的涂装

续表

序号	人工合成树脂	品种	优点	缺点	用途
7	醇酸树脂	①短油不干性醇酸树脂(主要用于硝基漆、聚氨酯漆、氨基和聚酯烤漆等) ②长油干性醇酸树脂(用于自干醇酸漆)	醇酸漆具有价格便宜、施工简单、对施工环境要求不高、涂膜丰满坚硬、耐久性和耐候性较好、装饰性和保护性都比较好	醇酸漆干燥较慢、涂膜不易达到较高的要求,不适于高装饰性的场合	主要用于一般木器、家具及家庭装修的涂装,一般金属装饰涂装、要求不高的金属防腐涂装、一般农机、汽车、仪器仪表、工业设备的涂装等方面
8	不饱和聚酯树脂	分为气干性不饱和聚酯和辐射固化(光固化)不饱和聚酯两大类	可以制成无溶剂涂料,一次涂刷可以得到较厚的漆膜,对涂装温度的要求不高,而且漆膜装饰作用良好,漆膜坚韧耐磨,易于保养	固化时漆膜收缩率较大,对基材的附着力容易出现问题,气干性不饱和聚酯一般需要抛光处理,手续较为烦琐,辐射固化不饱和聚酯对涂装设备的要求较高,不适合于小型生产	主要用于家具、木制地板、金属防腐等方面
9	乙烯树脂、橡胶树脂	包括氯醋共聚树脂、聚乙烯醇缩丁醛、偏氯乙烯、过氯乙烯、氯磺化聚乙烯漆、氯化橡胶等品种	耐候、耐化学腐蚀、耐水、绝缘、防霉、柔韧性佳	主要表现在耐热性一般、不易制成高固体涂料、机械性能一般、装饰性能差等方面	主要用于工业防腐涂料、电绝缘涂料、磷化底漆、金属涂料、外用涂料等方面
10	酚醛树脂	线型酚醛树脂、热固性酚醛树脂和油溶性酚醛树脂、水溶性酚醛树脂	酚醛漆干燥快,漆膜光亮坚硬、耐水性及耐化学腐蚀性好	酚醛漆容易变黄,不宜制成浅色漆,耐候性不好	用于防腐涂料、绝缘涂料、一般金属涂料、一般装饰性涂料等方面

1.2.2 颜料

颜料赋予涂层遮盖力和所要求的颜色，增强其机械的物理性能。可分为着色颜料（有机颜料、无机颜料）、体质颜料（即填料）、防锈功能颜料、特种颜料及功能颜料。

以下是几种常见颜料及其品种及特点。

1. 着色颜料：具有良好的遮盖性，可以提高涂层的耐日晒性、耐久性和耐气候变化的性能。有些颜料能提高涂层的耐磨性，而最主要的是着色颜料可给予涂层各种色彩。

(1)白色颜料：钛白 TiO_2、锌钡白。

(2)红色颜料：铁红、甲苯胺红、镉红。

(3)黄色颜料：铁黄、铬黄。

(4)绿色颜料：酞菁绿、铬绿。

(5)蓝色颜料：酞菁蓝、佛青、群青、铁蓝、普鲁士蓝。

(6)紫色颜料：甲苯胺紫、喹吖啶酮紫。

(7)黑色颜料：炭黑、铁黑。

2. 防锈颜料：这种颜料可使涂层具有良好的防锈能力，延长寿命。它是防锈底漆的主要原料。

(1)红丹/铅丹：能钝化钢铁，有毒性，不耐酸耐碱和高温。

(2)锌铬黄：能钝化钢铁，有毒性。

(3)磷酸锌/磷锌白：金属表面磷化。

(4)铁红、铁黄：化学惰性，提高涂膜致密性，降低涂膜渗透性。

(5)铝粉、云母氧化铁：表面成鳞片状，增强涂膜封闭性，有较好的抗老化和反射紫外线功能。

(6)锌粉：活性大，先被腐蚀。起保护作用。

(7)其他防锈颜料：四碱式锌铬黄、氧化锌、碱式铬酸铅。

3. 体质颜料(填料)：主要用来增加涂层厚度，提高耐磨性和机械强度。

(1)钡化合物：天然及沉淀硫酸钡。

(2)钙化合物：重质及轻质碳酸钙。

(3)铝化合物：云母粉、高岭土等。

(4)镁化合物：滑石粉、轻质碳酸镁等。

(5)二氧化硅：硅藻土、石英粉、白炭黑等。

4. 特种颜料及功能颜料：赋予涂料某种特殊功能。

(1)金粉、银粉、珠光粉、荧光颜料。

(2)发光、蓄光颜料。

(3)示温颜料。

(4)氧化亚铜(防污)。

(5)耐高温复合颜料。

1.2.3 助剂

助剂是具有各种特殊性能的化合物。通常是少量加入涂料中以获得或改善涂料的特殊性能,在涂料中的最大比例不超过5%。

下面介绍常见的助剂的种类和功能。

1. 润湿、分散剂

颜料是一种原始颗粒的聚集体,研磨分散的结果就是将这种聚集体解聚成原始颗粒状态分散到漆料之中,分散效果不佳将导致解聚不完全或者重新絮凝,造成浮色发花、沉底、光泽下降等弊病。颜料在分散时必须经历润湿、粉碎、稳定三个步骤。润湿助剂增进颜料附聚体的润湿,分散助剂稳定颜料分散体、防止絮凝,一种产品常常兼具润湿和分散功能。

2. 流平剂

流平助剂通过降低涂膜表面张力改善流动方式,从而获得良好的涂膜外观,部分特殊的助剂同时能提供滑爽、增硬、抗划伤、防粘连的效果。主要品种有:有机硅系流平剂、丙烯酸酯流平剂和其他类型流平剂(氟改性流平剂、高沸点溶剂)。

3. 消泡剂

消泡剂分为抑泡剂和破泡剂。抑泡剂主要是控制泡沫的产生并将产生了的泡沫消除,大多在涂料生产和使用过程中发挥作用;破泡剂主要是将产生的小气泡由小变大,使气泡膜逐渐变薄而自行破泡,此类助剂在涂料的整个过程中发挥作用。主要产品:有机硅系消泡剂、非硅系消泡剂、氟改性消泡剂。

4. 附着力促进剂

附着力促进剂可改善漆膜对底材的附着。附着力促进剂的产品类型如下:

(1)树脂类附着力促进剂:含有多种官能团的树脂,能与底材形成一定的化学结合,同时又能与基料互溶结合,提高附着力。PP、PE等高结晶度塑料的表面处理剂也属此类。此类产品不同程度地存在相容性问题。

(2)硅烷偶联剂:无机底材亲水的极性表面容易吸附上一层水膜,使涂料中的疏水基料难以润湿。硅烷偶联剂中的可水解基团遇到无机表面的水分后水解生成硅醇,而与无机物质结合,形成硅氧烷,另一部分反应基团与有机物质反应而结合,在无机物质与有机物质界面之间搭起“分子桥”,把两种性质悬殊的材料连接在一起。产品价格昂贵，作用显著。

(3)钛酸酯偶联剂：与硅烷偶联剂类似，只是反应基团不同。

(4)有机高分子化合物：此类促进剂相容性好，对底材润湿性好。

5. 消光剂

消光就是削弱反射角方向的光线强度。消光剂的主要品种有：

(1)二氧化硅(消光粉)：主要是利用溶剂挥发后漆膜收缩引起涂膜表面不平整，造成光的多角度乱反射以降低光度。

(2)硅酸盐类：提高体系的颜料体积浓度来降低光度。

(3)高分子蜡：消光效果相对较弱，只使用在特殊场合。

6. 触变、增稠、防流挂助剂

原理简单来说就是助剂提供聚合物内部的网状结构的交联吸附，黏度升高。加入剪切力将网状结构破坏，黏度下降。撤去剪切力，网状结构回复，于是黏度重新上升。可改善产品的施工性、漆膜流平性和产品的贮存稳定性等。主要品种：

(1)有机膨润土：改变体系的流变性质，提高体系的触变性从而防止颜料沉淀及施工流挂。

(2)气相二氧化硅：能提供体系的三维网状结构，可增稠、触变、防沉、流挂。

(3)聚酰胺蜡：蜡溶胶颗粒在常温条件下不能溶解在溶剂中，除能提供触变增稠外，还具备一定的浮力，促进金属颜料平行取向。

7. 增塑剂

以液态存留在漆膜中的不挥发有机液体称为增塑剂，又名增韧剂、软化剂。用来增加漆膜的柔韧度和提高漆膜的附着力，同时提高其耐寒性。

常用品种：酯类增塑剂(DBP、DOP)、环氧增塑剂(环氧大豆油)。

8. 促进剂

(1)金属皂催干剂：金属有机酸皂具有吸氧能力，能促进油类的氧化聚合。

(2)固化促进剂：有机锡、有机胺或有机酸促进体系的交联固化。

(3)光引发剂：促进 UV 涂料光固化反应。

9. 其他助剂

(1)成膜助剂：降低水性漆膜成膜温度、改善乳胶粒子聚结性能。

(2)防发花、防浮色剂：防止色漆施工时不同颜料的分离，是一种表面活性助剂。

(3)防结皮剂：专用于气干性涂料在贮存过程中的防止氧化结皮，提高产品稳定性。常用的有甲乙酮肟、环己酮肟。

(4)导电率调节剂

a. 导电度增进剂:降低涂料体系电阻,满足静电喷涂要求。

b. 静电防止剂:带有特殊极性基团的有机分子通过吸附空气中的水分,表面活性剂产生极化,形成极薄的导电层,构成静电泄漏通道,使积累的静电消除。

c. 绝缘剂:高电阻值的绝缘助剂分子通过渗透,扩散至涂膜表面,提高涂层表面的绝缘性能。

(5)保护功能类

阻燃剂:通过高温分解吸热,释放阻断剂,减慢燃烧反应速度,放出大量不燃气体,阻止被涂物火势蔓延。

杀菌、防霉、防腐剂:抑制微生物生长,提高涂料储存期限。

抗老化剂、紫外线吸收剂等:通过吸收紫外光、抗氧化,提高涂层使用寿命。

1.2.4　溶剂

溶剂是具有多种用途的液体。可溶解树脂,调整黏度,使得颜料和树脂更容易混合,保证涂料具有施工黏度,还可以用来清洗喷枪,清洗粘到手上、物体上的多余的涂料。对涂料所用的溶剂的要求有以下几点:

(1)有良好的溶解性和挥发性,溶剂与主要成膜物质混溶要均匀,挥发速度应符合施工要求。

(2)涂料的各组成部分无化学变化发生。

(3)低毒,价廉,原料来源丰富。

溶剂的品种类别很多,按其化学成分和来源可分为下列几大类:

(1)萜烯溶剂:绝大部分来自松树分泌物。常用的有松节油、松油等。松节油对天然树脂和树脂的溶解能力大于普通的香蕉水,小于苯类。其挥发速度适中,符合油漆涂刷及干燥的要求。

(2)石油溶剂:这类溶剂属于烃类,是从石油中分馏而得。常用的有汽油、松香水、火油等。汽油挥发速度极快,危险性大,一般情况下不用作溶剂。松香水是油漆中普遍采用的溶剂,其特点是毒性较小,一般用在油性漆和磁性漆中。

(3)煤焦溶剂:这类溶剂也属于烃类,是将煤干馏而得。常用的有苯、甲苯、二甲苯等。苯的溶解能力很强,是天然干性油、树脂的强溶剂,不能溶解虫胶,但毒性大,挥发快,油漆中一般不常使用,一般作洗涤剂;甲苯的溶解能力与苯相似,主要作为醇酸漆溶剂,也可以作环氧树脂、喷漆等的稀释剂用,少量用在洗涤剂中使用;二甲苯的溶解性略低于甲苯,挥发比甲苯慢,毒性比苯小,可代替松香水作强力溶剂。

(4)酯类溶剂:是低碳的有机酸和醇的结合物,一般常用的有乙酸丁酯、乙酸乙酯、乙酸戊酯等。乙酸乙酯溶解力比丁酯好。乙酸丁酯毒性小,一般用在喷漆中,便于施工,还可以防止树脂和硝酸纤维析出;乙酸戊酯挥发较慢,用在纤维漆中能改进漆膜流平性和发白性。

(5)酮类溶剂:它是一种有机溶剂,主要用来溶解硝酸纤维。常用的有丙酮、甲乙酮、甲异丙酮、环己酮等。丙酮溶解力极强,挥发速度快,并能以任何比例溶于水,所以容易吸水而使漆膜干后泛白、结皮。一般与挥发慢的溶剂合用。大多用在喷漆、快干黏合剂中。但丙酮极易燃烧,用时应注意防火;甲乙酮比丙酮挥发慢,溶解力稍差,可以单独使用;甲异丙酮溶解力高,挥发性适中,防止漆膜发白的能力很强;环己酮挥发慢,溶解性好,可使漆膜在干燥中形成光亮平滑的表面,防止气泡的产生。

(6)醇类溶剂:它是一种有机溶剂,能与水混合,常用的有乙醇、丁醇等。醇类溶剂对涂料的溶解力差,仅能溶解虫胶或缩丁醛树脂。当与酯类、酮类溶剂配合使用时,可增加其溶解力,因此称它们为硝基漆的助溶剂。乙醇不能溶解一般树脂,而能溶解乙基纤维、虫胶等。还可用来制得酒精清漆、木材染色剂、洗涤底漆等。丁醇的溶解力略低于乙醇,挥发较慢,性质与乙醇相似。常与乙醇共用,可防止漆膜发白,消除针孔、结皮、气泡等缺陷。丁醇的特殊效能是防止油漆的胶化,降低黏度同时还可作为氨基树脂的溶剂。

(7)其他溶剂:常用的有含氯溶剂、硝化烷烃溶剂、醚醇类溶剂。含氯溶剂溶解力很强,但毒性较大,只是在某些特殊要求和脱漆剂中使用;硝化烷烃溶剂挥发速度与乙酸丁酯大致相同,同时,可溶解硝化纤维等;醚醇类溶剂是一种新兴的溶剂,有乙二醇乙醚、乙二醇丁醚及其酯类等。常用于硝基漆、酚醛树脂漆及环氧树脂漆中。

1.3 绿色车用涂料简介

1.3.1 绿色涂料的定义

所谓"绿色涂料"是指节能、低污染的涂料,在生产和使用过程中要体现节约能源、保护生态、经济和高效率的原则,因此也有人称之为环境友好涂料。"绿色涂料"的研究和发展方向十分明确,就是要寻求涂料中有机挥发物(VOC)和重金属盐等有毒有害物质不断降低直至为零的涂料,而且其使用范围要尽可能宽、使用性能优越、设备投资适当等。因而涂料的"绿色化"是将来涂料发展的主要方向。20世纪70年代以前,几乎所有涂料都是溶剂型的。70年代以来,由于溶剂的昂贵价格和降低VOC(挥发性有机物)排放量的要求日益严格,越来越多的低有机溶剂含量和不含有机溶剂的涂料得到了大发展。“绿色涂料”中的水性涂料、粉末涂料、高固分涂料等的研究、开发和应用,促进了涂料工业的健康发展。

我国政府已把粉末涂料、水性涂料确定为今后优先发展的环保型涂料品种。预计中国涂料产量2015年达300万吨,其中粉末涂料占5%～10%,水性涂料占10%～15%。由此可见,发展“绿色涂料”是全世界涂料工业的总趋势,势在必行。

1.3.2　汽车涂料的发展现状

在汽车工业发达的国家中,汽车涂料的用量在涂料产量中占有极其重要的地位,一般仅次于建筑用涂料。而它在涂料的销售额中所占的比例最大,且高于建筑涂料。因此,各国涂料生产厂家非常重视汽车涂料的发展动向及开发,以适应汽车工业发展的需要,汽车涂料的生产和技术开发有集团化、国际化的倾向。在近十多年里,汽车涂料在其耐候性、耐磨性、外观装饰性、高艺术观赏性等方面都取得了很大的进展。但随着人们环保意识的增强,汽车用涂料又面临种种新的课题。当今对汽车涂料的要求是提高涂层品质、保护地球环境和降低成本。针对这些要求,涂料制造厂家从涂料本身出发,进行了大量的研究,开发了一系列新型涂料。

随着工业化的不断发展,导致地球环境不断恶化,保护自然环境已成为全人类的共同课题。当人们着手解决汽车尾气对环境造成的污染的同时,对汽车涂装过程中VOC造成的大气污染也引起了高度的重视。据估计,全球汽车工业释放的VOC每年高达30万吨以上。21世纪,汽车工业将进一步发展,尤其在中国等发展中国家,汽车更是人们梦寐以求的、象征着地位和财富的东西。而汽车涂料用量必将随着汽车产量的加大而增长。汽车涂料品种多、用量大、涂层性能要求高、涂装工艺特殊,已经发展成为一种专用涂料。在汽车工业发达的国家,汽车涂料的产量占涂料总产量的20%。汽车涂料是工业涂料中技术含量大、附加值高的品种,它代表着一个国家涂料工业的技术水平。

1.3.3　汽车涂料的发展趋势

随着各国对环保的日益重视,21世纪汽车用漆的主要发展趋势是,除了为适应市场竞争的需要和追赶新潮流,努力提高汽车涂层的外观装饰性(高光泽、高鲜映性、多色彩化、增加立体感等)、耐擦性、抗石击性和耐环境对涂膜的污染性外,还必须降低汽车涂装过程中对环境的污染。未来汽车涂料的发展趋势,一是满足客户对质量和成本的要求；二是降低 VOC 含量，满足环保要求。国内汽车面漆常用的本色漆有氨基醇酸型、丙烯酸型、聚酯型及聚氨酯型，金属闪光漆以丙烯酸型为主。面漆今后发展方向是耐划伤、耐酸雨。轿车和面包车用中层涂料主要有聚酯型和氨基酸酯型，今后发展方向是抗石击和耐寒性能优良的聚氨酯中涂、水性中涂及粉末中涂。聚氯乙烯防石击涂料需向低温烘烤方向发展。汽车底盘零件用涂料需向更具优良的耐腐蚀性方向发展。汽车涂料是一类使用要求高且技术含量高的涂料品种，其实现水性化（特别是面漆）技术难度相对较大，水性化进程相对缓慢且艰难一些。但是，汽车涂料是其他涂料技术发展的引导者，一旦汽车涂料面漆实现水性化，则其他装饰性涂料自然而然也可实现水性化。水性聚氨酯涂料在未来的水性汽车车身涂料中的应用会越来越广，汽车塑料件涂料主要是以聚氨酯涂料技术为主。

从涂料的发展方向看，为适应环保要求，国内外都在积极研发和利用“节能源、省资源、低污染、高效率”的涂料品种，即国际上流行的“4E”原则（Economy、Efficient、Ecology、Energy）。针对这些要求，涂料生产企业从涂料本身出发进行了大量的研究，开发了水性涂料、粉末涂料、高固体分涂料等一系列新型的不含或少含挥发性有机物的涂料，应用到工业生产中使汽车涂装过程达到规定的标准。因此，在选择涂装材料和涂装工艺时，对环保型底漆和面漆的研发和应用需非常重视。既能扮靓车身，又能保护环境的功能涂料是汽车涂装材料的发展方向。

参考文献

[1] 王锡春. 汽车涂装工艺技术[M]. 北京：化学工业出版社，2005(2)：36－39.

[2] 李文安，孙敬轩. 绿色涂料的研究进展[J]. 化学与黏合，2007，29(5)：361－364.

[3] 蒋文嵘. 绿色涂料研究进展[J]. 广东化工，2009，36(5)：68－69.

[4] 王锡春. 汽车涂料的发展历程及市场分析[J]. 中国涂料，2010，25(4)：34－39.

[5] 周全. 汽车涂料发展趋势浅析[J]. 中国涂料，2013，28(5)：24－26.

[6] 刘瑞柏. 2013—2017 年中国涂料行业发展潜力与投资前景分析报告. 前瞻资讯，2013.

[7] 中国汽车油漆网. 简述我国汽车涂料发展现状及未来发展策略[EB/OL]. [2013－05－19].

[8] 油漆涂料网. 中国汽车涂料存在问题浅析[EB/OL]. [2013－10－18].

第2章　车用涂料中常见的有毒有害物质

2.1　概　述

长期以来，人们为提高和改善涂料的性能做出了不懈的努力，如针对涂料的抗刮抗冲击抗机械损伤性、耐候耐光耐黄变性、耐酸碱耐腐蚀耐油性等，人们投入大量精力进行研究，各种新材料和新工艺不断出现。人们在改善涂料使用性能的同时，却往往忽视了涂料中有毒有害物质可能会对人体健康和环境安全带来的不利影响。作为一类基础材料，车用涂料中包括的黏合剂在汽车中大量被使用，密闭车厢中涂料中有毒有害物质的暴露更为直接，对环境、人体产生的安全风险尤为突出。

涂料的成分复杂，大多数成分都是来源于石化产品或人工合成材料，这样就不可避免地或多或少含有有毒有害物质。如挥发性有机溶剂、树脂中残留的有害单体、甲醛、有害重金属、有毒有害添加剂等。随着人们对环境和健康的日益重视，涂料中的有毒有害物质的潜在危害性也越来越引起人们关注。

涂料的基本组成主要分为聚合物高分子树脂及助剂。涂料中的危害源主要表现在以下几个方面：

1．聚合物高分子的直接危害；

2．塑料材料中有意加入的添加剂释放引发的危害；

3．生产工艺、原料、环境条件引入的物质：如溶剂、固化剂等分子量相对较低的成分引发的危害。

一般而言，塑料材料中的危害源有下面所述几种。

2.2　聚合物树脂及其聚合单体

尽管在前些年，高分子材料被认为是安全的，但随着对塑料材料毒理、环境归趋研究的深入，多种高分子被发现具有一定的毒性。国际癌症研究机构(IARC)经过研究，将多种聚合物分为3类致癌物，如表2.1所示。

表 2.1　国际癌症研究机构对聚合物致癌性的研究结果

塑料名称	危害	研究机构
聚酰胺 6（PA6）	3 类致癌物	国际癌症研究机构(IARC)
聚乙烯(PE)	3 类致癌物	国际癌症研究机构(IARC)
聚甲基丙烯酸甲酯(PMMA)	3 类致癌物	国际癌症研究机构(IARC)
聚丙烯（PP）	3 类致癌物	国际癌症研究机构(IARC)
聚苯乙烯(PS)	3 类致癌物	国际癌症研究机构(IARC)
聚醋酸乙烯酯(PVA)	3 类致癌物	国际癌症研究机构(IARC)
聚氯乙烯（PVC）	3 类致癌物	国际癌症研究机构(IARC)

单体及寡聚物作为聚合反应物料的残留物也可能存在于涂料之中，这些物质的浓度虽然很低，但因为其具有严重的危害，加之其分子量小，易于扩散到空间之中进行累积，因此，对健康造成显著的危害。例如聚氯乙烯材料中残留的氯乙烯单体。常见的塑料单体的危险类别如表 2.2 所示。

表 2.2　常见塑料单体的危险类别

单体名称	危险类别	研究机构
醋酸乙烯酯	极度危险物质	美国《应急计划和社区知情权法》302 部分
1-氯乙烯	1 类致癌物	国际癌症研究机构(IARC)
1,3-丁二烯	2A 类致癌物	国际癌症研究机构(IARC)
醋酸乙烯酯单体	2B 类致癌物	国际癌症研究机构(IARC)
四氟乙烯	2B 类致癌物	国际癌症研究机构(IARC)
苯乙烯	2B 类致癌物 人类内分泌干扰物	国际癌症研究机构(IARC) 美国环保局

聚苯乙烯材料在使用时一般无须加入添加剂，其毒性的产生主要源于其中残留的苯乙烯单体。苯乙烯属于芳香烃，被 EPA(美国环保局)和 IARC 分类为 2B 类致癌物。苯乙烯的急性毒性表现为刺激眼睛、皮肤、上呼吸道，并能引起肠胃功能紊乱；其慢性毒性表现在影响中枢神经及肾脏的功能。苯乙烯蒸气压高，易于从材料中逸出。进入人体的苯乙烯易于在脂肪质的组织内累积，例如大脑、脊索和周围神经系统的富脂部分，并对神经系统产生伤害。

氯乙烯是氯乙烯聚合反应的产物，而氯乙烯属于强致癌物质(1 类致癌物)。因此，各国对于 PVC 中氯乙烯单体的残留量均制定了严格的规定，而且当今的生产工艺下可以将残留单体完全排除(当今各国对单体的限量一般介于不能检出至 ppb 级)。

2.3 涂料中加入的添加剂

2.3.1 重金属

颜料是涂料中重金属的主要来源，且大多为黄色、橙色、红色的颜料，且有研究表明，含有重金属的颜料在吸油量、光泽、遮盖力和耐腐蚀等方面对涂料的性能有明显的提升。此外，作为热稳定剂的一个大类，铅盐和镉盐类热稳定剂是20 世纪 50 年代已广泛使用的产品，至今占据主要地位，以铅盐类为例化合物目前的年生产能力达 140 kt/年，我国碱式硫酸铅的产量最大。其他引入重金属的加工途径有：①树脂合成的催化剂，如醇酸树脂合成时醇解阶段使用氧化铅；②防锈颜料，如红丹、锌铬黄、锶铬黄、铬酸二苯胍等；③着色颜料，如中铬黄、深铬黄、柠檬黄、钼铬红、镉红及一些耐热的陶瓷颜料等；④助剂，如环烷酸铅、异辛酸铅催干剂等；⑤其他污染，如填料中含微量成分及过程中交叉污染。

涂料中的重金属有害元素主要来自涂料生产过程中使用的各种原材料，如各种无机填料、助剂等会夹带来各种元素。这些重金属包括汞、镉、铅、铬（六价）以及类金属砷等生物毒性显著的重金属。对人体毒害较大的有 5 种：铅、汞、铬（六价）、镉、砷。这些重金属在水中不能被分解，人饮用后毒性放大，与水中的其他毒素结合生成毒性更大的有机物。

重金属中任何一种都能引起人的头痛、头晕、失眠、健忘、神经错乱、关节疼痛、结石、癌症（如肝癌、胃癌、肠癌、膀胱癌、乳腺癌、前列腺癌及乌脚病和畸形儿）等；尤其对消化系统、泌尿系统的细胞、脏器、皮肤、骨骼、神经破坏极为严重。

2.3.1.1 铅的危害

伤害人的脑细胞，致癌致突变等。一般认为血铅的相对安全标准不应超过10～14 μg/L；长期接触铅化合物或吸入金属铅尘埃，都会引起不同程度的“铅中毒”病症（血清中铅浓度大于 40 μg/L）。

人体吸入过多会危害人的神经系统、心脏和呼吸系统，导致不同程度的铅中毒；人体中铅能与多种酶结合从而干扰有机体多方面的生理活动，导致对全身器官产生危害；儿童发生铅中毒的机会远远超过成年人；临床特点为剧烈的腹绞痛、贫血、中毒性肝病、中毒性肾病、多发性周围神经病。表现为头晕全身无力、肌肉关节酸痛、不能进食、便秘或腹泻、肝脏肿大、肝区压痛、黄疸、血压升高。医学检查：除铅中毒指标明显升高外，胆红素升高、ALT 升高；尿中可见红细胞、白细胞，尿仆胆原阳性；血色素和红细胞均下降。神经系统检查，可发现四肢末端呈手套袜子型感觉减退，肌肉萎缩及肌无力。

2.3.1.2 汞的危害

食入后直接沉入肝脏，对大脑视力神经破坏极大。天然水每升水中含0.01 mg，就会强烈中毒。

1. 急性汞中毒

急性汞中毒全身症状为头痛、头晕、乏力、低度发热，睡眠障碍，情绪激动，易兴奋等；胃肠道症状为恶心、呕吐、食欲不振、腹痛，有时出现腹泻，水样便或大便带血；汞对肾脏损伤，可造成肾小管上皮细胞坏死；出现浮肿、腰痛，尿少、甚至尿闭；尿蛋白阳性，尿中有红细胞、脱落上皮细胞等；尿汞明显增高。少数病人可出现皮炎，如红色丘疹、水疱疹，重疹者形成脓疱或糜烂。

2. 慢性汞中毒

神经衰弱症候群：头昏、头痛、失眠、多梦，记忆力明显减退，全身乏力等；易兴奋症：表现为局促不安、忧郁、害羞、胆怯、易激动、厌烦、急躁、恐惧、丧失自信心、注意力不集中、思维紊乱，甚至出现幻觉、幻视、幻听，哭笑无常等；自主神经功能紊乱：心悸、多汗、血压不稳、脸红，性欲减退、阳痿、月经失调等；口腔炎及消化道症状：口腔内金属味、齿龈可有深蓝色的汞线、流口水、口渴、齿龈充血、肿胀、溢脓、溃疡、疼痛、牙齿松动易脱落，恶心、食欲不振、嗳气、腹泻或便秘；汞毒性震颤：手指、舌、眼睑震颤，多为意向性，当注意力集中和精神紧张时震颤加重，难以完成精细动作；重症者可出现粗大震颤；语言不灵活，出现口吃，甚至饮食和行走困难。

2.3.1.3 六价铬的危害

常见的铬化合物有六价的铬酐、重铬酸钾、重铬酸钠、铬酸钾、铬酸钠等；三价的三氧化二铬（铬绿、Cr_2O_3）；二价的氧化亚铬。铬的化合物中以六价铬毒性强，三价铬无毒。据研究表明，铬是哺乳动物生命与健康所需的微量元素。缺乏铬可引起动脉粥样硬化。成人每天需500～700 μg 铬，而在一般伙食中每天仅能提供50～100 μg。红糖全谷类糙米、未精制的油、小米、胡萝卜、豌豆含铬较高。铬对植物生长有刺激作用，微量铬可提高植物收获量；但浓度稍高，又可抑制土壤内有机物质的硝化作用。铬酸、重铬酸及其盐类对人的黏膜及皮肤有刺激和灼烧作用，并导致伤、接触性皮炎。这些化合物以蒸气或粉尘方式进入人体，均会引起鼻中隔穿孔、肠胃疾患、白细胞下降、类似哮喘的肺部病变。皮肤接触铬化物，可引起愈合极慢的“铬疮”，当空气中铬酸酐的浓度达0.15～0.31 mg/m^3 时就可使鼻中隔穿孔。此外，六价铬，特别是铬酸对下水系统金属管道有强腐蚀作用，浓度为0.31 mg/L 的重铬酸钠即可腐蚀管道。含3.4～17.3

mg/L 的三价铬废水灌田，就能使所有植物中毒。饮水中六价铬超标 400 倍时，会发生口角糜烂、腹泻、消化紊乱等症状；呼吸急促，咳嗽及气喘；短暂的心脏休克；肾脏、肝脏、神经系统和造血器官的毒性反应等。

2.3.1.4　镉的危害

镉会破坏神经系统，食入会引起急性肠胃炎；过量食入会堆积在肾脏，造成肾小管损伤，出现糖尿病，直至肾衰竭。慢性的镉中毒可能导致人类患前列腺癌及肾癌，动物患肺癌、睾丸癌；引起血压升高，出现心血管病；镉积累会使全身骨头酸痛，镉中毒会加速骨骼的钙质流失，引发骨折或变形，患者全身酸痛；震惊世界的日本“痛痛病”就是因镉污染而致。含镉的矿山废水污染了河水及河两岸的土壤、粮食、牧草，通过食物链进入人体而慢慢积累在肾脏和骨骼中，会取代骨中钙，使骨骼严重软化，骨头寸断。镉会引起胃脏功能失调，干扰人体和生物体内锌的酶系统，使锌镉比降低，而导致高血压症上升。镉毒性是潜在性的。即使饮用水中镉浓度低至 0.1 mg/L，也能在人体（特别是妇女）组织中积聚，潜伏期可长达 10～30 年，且早期不易觉察。人体内镉的生物学半衰期为 20～40 年。镉对人体组织和器官的毒害是多方面的，且治疗极为困难，到目前为止尚无特效的方法治疗镉中毒。因此，各国对工业排放“三废”中的镉都做了极严格的规定。日本还规定，大米含镉超过 1 mg/kg 即为“镉米”，禁止食用。日本环境厅规定 0.3ppm为大米中镉浓度的高正常含量。

2.3.1.5　砷的危害

砷在天然状态下毒性并不强，会使皮肤色素沉着，导致异常角质化。砷的化合物往往具有很强的毒性。我们通常所见的白色粉末，即砒霜，就是不纯的三氧化二砷。砒霜（三氧化二砷）的毒性很强，进入人体后能破坏某些细胞呼吸酶，使组织细胞不能获得氧气而死亡；还能强烈刺激胃肠黏膜，使黏膜溃烂、出血；亦可破坏血管，发生出血，破坏肝脏，严重的会因呼吸和循环衰竭而死。急性砷中毒症状表现为两种：胃肠型较为常见。发作时间随量的大小及胃内充盈程度而不同，快的 15～30 分钟，慢的可 4～5 小时，一般为 1 小时左右。开始咽头有灼热感、口渴、恶心，接着出现剧烈腹疼与呕吐，初吐食物，继之吐黄水，同时剧烈腹泻，初为普通粪便，随后呈米汤样。尿量减少，体温、血压下降，虚脱、昏迷，后因循环衰竭而死亡。神经型较为少见。如一次服用大量砷，可引起重度循环衰竭、血压下降、脉搏快弱、呼吸浅表、中枢神经麻痹。其症状为头晕、头疼，肌肉疼痛性痉挛，迅速不省人事，继而呼吸麻痹，1 小时内可死亡。三氧化二砷中毒量为 0.005～0.05 g，致死量为 0.1～0.2 g。也有人服入大量砒霜（3 g）而不死，这是由于砒霜对胃的强烈刺激，引起强烈呕吐，将吞服的砒霜未经机体吸收便吐了出来，因此没有造成严重后果。

2.3.1.6 其他重金属的危害

铝：积累多时，对儿童造成智力低下；对中年人造成记忆力减退；对老年人造成痴呆等。

钴：能对皮肤有放射性损伤。

钒：伤人的心、肺，导致胆固醇代谢异常。

锑：与砷能使银首饰变成砖红色，对皮肤有放射性损伤。

硒：超量时人会得踉跄病。

铊：会使人得多发性神经炎。

锰：超量时会使人甲状腺功能亢进。

锡：与铅是古代巨毒药“鸩”中的重要成分，入腹后凝固成块，坠人至死。

锌：过量时会得锌热病。

铁：是在人体内对氧化有催化作用，但铁过量时会损伤细胞的基本成分，如脂肪酸、蛋白质、核酸等；导致其他微量元素失衡，特别是钙、镁的需求量。

2.3.2 挥发性有机物

虽然水性汽车涂料是今后的发展趋势，但目前来看，溶剂型涂料，尤其是汽车原厂面漆和修补漆，溶剂型涂料仍占有绝对优势。在溶剂型涂料中，挥发性有机溶剂在涂料中占有相当大的比例，这不仅使得在施工过程中将会有大量的有机溶剂挥发到环境中，而且在形成干膜、汽车交付到使用者手中后，在漆膜中残留的有机溶剂仍会不断挥发出来，对驾乘人员的身体健康带来不良影响。涂料中溶剂/稀释剂的含量往往高达百分之几十，在如此大量的溶剂中相当一部分为挥发性有机物（VOC）。VOC 很容易通过人的呼吸作用经肺、血液而进入神经中枢，进而对中枢神经产生很强的麻醉作用，此时表现为神情恍惚、困倦瞌睡，若吸入 VOC 过多，则会出现头晕耳鸣、面色苍白、恶心呕吐甚至肌肉痉挛等全身症状。长期暴露在 VOC 中，容易导致多种慢性病和恶性肿瘤。

2.3.2.1 苯

苯对中枢神经系统产生麻痹作用，引起急性中毒，严重者会因为中枢系统麻痹而死亡。少量苯也能使人产生睡意、头昏、心率加快、头痛、颤抖、意识混乱、神志不清等现象。长期接触苯会对血液造成极大伤害，引起慢性中毒。苯可以损害骨髓，使红细胞、白细胞、血小板数量减少，并使染色体畸变，从而导致白血病，甚至出现再生障碍性贫血。

2.3.2.2　甲苯、乙苯、二甲苯

甲苯、乙苯、二甲苯均对皮肤、黏膜有刺激性，对中枢神经系统有麻醉作用，短时间内吸入较高浓度甲苯、乙苯或二甲苯可出现眼及上呼吸道明显的刺激症状、眼结膜及咽部充血、头晕、头痛、恶心、呕吐、胸闷、四肢无力、步态蹒跚、意识模糊。重症者可有躁动、抽搐、昏迷。长期接触可能发生神经衰弱综合征、肝大，女性月经异常、皮肤干燥、皲裂、皮肤炎等。

2.3.2.3　甲醛

最新研究表明甲醛已经成为第一类致癌物质。甲醛引起人类的鼻咽癌、鼻腔癌和鼻窦癌，并可引发白血病。根据国家强制性标准，关闭门窗 1 小时后，每立方米室内空气中，甲醛释放量不得大于 0.08 mg；如达到 0.1～2.0 mg，50%的正常人能闻到臭气；达到 2.0～5.0 mg，眼睛、气管将受到强烈刺激，出现打喷嚏、咳嗽等症状；达到 10 mg 以上，呼吸困难；达到 50 mg 以上，会引发肺炎等危重疾病，甚至导致死亡。

2.3.2.4　其他常见的挥发性有机溶剂

1. 乙酸乙酯

乙酸乙酯又称醋酸乙酯。纯净的乙酸乙酯是无色透明具有刺激性气味的液体，是一种用途广泛的精细化工产品，具有优异的溶解性、快干性，用途广泛，是一种非常重要的有机化工原料和极好的工业溶剂，被广泛用于醋酸纤维、乙基纤维、氯化橡胶、乙烯树脂、乙酸纤维树脂、合成橡胶、涂料及油漆等的生产过程中。

乙酸乙酯属于低毒类，对眼、鼻、咽喉有刺激作用。高浓度吸入可引起麻醉作用，以及急性肺水肿，肝、肾损害。持续大量吸入，可致呼吸麻痹。误服者可产生恶心、呕吐、腹痛、腹泻等。有致敏作用，能导致血管神经障碍而致牙龈出血；可致湿疹样皮炎。

2. 乙酸丙酯

乙酸丙酯又名“乙酸正丙酯”、“醋酸丙酯”，天然存在于草莓、香蕉和番茄中。是通过乙酸与 1-丙醇经酯化反应得到的产物，具有酯的典型性质。常温下为无色透明液体，与乙醇、乙醚互溶，有特殊的水果香味。工业上，大量用作涂料、油墨、硝基喷漆、清漆及各种树脂的优良溶剂，还应用于香精香料行业。乙酸丙酯对人的眼睛和上呼吸道黏膜有刺激作用。吸入高浓度时，感恶心、眼部灼热感、胸闷、疲乏无力，并可引起麻醉。工业企业设计卫生标准（TJ36-79）规定车间空气中有害物质的最高容许浓度为 300 mg/m^3。

3. 乙酸异丙酯

乙酸异丙酯，又名“醋酸异丙酯”，是乙酸与2-丙醇经酯化形成的产物，常温下为无色透明液体，有特殊水果香味，易燃，微溶于水，与乙醇、乙醚互溶。在工业上是重要的有机溶剂，能溶解硝酸纤维素、聚苯乙烯、有机玻璃、聚乙酸乙烯、氯化橡胶等合成树脂，也用于医药工业和制造香料。

乙酸异丙酯对眼睛和呼吸道有刺激性。吸入高浓度蒸气可出现头痛、头晕、恶心、呕吐及麻醉作用。短时接触对皮肤无刺激，长期接触有刺激性。

4. 乙酸丁酯

乙酸丁酯为无色透明液体，有果香，能与乙醇和乙醚混溶，溶于大多数烃类化合物，25℃时溶于约120份水。乙酸丁酯属于易燃物品，蒸气能与空气形成爆炸性混合物，爆炸极限1.4%～8.0%(体积)。

乙酸丁酯急性毒性较小，但有麻醉和刺激作用，在34～50 mg/L浓度下对人的眼、鼻有相当强烈的刺激，在高浓度下会引起麻醉。操作场所最高容许浓度为150ppm。操作场所要保持良好通风，操作人员要备防护装具，如溅入眼内应立即用清水冲洗，并用药物治疗。

5. 乙酸异丁酯

乙酸异丁酯是乙酸与2-丁醇的酯化产物，常温下为无色透明液体，与乙醇、乙醚互溶，微溶于水，易燃，有成熟水果香味，主要用作硝基漆和过氯乙烯漆的稀释剂，也可用作溶剂，还可作为塑料印花浆的稀释剂、制药行业的萃取剂等。

乙酸异丁酯对眼及上呼吸道有刺激性。高浓度吸入有麻醉作用，引起头痛、头晕、恶心、呕吐等。大量口服引起头痛、恶心、呕吐，甚至发生昏迷。皮肤较长时间接触有刺激性。

6. 乙醇

乙醇，俗称酒精，它在常温、常压下是一种易燃、易挥发的无色透明液体，它的水溶液具有特殊的、令人愉快的香味，并略带刺激性。能与水、氯仿、乙醚、甲醇、丙酮和其他多数有机溶剂混溶。乙醇的用途很广，可用乙醇来制造醋酸、饮料、香精、染料、燃料等。医疗上也常用体积分数为70%～75%的乙醇作消毒剂等。

乙醇为中枢神经系统抑制剂。首先引起兴奋，随后抑制。急性中毒：急性中毒多发生于口服。一般可分为兴奋、催眠、麻醉、窒息四阶段。患者进入第三或第四阶段，出现意识丧失、瞳孔扩大、呼吸不规律、休克、心力循环衰竭及呼吸停止。慢性影响：在生产中长期接触高浓度乙醇可引起鼻、眼、黏膜刺激症状，以及头痛、头晕、疲乏、易激动、震颤、恶心等。长期酗酒可引起多发性神经病、慢性胃炎、脂肪肝、肝硬化、心肌损害及器质性精神病等。皮肤长期接触可引起干燥、脱屑、皲裂和皮炎。乙醇具有成瘾性及致癌性，但乙醇并不是直接导致癌症的物质，而是致癌物质普遍溶于乙醇。

7. 正丙醇

正丙醇是有像乙醇气味的无色透明液体，溶于水、乙醇、乙醚。由乙烯经羰基合成得丙醛，再经还原而得。丙醇直接用作溶剂或合成乙酸丙酯，用于涂料溶剂、印刷油墨、化妆品等，用于生产医药、农药的中间体正丙胺，用于生产饲料添加剂、合成香料等。丙醇在医药工业中用于生产丙磺舒、丙戊酸钠、红霉素、癫健安、黏合止血剂 BCA、丙硫硫胺、2,5-吡啶二甲酸二丙酯等；正丙醇合成的各种酯，用于食品添加剂、增塑剂、香料等许多方面；正丙醇的衍生物，特别是二正丙胺在医药、农药生产中有许多应用，用来生产农药胺磺灵、菌达灭、异丙乐灵、灭草猛、磺乐灵、氟乐录等。

人接触高浓度的正丙醇蒸气出现头痛、倦睡、共济失调以及眼、鼻、喉刺激症状。口服可致恶心、呕吐、腹痛、腹泻、倦睡、昏迷甚至死亡。长期皮肤接触可致皮肤干燥、皲裂。

正丙醇易燃，其蒸气与空气可形成爆炸性混合物，遇明火、高热能引起燃烧爆炸。与氧化剂接触发生化学反应或引起燃烧。在火场中，受热的容器有爆炸危险。常用危险化学品的分类及标志(GB13690-92)将该物质划为第 3.2 类中闪点易燃液体。

8. 异丙醇

异丙醇，有机化合物，别名二甲基甲醇、2-丙醇，行业中也作 IPA。它是正丙醇的同分异构体。无色透明液体，有似乙醇和丙酮混合物的气味。溶于水、醇、醚、苯、氯仿等多数有机溶剂。

作为有机原料和溶剂有着广泛用途。作为化工原料，可生产丙酮、过氧化氢、甲基异丁基酮、二异丁基酮、异丙胺、异丙醚、异丙醇醚、异丙基氯化物，以及脂肪酸异丙酯和氯代脂肪酸异丙酯等。在精细化工方面，可用于生产硝酸异丙酯、黄原酸异丙酯、亚磷酸三异丙酯、三异丙醇铝以及医药和农药等。作为溶剂，可用于生产涂料、油墨、萃取剂、气溶胶剂等。还可用作防冻剂、清洁剂、调和汽油的添加剂、颜料生产的分散剂、印染工业的固定剂、玻璃和透明塑料的防雾剂等。用作胶黏剂的稀释剂，还用于防冻剂、脱水剂等。

高浓度蒸气具有明显麻醉作用，对眼、呼吸道的黏膜有刺激作用，能损伤视网膜及视神经。空气中最高容许浓度 980 mg/m^3。操作人员应戴防毒面具，浓度高时应戴气密式防护眼镜。食入或吸入大量的蒸汽可引起面红、头疼、精神抑郁、恶心、昏迷等。

9. 正丁醇

正丁醇是一种无色、有酒气味的液体，稍溶于水。主要用于制造邻苯二甲酸、脂肪族二元酸及磷酸的正丁酯类增塑剂，它们广泛用于各种塑料和橡胶制品中，也是有机合成中制丁醛、丁酸、丁胺和乳酸丁酯等的原料。还是油脂、药物(如抗生素、激素和维生素)和香料的萃取剂，醇酸树脂涂料的添加剂等，又可用作有机染料和印刷油墨的溶剂、脱蜡剂。还能用于生产乙酸丁酯、邻苯二甲酸二丁酯及磷酸类增塑剂，还用于生产三聚氰胺树脂、丙烯酸、环氧清漆等；用作色谱分析试剂，也用于有机合成等；用于配制香蕉、奶油、威士忌和干酪等型食用香精。操作人员应穿戴防护用品。操作区域内，空气中最高容许浓度是 100 mL/m^3。

10. 2-丁醇

2-丁醇无色透明液体，有类似葡萄酒的气味。用作生产甲乙酮的中间体，用于制醋酸丁酯、仲丁酯，可用作增塑剂、选矿剂、除草剂、溶剂等。

2-丁醇具有刺激和麻醉作用。大量吸入对眼、鼻、喉有刺激作用，并出现头痛、眩晕、倦怠、恶心等症状。对兔皮肤无刺激性，但对兔眼有严重损伤。

由于 2-丁醇极易生物降解，所以环境中的高浓度，可能仅出现在偶尔发生严重溢漏的局部地区。2-丁醇不会被生物蓄积。在环境中可能出现的背景浓度下，2-丁醇不会毒害水生生物、藻类和原生动物或细菌。然而，由于 2-丁醇极易生物降解，而导致缺氧，所以会给水环境带来间接危害。环境中的 2-丁醇应作为一种微毒化合物管理。

11. 丙酮

丙酮是一种无色液体，具有令人愉快的气味(辛辣甜味)。易挥发，能与水、乙醇、N,N-二甲基甲酰胺、氯仿、乙醚及大多数油类混溶。

丙酮是重要的有机合成原料，用于生产环氧树脂、聚碳酸酯、有机玻璃、医药、农药等。亦是良好溶剂，用于涂料、黏结剂、钢瓶乙炔等。也用作稀释剂、清洗剂、萃取剂。还是制造醋酐、双丙酮醇、氯仿、碘仿、环氧树脂、聚异戊二烯橡胶、甲基丙烯酸甲酯等的重要原料。在无烟火药、赛璐珞、醋酸纤维、喷漆等工业中用作溶剂。在油脂等工业中用作提取剂。

丙酮的急性中毒主要表现为对中枢神经系统的麻醉作用，出现乏力、恶心、头痛、头晕、易激动。重者发生呕吐、气急、痉挛，甚至昏迷。对眼、鼻、喉有刺激性。口服后，先有口唇、咽喉有烧灼感，后出现口干、呕吐、昏迷、酸中毒和酮症。

12. 丁酮

丁酮是一种无色透明液体，有类似丙酮气味。易挥发，能与乙醇、乙醚、苯、氯仿、油类混溶。

丁酮主要用作溶剂，如用于润滑油脱蜡、涂料工业及多种树脂溶剂、植物油的萃取过程及精制过程的共沸精馏，其优点是溶解性强，挥发性比丙酮低，属中沸点酮类溶剂。丁酮还是制备医药、染料、洗涤剂、香料、抗氧化剂以及某些催化剂的是中间体，合成抗脱皮剂甲基乙基酮肟、聚合催化剂甲基乙基酮过氧化物、阻蚀剂甲基戊炔醇等，在电子工业中用作集成电路光刻后的显影剂。

丁酮对眼、鼻、喉、黏膜有刺激性。长期接触可致皮炎。其常与己酮-[2]混合应用，能加强己酮-[2]引起的周围神经病现象，但单独接触丁酮未发现有周围神经病现象。

13. 甲基异丁基酮

甲基异丁基酮是一种无色透明液体，有令人愉快的酮样香味。微溶于水，易溶于多数有机溶剂。主要用作喷漆、硝基纤维、某些纤维醚、樟脑、油脂、天然和合成橡胶的溶剂。

人吸入 4.1 g/m^3 时引起中枢神经系统的抑制和麻醉；吸入 0.41～2.05 g/m^3 时，可引起恶心、呕吐、食欲不振、腹痛，以及呼吸道刺激症状。低于 84 mg/m^3 时没有不适感。

14. 四氢呋喃

四氢呋喃是一类杂环有机化合物。它是最强的极性醚类之一，在化学反应和萃取时用做一种中等极性的溶剂。无色易挥发液体，有类似乙醚的气味。溶于水、乙醇、乙醚、丙酮、苯等多数有机溶剂。

四氢呋喃是一种重要的有机合成原料且是性能优良的溶剂，特别适用于溶解 PVC、聚偏氯乙烯和丁苯胺，广泛用作表面涂料、防腐涂料、印刷油墨、磁带和薄膜涂料的溶剂，并用作反应溶剂，用于电镀铝液时可任意控制铝层厚度且光亮。四氢呋喃自身可缩聚（经阳离子引发开环再聚合）成聚四亚甲基醚二醇（PTMEG），也称四氢呋喃均聚醚。PTMEG 与甲苯二异氰酸酯（TDI）制成耐磨、耐油、低温性能好、强度高的特种橡胶；与对苯二甲酸二甲酯和 1,4-丁二醇制成嵌段聚醚聚酯弹性材料。相对分子质量为 2000 的 PTMEG 与对亚甲基双（4-苯基）二异氰酸酯（MDI）制成聚氨酯弹性纤维（氨纶，即 SPANDEX 纤维）、特种橡胶和一些特殊用途涂料的原料。在有机合成方面，用于生产四氢噻吩、1,4-二氯乙烷、2,3-二氯四氢呋喃、戊内酯、丁内酯和吡咯烷酮等。在医药工业方面，THF 用于合成喷托维林、利福霉素、黄体酮和一些激素药。THF 经硫化氢处理生成四氢硫酚，可作燃料气中的臭味剂（识别添加剂）。THF 还可用做合成革的表面处理剂。

高浓度吸入后可出现头晕、头痛、胸闷、胸痛、咳嗽、乏力、胃痛、口干、恶心、呕吐等症状，可伴有眼刺激症状。部分患者可发生肝功能障碍。尿中 THF 浓度与环境中的 THF 浓度相关，还会流鼻血，可引起胃出血和溃疡；高剂量或反复接触，可出现肝脂肪浸润及细胞溶解。20％水溶液直接涂于人皮肤可引起中度皮肤刺激，50％水溶液可引起严重的腐蚀性损害。20％水溶液用于人眼可引起严重的眼角膜损坏。长期接触会导致失去性功能、生育能力或肾疾病。

车间空气中四氢呋南卫生标准（GB 16231-1996），规定了车间空气中该物质的最高容许浓度为 300 mg/m^3。

15. 甲苯

甲苯为无色澄清液体。有苯样气味，有强折光性。能与乙醇、乙醚、丙酮、氯仿、二硫化碳和冰乙酸混溶，极微溶于水。

甲苯大量用作溶剂和高辛烷值汽油添加剂，也是有机化工的重要原料，但与同时从煤和石油得到的苯和二甲苯相比，目前的产量相对过剩，因此相当数量的甲苯用于脱烷基制苯或岐化制二甲苯。甲苯衍生的一系列中间体，广泛用于染料、医药、农药、火炸药、助剂、香料等精细化学品的生产，也用于合成材料工业。甲苯进行侧链氯化得到的一氯苄、二氯苄和三氯苄，包括它们的衍生物苯甲醇、苯甲醛和苯甲酰氯（一般也从苯甲酸光气化得到），在医药、农药、染料，特别是香料合成中应用广泛。甲苯的环氯化产物是农药、医药、染料的中间体。甲苯氧化得到苯甲酸，是重要的食品防腐剂（主要使用其钠盐），也用作有机合成的中间体。甲苯及苯衍生物经磺化制得的中间体，包括对甲苯磺酸及其钠盐、CLT 酸、甲苯-2，4-二磺酸、苯甲醛-2，4-二磺酸、甲苯磺酰氯等，用于洗涤剂添加剂、化肥防结块添加剂、有机颜料、医药、染料的生产。甲苯硝化制得大量的中间体，可衍生得到很多最终产品，其中在聚氨酯制品、染料和有机颜料、橡胶助剂、医药、炸药等方面最为重要。

甲苯对皮肤、黏膜有刺激性，对中枢神经系统有麻醉作用。短时间内吸入较高浓度该品可出现眼及上呼吸道明显的刺激症状、眼结膜及咽部充血、头晕、头痛、恶心、呕吐、胸闷、四肢无力、步态蹒跚、意识模糊。重症者可有躁动、抽搐、昏迷。长期接触可发生神经衰弱综合征、肝大、女性月经异常等。

16. 环己烷

环己烷别名六氢化苯，为无色有刺激性气味的液体。不溶于水，溶于多数有机溶剂。极易燃烧。

该品用作橡胶、涂料、清漆的溶剂，胶粘剂的稀释剂、油脂萃取剂。因本品的毒性小，故常代替苯用于脱油脂、脱润滑脂和脱漆。本品主要用于制造尼龙的单体己二酸、己二胺和己内酰胺，也用作制造环己醇、环己酮的原料；还可以用作一般溶剂、色谱分析标准物质及用于有机合成，可在树脂、涂料、脂肪、石蜡油类中应用，还可制备环己醇和环己酮等有机物。

环己烷对眼和上呼吸道有轻度刺激作用。持续吸入可引起头晕、恶心、嗜睡和其他一些麻醉症状。液体污染皮肤可引起痒感。

17. 乙二醇

乙二醇是无色无臭、有甜味液体。乙二醇能与水、丙酮互溶，但在醚类中溶解度较小。

主要用于制聚酯涤纶、聚酯树脂、吸湿剂、增塑剂、表面活性剂、合成纤维、化妆品和炸药，并用作染料、油墨等的溶剂、配制发动机的抗冻剂、气体脱水剂，制造树脂，也可用于玻璃纸、纤维、皮革、黏合剂的湿润剂。可生产合成树脂 PET，纤维级 PET 即涤纶纤维，瓶片级 PET 用于制作矿泉水瓶等。还可生产醇酸树脂、乙二醛等，也用作防冻剂。除用作汽车用防冻剂外，还用于工业冷量的输送，一般称为载冷剂，同时，也可以与水一样用作冷凝剂。乙二醇甲醚系列产品是性能优良的高级有机溶剂，作为印刷油墨、工业用清洗剂、涂料（硝基纤维漆、清漆、磁漆）、覆铜板、印染等的溶剂和稀释剂；可以作生产农药中间体、医药中间体以及合成制动液等化工产品的原料；作为电解电容器的电解质、制革化纤染剂等。用作纺织助剂、合成液体染料以及化肥和炼油生产中的脱硫剂的原料等。

国内尚未见本品急慢性中毒报道。国外的急性中毒多系因误服。吸入中毒表现为反复发作性昏厥，并可有眼球震颤、淋巴细胞增多。口服后急性中毒分三个阶段：第一阶段主要为中枢神经系统症状，轻者似乙醇中毒表现，重者迅速产生昏迷抽搐，最后死亡；第二阶段，心肺症状明显，严重病例可有肺水肿、支气管肺炎、心力衰竭；第三阶段主要表现为不同程度肾功能衰竭。人的本品一次口服致死量估计为 1.4 mL/kg(1.56 g/kg)。

乙二醇的时间加权平均容许浓度(PC-TWA)为 20 mg/m^3，短时间接触容许浓度(PC-STEL)为 40 mg/m^3，水体中有害有机物的最大允许浓度为 1.0 mg/L。

18. 乙二醇丁醚

乙二醇丁醚是一种无色液体，微有乙醚气味。能与醇、醚等多种有机溶剂混溶。易溶于丙酮，不溶于水，性质较稳定。

用作溶剂、电子级清洗剂及用于有机合成。有机合成中用作溶剂，也用作有机酸、蜡、树脂等的萃取剂和精制剂。乙二醇丁醚的溶解力强，对许多天然及合成油脂、树脂、橡胶、有机酸酯、生物碱等都有很强的溶解力。乙二醇丁醚对水的溶解度(20℃)为0.03%(重量),水对乙二醇丁醚的溶解度(20℃)为0.19%(重量),同水的分离性好。在贮存时生成过氧化物少,毒性和危险性小,是安全性很高的溶剂。用作树脂、油脂、有机酸、酯、蜡、生物碱、激素等的萃取和精制溶剂;和磷酸丁酯的混合溶液可用作分离稀土元素的溶剂。由于丁醚是惰性溶剂,还可用作格氏试剂、橡胶、农药等的有机合成反应溶剂。

19. 乙二醇丁醚醋酸酯

乙二醇丁醚醋酸酯是一种高沸点的、含多官能基的二元醇醚酯类溶剂,可用作乳胶漆的助聚结剂,它对多种漆有着优良的溶解性能,使它在多彩涂料和乳液涂料中获得广泛的应用。主要用于金属、家具喷漆的溶剂,也可用作保护性涂料、染料、树脂、皮革、油墨的溶剂,还可用于金属、玻璃等表面清洗剂的配方中,另可用作化学试剂。

常见车用涂料所含有毒害物质类别如表2.3所示。

表2.3 常见车用涂料的危险特性

分类	编号	品名	危害性	毒性
挥发性有机物 VOC	1	苯	T	
	2	甲苯	XN,F	
	3	乙酸丁酯	F	
	4	乙苯	Xn,F	
	5	p-&m-二甲苯	Xn	
	6	o-二甲苯	Xn	
	7	苯乙烯	Xn	
	8	对-二氯苯	Xn	
	9	十一(碳)烷	Xn,N	
醛酮类有机物 Aldehyde	10	甲醛	Xn	
	11	乙醛	T+	
	12	丙烯醛	Xn,F+	
	13	丙酮	T+,F,N	

注:T:有毒的;T+:非常有毒的;F:易燃的;F+:非常易燃的;N:危害环境的;Xn:有害的.

2.3.3 固化剂

目前，涂料中使用最为广泛的固化剂为异氰酸酯类化合物，异氰酸酯是异氰酸的各种酯的总称。若以—NCO基团的数量分类，包括单异氰酸酯R—N=C=O和二异氰酸酯O=C=N—R—N=C=O及多异氰酸酯等。单异氰酸酯是有机合成的重要中间体，可制成一系列氨基甲酸酯类杀虫剂、杀菌剂、除草剂，也用于改进塑料、织物、皮革等的防水性。二官能团及以上的异氰酸酯可用于合成固化剂、聚氨酯泡沫塑料、橡胶、弹力纤维、涂料、胶粘剂、合成革、人造木材等。

目前应用最广、产量最大的二异氰酸酯类固化剂有：甲苯二异氰酸酯（Toluene Diisocyanate，简称TDI）；二苯基甲烷二异氰酸酯（Methylenediphenyl Diisocyanate，简称MDI）；六亚甲基二异氰酸酯（Hexamethylene Diisocyanate，简称HDI）；异佛尔酮二异氰酸酯（Isophorone Diisocyanate，简称IPDI）；4，4-二异氰酸酯二环己基甲烷（Dicyclohexylmethylmethane-4，4′-diisocyanate，简称HMDI）；四甲基苯二甲基二异氰酸酯（Tetramethylxylylenediisocyanate，简称TMXDI）。

2.2.3.1 甲苯二异氰酸酯

甲苯二异氰酸酯（TDI）为无色或淡黄色液体，分子量174.16。相对密度1.22±0.01(25℃)。沸点251℃，比重1.22，闪点132℃（闭杯）。蒸气密度6.0，蒸气压0.13kPa(0.01mmHg，20℃)。蒸气与空气混合物可燃限0.9%～9.5%。不溶于水；溶于丙酮、乙酸乙酯和甲苯等。容易与包含有活泼氢原子的化合物如胺、水、醇、酸、碱发生反应，特别是与氢氧化钠和叔胺发生难以控制的反应，并放出大量热。与水反应生成二氧化碳是聚氨酯泡沫塑料制造过程中的关键反应之一；应避免受潮。在常温下聚合反应速度很慢，但加热至45℃以上或催化剂存在下能自聚生成二聚物。能与强氧化剂发生反应。遇热、明火、火花会着火，加热分解放出氰化物和氮氧化物。

遇光颜色变深，属含氮基的有机化合物，具有强烈的刺激性气味，在人体中具有积聚性和潜伏性，对皮肤、眼睛和呼吸道有强烈刺激作用，吸入高浓度的甲苯二异氰酸酯蒸气会引起支气管炎、支气管肺炎和肺水肿；液体与皮肤接触可引起刺激性接触性皮炎，也可引起变应性接触性皮炎。液体与眼睛接触可引起严重刺激作用，眼部有发痒、辛辣痛感、流泪、视物模糊和结膜充血等症状，可发生角膜炎或角结膜炎；如果不加以治疗，可能导致永久性损伤。并有咽喉干燥、剧烈咳嗽、胸闷、呼吸困难，可有喘息性支气管炎等症状。严重者可出现肺水肿。TDI主要影响呼吸系统，长期接触甲苯二异氰酸酯可引起慢性支气管炎。对甲苯二异氰酸酯过敏者，可能引起气喘、伴气喘、呼吸困难和咳嗽。甲苯二异氰酸酯有两种异构体：2,4-甲苯二异氰酸酯和2,6-甲苯二异氰酸酯。2,6-TDI的刺激作用比2,4-TDI大。主要用于固化剂、聚氨酯泡沫塑料、涂料、合成橡胶、弹性体、绝缘漆、黏合剂等。如聚氨酯树脂水溶性聚氨酯树脂、软质聚醚型聚氨酯泡沫塑料、聚氨酯泡沫塑料、软质聚氨酯泡沫塑料、聚氨酯预聚体、聚氨酯橡胶、聚氨酯塑胶铺装制品、阳极电泳漆聚氨酯漆类、聚氨酯清漆、各色聚氨酯磁漆、S22-1聚氨酯木器清漆、聚氨酯防水涂料、彩色聚氨酯防水涂料等。

大鼠经口LD50：4130 mg/kg；吸入LCLo：600ppm/6H。小鼠经口LD50：1950 mg/kg；吸入LC50：9700ppb/4H。兔经皮LD50：>10 mL/kg。本品急性吸入毒性较高，经口毒性较低。主要有明显刺激和致敏作用。对眼、呼吸道黏膜和皮肤有刺激作用，并引起支气管哮喘。人的嗅觉阈为0.35～0.92 mg/m^3，另有报道为3 mg/m^3。3～3.6 mg/m^3时，对黏膜有刺激；27.8 mg/m^3时对眼和呼吸道严重刺激。16 mg/m^3，工作3～4周后，不少人出现急性上呼吸道炎；0.5 mg/m^3，工作一周，出现剧烈的咳嗽和呼吸困难。TDI引起支气管哮喘，可能系异氰基团与体内的蛋白质的氨基结合后，生成异性蛋白，成为抗原诱发的变态反应；也可同时有药理机制和刺激作用。

2.3.3.2 二苯甲烷二异氰酸酯

二苯甲烷二异氰酸酯简称MDI。有4,4′-MDI、2,4′-MDI、2,2′-MDI等异构体，应用最多的是4,4′-MDI，属含氮基的有机化合物。纯MDI常温下为白色至淡黄色固体，加热时有刺激性臭味。相对密度(50℃/4℃)1.19，熔点40～41℃，沸点196℃，黏度(50℃)4.9mPa·s，闪点(开口)202℃，折射率1.5906。溶于丙酮、四氯化碳、苯、氯苯、煤油、硝基苯、二氧六环等。有毒，蒸气压比TDI的低，对呼吸器官刺激性小，工作场所中8小时平均容许浓度为0.05 mg/m^3，短时间平均容许浓度为0.10 mg/m^3，空气中最高容许浓度为0.20 mg/m^3。

二苯甲烷二异氰酸酯广泛用于聚氨酯涂料，此外，还用于聚氨酯硬泡沫塑料、合成纤维、合成橡胶、合成革、黏合剂、防水材料、密封材料、陶器材料等；用本品制成的聚氨酯泡沫塑料，用作保暖(冷)、建材、车辆、船舶的部件；精制品可制成汽车车挡、缓冲器、合成革、非塑料聚氨酯、聚氨酯弹性纤维、无塑性弹性纤维等。

2.3.3.3 六亚甲基二异氰酸酯

六亚甲基二异氰酸酯简称HDI，相对分子质量168.19，为无色或浅黄色的液体，有刺激性气味，微溶于水，在水中缓慢反应。HDI是由己二胺经光气化制得。有专利采用非光气法制HDI，在醋酸钴催化下，己二胺、尿素、乙醇反应，在170～175℃生成一种二氨基甲酸酯，这种基甲酸酯在260～270℃时在薄膜蒸发器中热分解,可得到 HDI。

HDI 是一种脂肪族多异氰酸酯,制得的聚氨酯制品具有耐黄变的特点。它的反应活性较芳香族二异氰酸酯的小。由于 HDI 不含苯环,聚氨酯弹性体的硬度和强度都不太高,柔韧性较好。HDI 的挥发性较大,毒性也大,一般是将 HDI 与水反应制成缩二脲二异氰酸酯,或者催化形成三聚体,用于制造非黄变聚氨酯涂料、涂层、PU 革等。

健康危害:属中等毒类。急性毒性:LD:50890 mg/kg(小鼠经口);710～910 mg/kg(大鼠经口);LC:500.28 g/m^3,1 小时(大鼠吸入)。亚急性和慢性毒性:大鼠吸入 14 mg/m^3×4 小时/日×5 日/周×4 周,呼吸道病变、体重增长减慢;人吸入 0.119 mg/m^3×1 年,眼和上呼吸道黏膜刺激症状。本品对人的呼吸道、眼睛和黏膜及皮肤有强烈的刺激作用。有催泪作用。重者引起化学性肺炎、肺水肿。有致敏作用。遇高热、明火或与氧化剂接触,有引起燃烧的危险。对大气可造成污染。可燃,其蒸气与空气混合,能形成爆炸性混合物。燃烧分解时,放出有毒的氮氧化物。苏联车间空气中有害物质的最高容许浓度 0.05 mg/m^3。

HDI 系是脂肪族二异氰酸酯(ADI)中最重要的单体,约占 ADI 总需求量的 60%。大部分 HDI 被制备成 HDI 缩二脲或 HDI 三聚体。HDI 及 HDI 缩二脲、三聚体是生产聚氨酯涂料及聚氨酯弹性体的重要原料。以 HDI、HDI 缩二脲或三聚体为原料生产的聚氨酯涂料,具有不泛黄、耐候性强等特点,广泛用于航空、汽车、建筑、木器、塑料、皮革等方面。六亚甲基二异氰酸酯可作生产聚氨酯涂料的原料,同时也用作干性醇酸树脂交联剂和合成纤维的原料。

六亚甲基二异氰酸酯(HDI)是聚氨酯工业中应用较广的脂族异氰酸酯,主要用于生产聚氨酯涂料、弹性体、胶黏剂、纺织整理剂等,在航空、纺织、泡沫塑料、涂料、橡胶工业等方面也有宽广的应用。它是继 HDIMDI、PAPI 之后需要量较大的异氰酸酯品种。HDI 是制备不泛黄的聚氨酯制品的重要原料。由它制得的聚氨酯涂料除具有耐油和耐磨性能外,尚有不泛黄、保色、保光、抗粉化、耐户外暴晒等特点,为芳族聚氨酯涂料所不及。国外已广泛用于涂饰飞机、汽车、铁道车辆、船舶、机床等。此外,HDI 还应用于涂料固化剂、高聚物交联剂、印花浆用低温胶黏剂、衣领共聚物涂层、固定酶胶黏剂以及聚酯着色处理、皮革和纺织业使用的涂饰剂、整理剂等方面。

2.3.3.4 异佛尔酮二异氰酸酯

异佛尔酮二异氰酸酯(IPDI)是一种性能优良的高沸点溶剂,在塑料、胶粘剂、医药和香料等行业中应用广。是脂肪族不变黄异氰酸酯,与羟基、胺等含活泼氢化合物反应,但反应活性比芳香族异氰酸酯低。由丙酮经过环化制得异佛尔酮,再经过腈化、氨化和光气化反应制得。主要用于制备不泛黄聚氨酯涂料及弹性体。

IPDI的工业产品含顺式异构体75%和反式异构体25%，为不变黄脂肪族异氰酸酯，活性比芳香族异氰酸酯低，蒸气压也低。IPDI制成的聚氨酯胶黏剂具有优秀的耐光学稳定和耐化学药品性，一般用于制造高档的聚氨酯胶黏剂。吸入、摄入或经皮肤吸收后对身体有害。蒸气或烟雾对眼睛、黏膜和上呼吸道有强烈刺激作用。对环境有危害，对水体可造成污染。本品可燃，具强刺激性。

2.3.3.5 4,4′-二环己基甲烷二异氰酸酯

4,4′-二环己基甲烷二异氰酸酯(HMDI)是一种化工产品。它在室温下为无色至浅黄色液体，有刺激性气味，不溶于水，溶于丙酮等有机溶剂。对湿气敏感，与含活性氢的化合物起反应。在温度低于25℃可能会结晶。HMDI的合成方法和MDI相似，也是以4,4′-二氨基甲烷为原料，不同的是在光气化前把MDA的苯环进行加氢，在钌系催化剂存在下，于溶剂中进行高温催化加氢制得4,4′-二氨基环己基甲烷，然后再经过光气化反应制得HMDI。

HMDI在化学结构上与4,4′-二苯基甲烷二异氰酸酯相似，以环己基六元环取代苯环，属脂环族二异氰酸酯，用它可制得不黄变聚氨酯制品，适合于生产具有优异光稳定性、耐候性和机械性能的聚氨酯材料，特别适合于生产聚氨酯弹性体、水性聚氨酯、织物涂层和辐射固化聚氨酯-丙烯酸酯配涂料。除了优异的力学性能，HMDI还赋予制品杰出的耐水解性和耐化学品性能。

该二异氰酸酯蒸气压较MDI高，有刺激性，应穿戴好防护用具。美国国家职业安全和健康学会(NIOSH)建立的工作场所推荐性暴露极限浓度为0.11 mg/m^3；美国政府工业卫生学会(ACGIH)制定的8h班制HMDI最低服值为0.054 mg/m^3；德国职业暴露极限值是0.054 mg/m^3(8h工作制平均值)；英国对于所有异氰酸酯，以NCO计，8h TWA允许浓度是0.02 mg/m^3或10 min短期TWA为0.07 mg/m^3。

2.3.3.6 四甲基苯二甲基二异氰酸酯

四甲基苯二甲基二异氰酸酯(TMXDI)从化学结构看，虽具有芳香族环，但由于—NCO基远离苯环，受苯环电子云的影响较小，苯二甲基二异氰酸酯分子中的2个甲基上的氢原子又被甲基取代，提高了耐UV光老化性，制品不易黄变，可视为脂肪族型异氰酸酯。TMXDI有对位(p—)和间位(m—)之分。前者熔点为72℃；后者在室温下为液体，有利于合成工艺，但所得制品机械强度不如前者。因此，前者用于制备弹性体，后者则用于制备胶黏剂或涂料。TMXDI外观为无色液体，相对分子质量244.3，NCO质量分数34.4%，沸点150℃(6.67kPa)，闪点(闭口杯)153℃，相对密度1.07(25℃)。TMXDI分子中的—

NCO 处于非对称位置，受甲基屏蔽影响，异氰酸酯的反应活性比其他脂肪族异氰酸酯更低。

TMXDI(META)脂肪族异氰酸酯单体包含两个叔脂肪醇二异氰酸酯功能团。与伯异氰酸酯和仲异氰酸酯相比，此官能团提供了独有的特性。

TMXDI 单体被用于合成无溶剂型聚氨酯分散体。这些分散体可用于制备具有光稳定性、附着力、柔韧性和刚性的水性黏合剂、涂料和油墨。

2.3.4　增塑剂

增塑剂是高分子加工用助剂中产能和消费量最大的品种，其产量约占助剂的 60%，主要用于软质聚氯乙烯制品，消耗量约占其总量的 85%，还用于聚乙酸乙烯酯等乙烯基树脂、聚偏氯乙烯、聚乙烯醇、纤维素、聚酰胺等。

增塑剂是涂料中常见的添加组分，主要用于改善涂料的黏附力，提高涂料与基面的黏结强度；还可以增加涂料的柔韧性和抗冲击性。涂料中最常用的增塑剂是邻苯二甲酸酯类。由于邻苯二甲酸酯类多为沸点较高的液体，与其他有机溶剂相容性好，因此在加入涂料后，还能减缓涂料溶剂的挥发速率，防止因溶剂挥发过快而导致漆膜出现针孔、起泡等瑕疵。邻苯二甲酸酯类增塑剂具有成本低、增塑效率高等优点，是当今国内外用量最大的一类增塑剂，广泛用于聚氯乙烯和氯乙烯共聚物中，也有少量用于纤维素树脂和橡胶等材料中。在 20 世纪 80 年代美国和日本的邻苯二甲酸酯类增塑剂曾占增塑剂产量的 80%，而在欧盟地区有 50%是 DOP，40%是 DINP、DIDP 和邻苯二甲酸线型酯。然而随着近年来研究的深入和对高分子体系中潜在的风险和危害的关注度日益增强，国内外开始意识到部分增塑剂，尤其是邻苯二甲酸酯类增塑剂对人体健康存在严重的威胁。

邻苯二甲酸酯已被证实为一种环境激素，对人体多个组织和器官会产生影响，尤其是具有显著的生殖和遗传毒性(见表 2.4)，目前已被我国、美国、日本、欧盟等多个国家和地区在消费品中限用或禁用。

表 2.4　一些邻苯二甲酸酯的毒性

邻苯二甲酸酯	毒性种类	所危害的群体
丁苄酯(BBP)	生殖毒性	成年群体
	生殖毒性	成年/儿童
二异癸酯(DIDP)	发育毒性	胎儿/儿童
	发育毒性	胎儿

续表

邻苯二甲酸酯	毒性种类	所危害的群体
二异壬酯(DINP)	生殖毒性/发育毒性	儿童
	生殖毒性	成年
二丁酯(DBP)	生殖毒性	胎儿/儿童成年
	生殖毒性	成年
二(2-乙基己)酯(DEHP)	生殖毒性/发育毒性	儿童(健康男性)
	生殖毒性/发育毒性	儿童(危症患者)
	发育毒性	胎儿
二正己酯(DNHP)	数据不充分待深入调查	

2.3.5 阻燃剂

常用的涂料性能优良,但易燃,燃烧时产生大量烟雾和有毒气体,使人中毒窒息而死,且影响消防救援工作;PVC等含氯塑料本身不燃,但往往因加入其他物质(如增塑剂等)而可燃。目前,全世界的阻燃剂消费量已仅次于增塑剂而居第二位,先进工业国的阻燃剂以4%的速度增长,我国将以15%速度快速增长,且以溴系增长最快。我国含氯阻燃剂份额过大,而国外已很少使用,欧美各国仅占5%,日本用量更低。溴系阻燃剂在燃烧时也有腐蚀性气体放出,但其阻燃效率高,性价比高,因而仍占有一定的份额。在磷系阻燃剂中,国外发展无卤磷酸酯等,而我国含卤类磷系阻燃剂占有份额过大。阻燃剂的工作原理主要有以下几个方面:①阻燃剂中含有的卤素在燃烧初期会释放大量烟气,笼罩在塑料周围,使塑料隔绝氧气而无法燃烧;②由于阻燃剂中的卤素需要得到一个电子以获得稳定,所以会抢夺用于燃烧反应的自由基,失去自由基燃烧反应就不会进行;③含卤有机物在高温下瞬间爆炸,迅速吸收大量氧气,导致缺氧而不会燃烧;④以氢氧化镁、氢氧化铝等作为阻燃剂,会释放水起到降温作用。其中前三种燃烧机理都与卤素有关,因此含卤阻燃剂在实际情况下起着重要的作用。

根据许多科学研究显示,卤素系阻燃剂已经成为日常环境中到处扩散的污染物,且对于环境与人类的威胁日益升高。而制造、循环回收或抛弃家电及其他消费性产品的行为,则是造成这些污染物释放到环境的主要途径。我国的《汽车产品回收利用技术政策》中明确提出了对PBBs和PBDEs的限制,欧盟ELV指令中也有相关的规定。

多溴二苯醚(Polybrominated Diphenyl Ethers, PBDEs),是一系列含溴原子的芳香族化合物,根据苯环上溴原子的个数和位置的不同,多溴二苯醚共有

209 种同分异构体。由于分子中溴原子数超过 6 的 PBDE 的溴含量高，阻燃性能好，价格低廉，目前仍然是世界上使用最为广泛的阻燃剂，在塑料、橡胶、涂料、纺织品等材料中广泛使用。但早已有研究表明，PBDE 是对人体健康和环境安全有高度危害性的物质，尤其是对人的生殖健康和遗传有很强的毒性，而且进入人体后难以排出，在环境中也难以降解，属于持久性污染物，因此已经陆续被欧盟、美国、日本及中国等禁用。

六溴环十二烷（1,2,5,6,9,10-六溴环十二烷，HBCD）是一种高效阻燃剂，广泛应用于塑料制品、纺织品、涂料与黏合剂等产品中，现已成为世界上仅次于十溴二苯醚和四溴双酚 A 的第三大用量的阻燃剂。但研究发现 HBCD 对生物体具有持久性、蓄积性的毒害作用。欧盟的 REACH 指令和挪威的 PoHS 指令均将其列入限用物质名单，规定其在消费品中含量不得高于 0.1%。

四溴双酚 A（TBBPA）是一种高效阻燃剂，广泛用作反应型阻燃剂添加到各种塑料制品、橡胶及涂料中等，现已成为世界上仅次于十溴二苯醚的第二大用量的阻燃剂。但研究发现 TBBPA 对生物体具有持久性、蓄积性的毒害作用，长期接触会妨碍大脑和骨骼发育；而且含 TBBPA 的废弃物在被焚化处理时，会释放出极易致癌物溴化二噁英和溴化呋喃。《东北大西洋海洋环境保护条例》OSPAR已将其列入危害物质名录，挪威的 PoHS 指令也已将其列入限用物质清单，并规定其在消费品中含量不得高于 0.1%。

近年来，以欧盟为首的国际环保组织制定了一系列绿色环保指令限制或禁止含卤化合物的使用，包括包装材料指令、废弃车辆指令、有害物质限用指令、废电机电子设备指令及使用能源产品生态化设计指令等，其管制范畴已几乎涵盖了所有相关产品。

国际组织或大厂如 IEC、IPC、JPCA 及三星等均已定义其无卤素材料的规格（见表 2.5），其中 IEC 61249-2-21 规范要求溴、氯化物之含量必须低于 900 ppm，总卤素含量则必须低于 1500 ppm，IPC 之无卤素定义与 IEC 相同；JPCA 之规范则定义溴化物与氯化物含量限制均为 900 ppm。

表 2.5　具代表性的“无卤”指令

标准组织	IEC （国际电工委员会）	IPC （美国电子工业联接协会）	JPCA （日本电子封装和电路协会）
法规编号	IEC 61249-2-21	IPC-4101B	JPCA-ES-01-2003
氯（Cl）	<0.09wt%（900ppm）	<0.09wt%（900ppm）	<0.09wt%（900ppm）
溴（Br）	<0.09wt%（900ppm）	<0.09wt%（900ppm）	<0.09wt%（900ppm）
氯和溴 （最大量）	1500ppm	1500ppm	未作规定

2.3.6 有机锡稳定剂

随着对重金属铅和镉的限制使用，近些年采用有机锡作为稳定剂改性的高分子体系逐渐增多。有机锡化合物(简称有机锡)是由锡和碳元素结合形成的金属有机化合物(见表2.6)，分为烷基锡化合物和芳香基化合物两类，在工业上主要用作高分子体系的稳定剂。有机锡对生物体的毒性较大，其中取代基为苯基、环已基或正烷基的三取代有机锡毒性最强，法国在20世纪60年代曾发生严重的有机锡中毒事件(Stalinon事件)，造成200多人中毒、100人死亡的惨剧。

近年来，消费品的有机锡污染问题已引起世界各国政府的普遍重视。早在1989年，欧盟76/769/EEC指令(现已被REACH法规附录VXII取代)就通过修订，禁止销售使用有机锡作生物杀灭剂的涂料。2009年5月28日，欧盟委员会通过了2009/425/EC指令，对76/769/EEC做出技术补充，进一步限制在消费品中使用特定有机锡。该指令规定自2010年7月1日起不得在物品或组件中使用锡含量超过0.1wt%的三取代有机锡，如三丁基锡(TBT)和三苯基锡(TPT)；2012年1月1日起，物品中不得使用锡含量超过0.1wt%的二丁基锡(DBT)和二辛基锡(DOT)。不符合禁令要求的商品不得在决议生效日之后上市。

表2.6 15种常见有机锡的具体信息

序号	有机锡名称(简称)	英文名称(缩写)	CAS No.	化学分子式	分子量
1	一甲基三氯化锡(一甲基锡)	Methyltin trichloride (MMT)	993-16-8	CH_3SnCl_3	240.10
2	二甲基三氯化锡(二甲基锡)	Dimethyltin dichloride (DMT)	753-73-1	$(CH_3)_2SnCl_2$	219.67
3	二丙基二氯化锡(二丙基锡)	Di-n-propyltin dichoride (DPrT)	867-36-7	$(C_3H_7)_2SnCl_2$	332.06
4	三丙基氯化锡(三丙基锡)	Tri-n-propyltin choride (TPrT)	2279-76-7	$(C_3H_7)_3SnCl$	311.56
5	四丙基锡	Tetra-n-propyltin (TePrT)	2176-98-9	$(C_3H_7)_4Sn$	291.06
6	一丁基三氯化锡(一丁基锡)	Butyltin trichloride (MBT)	1118-46-3	$C_4H_9SnCl_3$	282.17
7	二丁基二氯化锡(二丁基锡)	Dibutyltin dichloride (DBT)	683-18-1	$(C_4H_9)_2SnCl_2$	303.83

续表

序号	有机锡名称(简称)	英文名称(缩写)	CAS No.	化学分子式	分子量
8	三丁基氯化锡(三丁基锡)	Tributyltin chloride (TBT)	1461-22-9	$(C_4H_9)_3SnCl$	325.49
9	四丁基锡	Tetrabutyltin (TeBT)	1461-25-2	$(C_4H_9)_4Sn$	347.17
10	一辛基三氯化锡(一辛基锡)	Octyltin trichloride (MOT)	3091-25-6	$C_8H_{17}SnCl_3$	338.04
11	二辛基二氯化锡(二辛基锡)	Dioctyltin dichloride (DOT)	3542-36-7	$(C_8H_{17})_2SnCl_2$	415.77
12	三辛基氯化锡(三辛基锡)	Trioctyltin chloride (TOT)	2587-76-0	$(C_8H_{17})_3SnCl$	493.8
13	二苯基二氯化锡(二苯基锡)	Diphenyltin dichloride (DPhT)	1135-99-5	$(C_6H_5)_2SnCl_2$	343.82
14	三苯基氯化锡(三苯基锡)	Triphenyltin chloride (TPhT)	639-58-7	$(C_6H_5)_3SnCl$	385.46
15	四苯基锡	Tetraphenyltin (TePhT)	595-90-4	$(C_6H_5)_4Sn$	427.13

参考文献

[1] 纵贯线.国际癌症研究中心(IARC)对致癌物质的分类(2011年6月11日更新)(EB/OL). http://file.foodspace.net/file/upload/201109/07/15-52-20-17-433302.pdf. 2011-09-07.

[2] 龚浏澄,郑德,王玮等.中国塑料助剂行业的现状与展望[J].塑料助剂,2008(1):1—5.

[3] 国家标准GB 13690-1992常用危险化学品的分类及标志[S].

[4] 杨宝柱.中国塑料助剂业发展现状及趋势分析[J].国外塑料,2010,28(1):34—41.

[5] 吕华东,林麒.有机锡污染及其毒性作用研究现状[J].海峡预防医学杂志,2007,13(3):27—29.

第3章　车用涂料有毒有害物质的限制使用

3.1　概　述

车用涂料环保的要求和其他用途的涂料类似，共同要求主要体现有两个方面：①重金属含量控制；②有机化合物（以挥发性有机化合物为主）的控制。同时，一些国家和地区对涂料中有机溶剂的成分以及毒性较大的溶剂在干膜中的残留量也有严格的控制指标。

重金属类有害物质通常是指含有锑、砷、钡、镉、铬、铅、汞、硒等常见元素的物质，其中砷、硒为准金属元素。重金属对人体的毒害性是多方面的。生物药理效率数据表明，人体每日摄入的重金属含量不应超过如表3.1所示的限值。

表3.1　人体每日摄入重金属含量的限值　　（单位：μg）

锑 Sb	砷 As	钡 Ba	镉 Cd	铬 Cr	铅 Pb	汞 Hg	硒 Se
0.2	0.1	25	0.6	0.3	0.7	0.5	5.0

有机溶剂品种繁多，而且绝大多数有机溶剂或多或少都有一定的毒性，其中常见且毒性较大的有机溶剂主要有三大类：芳烃溶剂、乙二醇醚类溶剂、某些酮类溶剂。此外，还有芳胺化合物、一些可迁移的有机单体类物质（丙烯酰胺、甲醛、苯乙烯等）、阻燃剂类（多溴联苯 PBB、多溴联苯基醚 PBDE ）等有害物质都应在禁用之列。

随着国际、国内环保法规的纷纷出台以及政府对环保的日益关注，环保型涂料已成为当今国际涂料业发展的主要趋势。对汽车涂料也如此，汽车制造厂和用户已不再仅仅关注其性能的好坏，还要看其是否为环保产品，以满足日益严格的环保法规要求。在目前世界各国均对生存环境极为重视及加大从源头治理的大背景下，为了降低汽车涂料产品对环境的污染和对人体的危害，加快环境友好型涂料产品的发展和应用，促进汽车涂料行业的技术进步，提高全行业的环保意识，制定科学合理可行的汽车涂料环保标准已成当务之急。

3.2　中国汽车涂料安全检测标准

3.2.1　我国规管工业涂料中有毒有害物质的法规

在我国，涂料属于化学品，并且部分涂料属于危险化学品管理范畴。我国自20世纪70年代后也开始制定涉及涂料安全管理的法律法规或部门规章。目前，我国国家法律法规、条例、地方性法规等共同构成了中国化学品管理的基本框架，其中包括涉及化学品管理的宪法1项、主要法规17项，涉及化学品管理的主要法律18项，涉及化学品管理的主要行政法法规19项，涉及化学品管理的主要部门规章58项。直接对工业涂料中有毒有害物质提出了具体规管的管理法规主要有以下两项：

1.《涂料行业行为准则》

该准则中禁止或限制在工业涂料中使用的物质有：

(1)禁止使用红丹防锈颜料。推动颜、填料品种变革，减少含铅、铬、镉、锡等重金属颜、填料、助剂的使用。

(2)禁止纯苯溶剂的使用，降低有毒有害芳烃溶剂的使用。

(3)限制乙二醇醚、乙二醇醚酯类系列助溶剂、成膜助剂的使用。

(4)取缔对人体和生态环境有严重影响的DDT、TBT(有机锡防污剂)的使用。

(5)限制具有对环境持久性、对人内分泌干扰的邻苯二甲酸酯类增塑剂的使用。

2. 2008年涂料、无机颜料“双高”产品名录公示

名录中列为高污染、高环境风险产品(即“双高”产品)的有以下几类物质，不得在工业涂料中使用：

(1)部分有机锡化合物；

(2)醋酸铅；

(3)含苯类、苯酚、苯甲醛和二(三)氯甲烷的脱漆剂；

(4)含烷基酚聚氧乙烯醚(APEO)的建筑涂料；

(5)含异氰脲酸三缩水甘油酯(TGIC)的粉末涂料；

(6)环烷酸铅、异辛酸铅、辛酸铅；

(7)碱式碳酸铅；

(8)铅铬黄、钼铬红;

(9)四氯化碳溶剂法氯化橡胶;

(10)松香铅皂;

(11)铁蓝;

(12)硬脂酸铅。

3.2.2 我国对汽车涂料中有毒有害物质的管理标准

2006年8月15日国家环保总局颁布了《HJ/T293-2006清洁生产标准—汽车制造业(涂装)》,2006年12月1日开始实施。它是国内对工业涂装的VOC排放量第一次做出的具体规定,如表3.2所示。

表3.2 汽车涂装清洁生产标准的指标要求:VOC产生量 (g/m^2)

涂层类别	一级	二级	三级	备注
2C2B涂层	≤30	≤50	≤70	一级为国标清洁生产先进水平 二级为国内清洁生产先进水平 三级为国内清洁生产基本水平
3C3B涂层	≤40	≤60	≤80	
4C4B涂层	≤50	≤70	≤90	
5C5B涂层	≤60	≤80	≤100	

2009年9月30日国家标准《GB24409-2009汽车涂料中有害物质限量》发布,对汽车涂料中的VOC及其他有害物质含量进行了限制,该标准于2010年6月1日实施。该标准对汽车使用的涂料进行了细分。该标准中汽车涂料分为两类:A类为溶剂型涂料,分为热塑型、单组分交联型和双组分交联型;B类为水性涂料(含电泳涂料)。

汽车表面涂装过程使用原料中VOC和其他有毒有害物质的限量应符合表3.3和表3.4的要求。

同样是2009年,另一项国家标准《GB/T 23994-2009与人体接触的消费产品用涂料中特定有害元素限量》也发布。该标准按照涂料所涂覆的消费产品用途分为A类涂料和B类涂料。A类涂料是指直接与食品接触的消费产品用涂料,B类涂料是指其他能与人体直接接触的消费产品用涂料,如家具、文具、运动器械、医疗器械、佩带的饰品、室内家用电器、手机和数码产品、自行车、摩托车、载客用交通工具的内饰件等消费产品用涂料。该标准中规定的涂料中有害元素限量如表3.5所示。

表 3.3　溶剂型汽车涂料中有毒有害物质限量

<table>
<tr><th colspan="2">涂料品种</th><th>挥发性有机化合物(VOC)含量(g/L)</th><th>有害物质限量(%)</th></tr>
<tr><td>热塑型</td><td>底漆、中涂、底色漆(效应颜料漆、实色漆)、罩光清漆、本色面漆</td><td>≤770</td><td rowspan="10">苯≤0.3%
甲苯、乙苯和二甲苯总量≤40%
乙二醇甲醚、乙二醇乙醚、乙二醇甲醚醋酸酯、乙二醇乙醚醋酸酯、二乙二醇丁醚醋酸酯总量≤0.03%

Pb≤1000mg/kg
Cr^{6+}≤1000mg/kg
Cd≤100mg/kg
Hg≤1000mg/kg</td></tr>
<tr><td rowspan="4">单组分交联型</td><td>底漆</td><td>≤750</td></tr>
<tr><td>中涂</td><td>≤550</td></tr>
<tr><td>底色漆(效应颜料漆、实色漆)</td><td>≤750</td></tr>
<tr><td>罩光清漆、本色面漆</td><td>≤580</td></tr>
<tr><td rowspan="4">双组分交联型</td><td>底漆、中涂</td><td>≤670</td></tr>
<tr><td>底色漆(效应颜料漆、实色漆)</td><td>≤750</td></tr>
<tr><td>罩光清漆</td><td>≤560</td></tr>
<tr><td>本色面漆</td><td>≤630</td></tr>
</table>

汽车发动机、排气管等部位使用的耐高温涂料归入底漆类别；单组分交联型中用于 3C1B (三涂一烘干)涂装工艺喷涂的第 1、2 道涂料归入底色漆类别。

表 3.4　水性汽车涂料中有毒有害物质限量

涂料品种	有毒有害物质限量(%)
水性涂料(含电泳涂料)	乙二醇甲醚、乙二醇乙醚、乙二醇甲醚醋酸酯、乙二醇乙醚醋酸酯、二乙二醇丁醚醋酸酯总量≤0.03 Pb≤1000mg/kg Cr^{6+}≤1000mg/kg Cd≤100mg/kg Hg≤1000mg/kg
粉末、光固化涂料	Pb≤1000mg/kg Cr^{6+}≤1000mg/kg Cd≤100mg/kg Hg≤1000mg/kg

表 3.5 GB/T 23994-2009 规定的涂料中有害元素限量

项目		限量值	
		A 类涂料	B 类涂料
可溶性元素/(mg/kg)	铅 Pb	≤90	≤90
	镉 Cd	≤75	≤75
	铬 Cr	≤60	≤60
	汞 Hg	≤60	≤60
	锑 Sb	≤60	—
	砷 As	≤25	—
	钡 Ba	≤1000	—
	硒 Se	≤500	—
铅含量/(mg/kg)		≤600	—

3.2.3 我国港台地区对汽车涂料中有毒有害物质的管理标准

3.2.3.1 台湾地区的相关规定

台湾当局环境保护管理部门于 2005 年 12 月 16 日发文(发文字号:环署空字第 0940100938 号),依据空气污染控制规定第十条第二项、第二十二条、第二十三条以及第四十四条第三项规定制订了《汽车制造业表面涂装作业空气污染物排放标准》。该标准规定了汽车制造程序使用的挥发性有机物质应记录其购置、贮存、使用及处理等资料。每月做成报告,主管机关申报挥发性有机物的排放量。该标准还规定了干燥室 VOC 去除率应达到 90%、管道排放标准为 60 mg/Nm^3(没经氧校正)以及汽车涂装程序相关作业的 VOC 排放标准为 110 g/m^2。

3.2.3.2 香港的相关法规

香港的情况较为特殊,由于地方狭小,加之环保要求严格,香港辖区内并无汽车涂料生产企业,汽车涂料的使用以汽车维修中使用的修补漆为主。2009 年 10 月,香港特区政府修订了《空气污染管控(挥发性有机化合物)条例》(即“VOC 管理条例”),以此作为实施 VOC 减排目标的一部分。根据修订内容,将从 2010 年 1 月 1 日起,分阶段加大控制力度,控制范围也将扩大到 14 种车辆修补漆和涂料、36 种船舶和工艺品油漆和涂料以及 47 种黏合剂和密封剂。采用的控制方法与美国加州相似,这将使香港成为限制所涉产品 VOC 含量方面处于领先的城市。其中在车辆修补漆方面,规定了其挥发性有机物含量限制与生效日期,如表 3.6 所示。

表 3.6　汽车修补漆挥发性有机物含量限制与生效日期

受规管汽车修补涂料		挥发性有机化合物含量的最高限值（克/公升涂料），2011 年 10 月 1 日生效
1	黏合促进剂	840
2	透明涂料（非哑光装饰）	420
3	透明涂料（哑光装饰）	840
4	彩色涂料	420
5	多彩涂料	680
6	预处理涂料	780
7	底漆	540
8	单级涂料	420
9	临时保护涂料	60
10	纹理及柔软效果涂料	840
11	卡车货斗衬垫涂料	310
12	车身底部涂料	430
13	均匀装饰涂料	840
14	其他汽车修补涂料	250
任何不列为类别(1)至(13)规管的汽车修补涂料，须遵照类别(14)的限制。		

3.3　国外涂料安全检测标准

虽然汽车涂料和其他用途的涂料类似，其中通常都含有相当比例的有毒有害物质，但人们最为关注的仍然是其中的挥发性有机物 VOC 带来的污染和危害，因为无论是在喷涂施工，还是在整车交付使用后涂层继续散发出来的气味，都给人们最直观、最深刻的污染感受。因此目前世界上针对汽车涂料中有毒有害物质的管控也以对 VOC 的管控为主。

由于汽车涂料属于涂料的一种，具有一般涂料的通性，其生产工艺、涂装技术及涂层的性能都有很强的共通性，因此世界上很多国家和地区将针对汽车涂料中有毒有害物质的管控融合在对涂料的管控中同时进行。

3.3.1　欧盟对汽车涂料中有毒有害物质的管控

3.3.1.1　欧盟对汽车涂料中 VOC 的管控

为控制汽车涂料在涂装过程中对大气环境造成的污染，欧盟于 1996 年公布了关于各种不同产业中防止和控制污染的指令——空气污染综合防控指令

1996/61/EC(Integrated Pollution Prevention and Control),对特定的产业活动设备制定了以最可采用的技术为基础的排放基准。在1999年,又对使用有机溶剂的特定设施详细定出了关于挥发性有机化合物的排出限制的指令(VOC指令:溶剂指令)1999/13/EC。这个指令的目的是削减由产业活动环境中排出的VOC量,使属于特定产业的有排出一定量以上的VOC的企业,必须遵守VOC排出量的界限。在汽车涂装领域,对新汽车涂装、卷材涂装、金属涂装、木工涂装等的设施都提出了限制,要求所有涂装设备在2007年10月30日前都必须满足指令所要求的全部限值。欧盟在1999/13/EC(On the limitation of emissions of volatile compounds(VOC))中对涂料行业的VOC的排放做了详细的规定。其中涂料生产过程VOC排放的标准按溶剂使用量的大小分为两大类,分别规定了VOC排放浓度(mS/C/m^3)、无组织排放量和全工艺总排放量(按照溶剂使用量的百分比控制,分别为5%、3%)。其中欧盟在制订该标准时也考虑了不同溶剂使用的不同控制标准,比如卤代烃等。欧盟汽车涂装的限制值是以单位涂装面积的VOC排出量(g/m^2)表示的。欧洲的溶剂指令1999/13/EC规定的"汽车工业的总排放界限值"如表3.7所示(按溶剂的年耗量、汽车车身的年产量和车身类型、新、老涂装线来分限值)。

表3.7 欧盟的汽车涂装排放VOC的界限值

范围(溶剂消耗量,吨/年)	产量界限(参照年报被涂件产量)	总的排放限值	
		新生产线	原有生产线
新的轿车车身涂装(>15)	>5000	45g/m^2 或 1.3kg/车身+33g/m^2	60g/m^2 或 1.9kg/车身+41g/m^2
	≤5000单壳体车身或>3500底盘,车身组合件	90g/m^2 或 1.5kg/车身+70g/m^2	90g/m^2 或 1.5kg/车身+70g/m^2
新卡车驾驶室涂装(>15)	≤5000	65g/m^2	85g/m^2
	>5000	55g/m^2	75g/m^2
新的厢式车和货车厢涂装(>15)	≤2500	90g/m^2	120g/m^2
	>2500	70g/m^2	90g/m^2
新的客车涂装(>15)	≤2000	210g/m^2	290g/m^2
	>2000	150g/m^2	225g/m^2

当新的轿车车身涂装的溶剂耗量低于上表中的值场合,参照轿车修补涂装部分。

随后的2004/42/EC指令对建筑物汽车修补等特定用途的涂料设定了VOC的含有量的上限(见表3.8)。要求欧盟各国在2010年采取各种削减手法，实现目标，按指令为基准分别制定国内法，如果已有独自更为严格的基准，则遵守其本国的法律。

表3.8 欧盟汽车修补用涂料的VOC含有量的上限值

产品类型	涂料品种	VOC限值/(g/L)注
前处理准备和清洗	前处理准备	850
	预清洗	200
车身腻子/填料	所有种类	250
底漆	中涂和一般金属底漆	540
	洗涤底漆	780
面漆	所有种类	420
专用面漆	所有种类	840

2004年4月，欧洲理事会发布了2004/42/EC号指令，对各种涂料提出了VOC控制的通用要求。该指令规定了12类涂料和清漆以及5类汽车用漆的VOC限量，每一类涂料和清漆分为水性和溶剂型产品限量，而且按2007年1月1日和2010年1月1日两个时间节点给出了不同的要求(见表3.9)。与我国的涂料限量相比，欧盟对水性涂料在2007年后的VOC限量大多小于150 g/L，要求普遍比我国的GB18582-2001标准高，而2010年的标准限量则要求更高；除个别种类以外，对溶剂型涂料的VOC要求也比我国相关标准要高。

表3.9 欧盟2004/42/EC指令中对VOC的限量要求

产品分类	类型	限值/(g/L)	
		第一阶段(从2007年1月1日起)	第二阶段(从2010年1月1日起)
外墙无机底材涂料	水性 溶剂型	75 400	40 430
木材或金属内外用贴框或包覆物涂料	水性 溶剂型	150 400	130 300
底漆	水性 溶剂型	50 450	30 350
黏合底漆	水性 溶剂型	140 600	140 500
特殊用途双组分反应性功能涂料	水性 溶剂型	140 550	140 500
装饰性涂料	水性 溶剂型	300 500	200 200

3.3.1.2 欧盟对汽车涂料中其他有毒有害物质的管控

在欧盟,涂料事实上被视作化学品中的一个类别进行管理。针对化学品,欧盟先后发布了一系列针对化学品的指令和法规,管控其中的有毒有害物质。目前,欧盟对涂料类化工产品的管理模式是将其纳入对化学品类的统一管理。欧盟于 2006 年 12 月 18 日通过了指令《化学品的注册、评估、授权和限制》(即 REACH 指令),该指令将欧盟之前对有关涂料的指令 2004/42/EC、76/769/EEC 指令等一并纳入进来,并已于 2007 年 6 月 1 日正式实施。到目前为止,ECHA(欧洲化学品管理署)已正式发布 10 批高关注物质(SVHC)清单,自此,REACH 法规高关注物质清单共有 155 项,并且可以预计今后该清单还会不断增加。与涂料有关的高关注物质到目前为止有 81 种,详细情况见表 3.10。

表 3.10 欧盟 REACH 指令中与涂料工业相关的高关注物质(SVHC)清单

序号	有毒有害物质名称	CAS 号	在工业上的用途
1	蒽 Anthracene	120-12-7	染料、制纸浆的助剂
2	4,4′-二氨基二苯基甲烷 4,4′-Diaminodiphenylmethane	101-77-9	偶氮染料、橡胶和环氧树脂助剂
3	邻苯二甲酸二丁酯 Dibutyl phthalate (DBP)	84-74-2	塑料、涂料的增塑剂
4	五氧化二砷 Diarsenic pentaoxide	1303-28-2	防腐剂、染料、特种玻璃和冶金助剂
5	三氧化二砷 Diarsenic trioxide	1327-53-3	脱色剂、氧化剂、防腐剂、半导体
6	二水(合)重铬酸钠 Sodium dichromate	7789-12-0 10588-01-9	染料、防腐剂、金属表面处理
7	邻苯二甲酸二(2-乙基乙基)酯 Bis(2-ethylhexyl) phthalate (DEHP)	117-81-7	塑料、涂料的增塑剂
8	六溴环十二及其对映异构体 Hexabromocyclododecane (HBCDD) and all major diastereoisomers identified (α-HBCDD, β-HBCDD, γ-HBCDD)	25637-99-4 3194-55-6 (134237-51-7, 134237-50-6, 134237-52-8)	塑料、橡胶、涂料的阻燃剂
9	C10-13 短链氯化石蜡 Alkanes,C10-13,chloro(Short chain chlorinated paraffin)	85535-84-8	阻燃剂、涂料、涂层

续表

序号	有毒有害物质名称	CAS 号	在工业上的用途
10	邻苯二甲酸丁苄酯 Benzyl butyl phthalate (BBP)	85-68-7	塑料、涂料的增塑剂
11	三乙基砷酸酯 Triethyl arsenate	15606-95-8	防腐剂
12	邻苯二甲酸二异丁酯 Diisobutyl phthalate (DIBP)	84-69-5	塑料、涂料的增塑剂
13	磷酸三(2-氯乙基)酯 Tris(2-chloroethyl)phosphate (TCEP)	115-96-8	塑料、涂料的阻燃剂
14	C. I. 颜料黄 34 Lead sulfochromate yellow (C. I. pigment yellow 34)	1344-37-2	塑料、涂料的颜料
15	硫酸铅铬钼红(C. I. 颜料红 104) Lead chromate molybdate sulfate red (C. I. pigment red 104)	12656-85-8	塑料、涂料的颜料
16	铬酸铅 Lead chromate	7758-97-6	塑料、涂料的颜料
17	三氯乙烯 Trichloroethylene	79-01-6	金属部件的清洁剂、涂料和黏合剂溶剂
18	铬酸钾 Potassium choromate	7789-00-6	金属处理和涂层、化学品和试剂制造、纺织品制造、陶瓷着色剂、皮革鞣剂、颜料/油墨制造、实验室分析试剂、烟火制造
19	重铬酸钾 Potassium dichromate	7778-50-9	铬金属制造、金属处理和涂层、化学品和试剂制造、实验室分析试剂、玻璃仪器清洗、皮革鞣剂、纺织品制造、光刻、木材处理、缓蚀剂冷却系统
20	2-甲氧基乙醇 2-Methoxyethanol	109-86-4	涂料的溶剂、化学中间体和燃料添加剂，印染工业用作渗透剂和均染剂，燃料工业用作添加剂，纺织工业用作染色助剂

续表

序号	有毒有害物质名称	CAS号	在工业上的用途
21	2-乙氧基乙醇 2-Ethoxyethanol	110-80-5	涂料溶剂、化学中间体，还可用做清漆的涂膜剂，净化液，染料浴，水溶性颜料和染料溶液，精炼皮革的溶剂
22	1,2-苯二酸-二(C6-8支链)烷基酯(富C7) 1,2-Benzenedicarboxylic acid, di-C6-8-branched alkyl esters,C7-rich	71888-89-6	塑料、印刷油墨、密封剂、涂料和胶粘剂中的增塑剂
23	1,2-苯二酸-二(C7-11支链与直链)烷基(醇)酯 1,2-Benzenedicarboxylic acid, di-C7-11-branched and linear alkyl esters	68515-42-4	塑料、涂料、密封剂和胶粘剂中的增塑剂
24	1-甲基-2-吡咯烷酮 1-methyl-2-pyrrolidone	872-50-4	PVC纺纱剂；金属和木材涂层；电子元件清洗剂等
25	乙二醇乙醚醋酸酯 2-ethoxyethyl acetate	111-15-9	涂料、油漆中的溶剂；化工中间体；塑料和橡胶涂料
26	联氨 Hydrazine	7803-57-8; 302-01-2	合成用于化学发泡剂、油漆、油墨、染料的交联剂；聚合涂料和胶黏剂的单体；在玻璃和塑料上沉积金属过程中的还原剂
27	1,2-二氯乙烷 1,2-Dichloroethane	107-06-2	橡胶，胶状物质和树脂的溶剂；油漆，涂料，胶粘剂，清漆，肥皂和清洗剂原料；皮革和金属清洗剂
28	4,4′-二氨基-3,3′-二氯二苯甲烷 2,2′-dichloro-4,4′-methylenedianiline(MOCA)	101-14-4	聚氨酯塑料、橡胶、涂料的助剂和原料；胶水、胶粘剂和木制品的密封剂

续表

序号	有毒有害物质名称	CAS 号	在工业上的用途
29	2-甲氧基苯胺 2-Methoxyaniline	90-04-0	偶氮染料、颜料和香水中间体；墨水、蜡笔、纸、聚合物和铝箔原料
30	对特辛基苯酚 4-tert-Octylphenol	140-66-9	表面活性剂、硫化剂和油漆中间体；涂料、胶粘剂、聚合物单体；印染助剂
31	二乙二醇二甲醚 Bis(2-methoxyethyl)ether	111-96-6	电池；塑料和橡胶分散剂；密封剂、胶粘剂、油漆等的溶剂
32	邻苯二甲酸二甲氧基乙酯 Bis(2-methoxyethyl)phthalate	117-82-8	塑料和涂料的增塑剂；胶粘剂、油漆、印刷油墨和清漆溶剂
33	N,N-二甲基乙酰胺 N,N-dimethylacetamide(DMAC)	127-19-5	塑料和涂料溶剂；脱漆剂、油墨去除剂、涂料和胶粘剂原料
34	三乙二醇二甲醚(TEGDME) 1,2-bis(2-methoxyethoxy)ethane	112-49-2	溶剂、制程化学品
35	乙二醇二甲醚(EGDME) 1,2-dimethoxyethane;ethylene glycol dimethyl ether	110-71-4	电池、溶剂、制程化学品
36	4,4′-二(二甲氨基)-4″-甲氨基三苯甲醇 4,4′-bis(dimethylamino)-4″-(methylamino)trityl alcohol	561-41-1	染料、油漆、颜料、墨水
37	4,4′-二(二甲氨基)二苯甲酮(米氏酮) 4,4′-bis(dimethylamino) benzophenone(Michler′s ketone)	90-94-8	染料、颜料、PCB 板、聚合物
38	C. I. 碱性紫 3 C. I. Basic Violet 3	548-62-9	纺织品、塑胶、油漆、油墨的颜料
39	C. I. 碱性蓝 26 C. I. Basic Blue 26	2580-56-5	油墨、染料、油漆、颜料、墨水的颜料

续表

序号	有毒有害物质名称	CAS号	在工业上的用途
40	三氧化二硼 Diboron trioxide	1303-86-2	玻璃及玻璃纤维、电子产品阻燃剂、胶粘剂、油墨、油漆、涂料、杀菌剂、杀虫剂等
41	甲酰胺 Formamide	75-12-7	中间体、增塑剂、合成皮革、油墨、涂料溶剂等
42	N,N,N′,N′-四甲基-4,4′-二氨基二苯甲烷（米氏碱）N,N,N′,N′-tetramethyl-4,4′-methylenedianiline (Michler′s base)	101-61-1	染料、颜料
43	1,3,5-三(环氧乙基甲基)-1,3,5-三嗪-2,4,6(1H,3H,5H)-三酮(TGIC) 1,3,5-tris(oxiranylmethyl)-1,3,5-triazine-2,4,6(1H,3H,5H)-trione	2451-62-9	塑料稳定剂、PCB油墨、电子产品涂层、电绝缘材料、树脂固化剂等
44	C.I. 溶剂蓝 4 C.I. Solvent Blue 4	6786-83-0	染料、油漆、颜料、墨水
45	1,3,5-三-[(2S和2R)-2,3-环氧丙基]-1,3,5-三嗪-2,4,6-(1H,3H,5H)-三酮 β-TGIC(1,3,5-tris[(2S and2R)-2,3-epoxypropyl]-1,3,5-triazine-2,4,6-(1H,3H,5H)-trione)	59653-74-6	塑料稳定剂、PCB油墨、电子产品涂层、电绝缘材料、树脂固化剂等
46	1,2-苯二酸-二(支链与直链)戊基酯 1,2-Benzenedicarboxylic acid, dipentylester, branched and linear	84777-06-0	增塑剂
47	乙二醇二乙醚 1,2-Diethoxyethane	629-14-1	油漆、油墨、中间体
48	对特辛基苯酚乙氧基醚 4-(1,1,3,3-tetramethylbutyl)phenol, ethoxylated	/	油漆、油墨、纸张、胶水、纺织品
49	4,4′-二氨基-3,3′-二甲基二苯甲烷 4,4′-methylenedi-o-toluidine	838-88-0	绝缘材料、聚氨酯黏合剂、环氧树脂固化剂

续表

序号	有毒有害物质名称	CAS 号	在工业上的用途
50	4,4′-二氨基二苯醚 4,4′-oxydianiline	101-80-4	染料中间体、树脂合成
51	4-氨基偶氮苯 4-Aminoazobenzene	60-09-3	染料中间体
52	2,4-二氨基甲苯 4-methyl-m-phenylenediamine	95-80-7	染料、医药中间体及其他有机合成
53	4-壬基(支链与直链)苯酚 4-Nonylphenol, branched and linear	/	油漆、油墨、纸张、胶水、橡胶制品的表面活性剂
54	2-甲氧基-5-甲基苯胺 6-methoxy-m-toluidine	120-71-8	染料中间体
55	碱式乙酸铅 Acetic acid, lead salt, basic	51404-69-4	油漆、涂层、脱漆剂、稀释剂
56	4-氨基联苯 Biphenyl-4-ylamine	92-67-1	染料和农药中间体
57	十溴联苯醚 Bis(pentabromophenyl) ether (DecaBDE)	1163-19-5	塑料和涂料阻燃剂
58	二丁基二氯化锡 Dibutyltin dichloride	683-18-1	塑料、橡胶、涂料、纺织品的防腐剂
59	硫酸二乙酯 Diethyl sulphate	64-67-5	生产染料中间体
60	邻苯二甲酸二异戊酯 Diisopentylphthalate(DIPP)	605-50-5	塑料、涂料的增塑剂
61	呋喃 Furan	110-00-9	溶剂、有机合成
62	全氟十一烷酸 Henicosafluoroundecanoic acid	2058-94-8	油漆、纸张、纺织品、皮革等表面处理剂
63	全氟十四烷酸 Heptacosafluorotetradecanoic acid	376-06-7	油漆、纸张、纺织品、皮革等表面处理剂

续表

序号	有毒有害物质名称	CAS号	在工业上的用途
64	环己烷-1,2-二羧酸酐 Hexahydro-2-benzofuran-1,3-dione, 顺式-环己烷-1,2-二羧酸酐 cis-cyclohexane-1,2-dicarboxylic anhydride, 反式-环己烷-1,2-二羧酸酐 trans-cyclohexane-1,2-dicarboxylic anhydride	85-42-7 13149-00-3 14166-21-3	中间体、树脂改性剂和环氧树脂固化剂
65	甲基六氢邻苯二甲酯酐 Hexahydromethylphathalic anhydride, 4-甲基六氢邻苯二甲酯酐 Hexahydro-4-methylphathalic anhydride, 1-甲基六氢邻苯二甲酯酐 Hexahydro-1-methylphathalic anhydride, 3-甲基六氢邻苯二甲酯酐 Hexahydro-3-methylphathalic anhydride	25550-51-0 19438-60-9 48122-14-1 57110-29-9	生产树脂、橡胶、涂料、等聚合物的单体
66	四氧化三铅 Lead tetroxide	1314-41-6	玻璃制品、陶瓷、颜料、橡胶
67	N,N-二甲基甲酰胺 N,N-dimethylformamide; dimethyl formamide	68-12-2	皮革、印刷电路板
68	邻苯二甲酸正戊基异戊基酯 N-pentyl-isopentylphtalate	776297-69-9	塑料和涂料的增塑剂
69	邻-氨基偶氮甲苯 o-aminoazotoluene	97-56-3	染料中间体
70	2-氨基甲苯 o-Toluidine	95-53-4	染料中间体
71	全氟十三烷酸 Pentacosafluorotridecanoic acid	72629-94-8	油漆、纸张、纺织品、皮革等的表面处理剂
72	铅锑黄 Pyrochlore, antimony lead yellow	8012-00-8	油漆、涂层、玻璃陶瓷制品的颜料
73	全氟十二烷酸 Tricosafluorododecanoic acid	307-55-1	油漆、纸张、纺织品、皮革等的表面处理剂

续表

序号	有毒有害物质名称	CAS 号	在工业上的用途
74	十五代氟辛酸铵盐 Ammonium pentadecafluorooctanoate(APFO)	3825-26-1	含氟聚合物和氟橡胶的表面处理剂；不粘厨具生产中的乳化剂
75	全氟辛酸 Pentadecafluorooctanoic acid(PFOA)	335-67-1	含氟聚合物和氟橡胶；不粘厨具生产中的乳化剂
76	邻苯二甲酸二正戊酯 Dipentyl phthalate(DPP)	131-18-0	塑料和涂料的增塑剂
77	乙氧基化壬基酚(分支的或线性的)(包括含有 9 个碳烷基链的所有直链和支链的结构) 4-Nonylphenol, branched and linear, ethoxylated[substances with a linear and/or branched alkyl chain with a carbon number of 9 covalently bound in position 4 to phenol, ethoxylated covering UVCB- and well-defined substances, polymers and homologues, which include any of the individual isomers and/or combinations thereof]	–	采矿；洗涤剂；油漆、涂料和清漆；皮革和纺织品加工的表面活性剂
78	硫化镉 Cadmium sulphide	1306-23-6	用作半导体材料、发光材料以及搪瓷、玻璃、陶瓷、塑料、油漆的颜料
79	邻苯二甲酸二己酯(DHXP)	84-75-3	塑料和涂料的增塑剂
80	磷酸三(二甲苯)酯 Trixylyl phosphate	25155-23-1	塑料和涂料的增塑剂
81	邻苯二甲酸二已酯(支链和直链) 1,2-Benzenedicarboxylic acid, dihexyl ester, branched and linear	68515-50-4	塑料和涂料的增塑剂

此外，2002 年 12 月，OECD 召开的第 34 次化学品委员会联合会议上将全氟辛烷磺酸(Perfluorooctane sulfonates, PFOS)定义为持久存在于环境、具有生物储蓄性并对人类有害的物质。2006 年 12 月 27 日，欧洲议会和部长理事会联合发布《关于限制全氟辛烷磺酸销售及使用的指令》(2006/122/EC)，该指令是对理事会《关于统一各成员国有关限制销售和使用禁止危险材料及制品的法

律法规和管理条例的指令》(76/769/EEC)的第三十次修订。PFOS以阴离子形式存在于盐、衍生体和聚合体中，因其防油和防水性而作为原料被广泛用于纺织品、地毯、纸、涂料、消防泡沫、影像材料、航空液压油等产品中。

3.3.1.3 欧盟成员国对汽车涂料中有毒有害物质的限值

德国1986年通过的空气质量控制技术规范(TA-Luft法案)，给工业涂装中VOC的排放设定了35 g/m^{2}的限值。

英国1990年通过的环境保护法案(Environmental Protection Act)，规定工业涂装过程中VOC排放不得高于60 g/m^2。

3.3.2 美国管控汽车涂料中有毒有害物质的法律法规分析

在美国，对汽车涂料中有毒有害物质的管控主要是针对涂料中VOC的管控。对此，美国做出了严格的规定。

3.3.2.1 清洁空气法(CAA)及其修正案

CAA是美国环境空气质量保护的基础性法律，于1990年由美国国会修订并通过。该法主要是针对工业企业大气污染物排放而制订的。该法列出了189种禁止或限制排放的有毒有害物质，其中70%为VOC，包括了甲醇、甲乙酮、甲苯等几乎所有涂料中常用的有机溶剂。该法明确要求美国各相关生产行业采取严格措施，到2000年要将生产中的VOC排放量降低70%，在涂料行业，要求工业涂料的VOC(稀释后)排放限值为420 g/L。美国环保局(EPA)以该法作为基本依据建立了NAAQS等一系列重要法律法规作为补充，构成了联邦核心法规(CFR)。

3.3.2.2 新污染源执行标准(NSPS)

为促进大气污染控制技术的推广使用，减缓空气污染问题，同时考虑到技术成本、健康和环境影响、能源需求等因素，美国EPA根据《清洁空气法》，按行业分类(工艺类别)制定了固定污染源大气污染物排放标准，包括《新污染源执行标准》(NSPS)和《有害空气污染物国家排放标准》(NESHAP)。

新污染源指的是NSPS颁布之后才兴建的污染物排放源。NSPS制定于1977年，它定义了限值和对特定排放单元的检测方法及VOC排放限值等，针对生产过程中排放的常见污染物、酸性气体和VOC等。到目前为止涉及103项新固定排放源。已颁布的与汽车涂料行业有关的标准是汽车和轻型卡车表面喷涂作业的VOC排放标准(见表3.11)。在美国，由各州负责制定实施NSPS的执行程序，报EPA批准，批准之后，各州就有实施NSPS的权力。同时，EPA也保留直接执行NSPS的权力。法律规定这种双重执行机制，使得联邦政府能有效监督和保证NSPS的实施。

表 3.11　车辆表面喷涂的 VOC 限值

涂料类别	VOC 含量限值/(kg/L)
预处理洗涤底漆	0.78
底漆或头二道混合底漆	0.58
封闭底漆	0.55
单层或双层面漆	0.6
多层（大于 2 层）面漆	0.63
多色面漆	0.68
特种涂料	0.84

3.3.2.3　有害空气污染物国家排放标准(NESHAPs)

根据美国国会的要求，EPA 须建立标准和管理措施控制导致癌症或其他严重影响健康的危险空气污染物的来源。1992 年 7 月 16 日，EPA 公布了第一批排放有毒空气污染物源类别清单，该名单包括了工业表面涂装 VOC 污染源。为保证有效减少该类污染物，EPA 将 CAA 列出的危险空气污染物按不同污染源制定了国家排放标准，表 3.12 给出了部分工业维护表面涂装的有机有毒空气污染物（OHAP）限制要求。为最大限度地减少 HAP 的排放，EPA 专门设立了最高可实现控制技术（MACT），通过最佳的清洁生产工艺、控制技术、操作手段等途径达到限制要求。对 HAP 污染源实行严格的空气污染削减措施。对现有污染源：

(1)若有 30 个以上同类污染源，MACT 底线应达到最佳的前 12%企业的平均限值；

(2)若同类污染源小于 30 个，应达到前 4 名的平均限值。对于新污染源，须达到现有同类污染源的最佳控制水平。

表 3.12　OHAPs　排放标准

标准名称	涂装环节	OHAPs 含量限值(1)/(kg/L)	
		新(或重建)污染源	已有污染源
塑料部件和产品表面喷涂 NESHAPs (2002 年)	热塑性烯烃基板	0.17	0.23
	头灯	0.26	0.45
	越野车组	1.34	1.34
	其他零部件和产品	0.16	0.16

续表

标准名称	涂装环节	OHAPs 含量限值(1)/(kg/L)	
		新(或重建)污染源	已有污染源
木质家具表面喷涂 NESHAPs(2003 年)	外壁墙板和门面底漆	0	0.007
	地板	0	0.094
	室内壁板或瓦板	0.005	0.183
	车内木质材料或其他内饰板	0	0.020
	门、窗等杂项	0.057	0.231

注:(1)以 1L 涂料固体含量计。

3.3.2.4 美国部分州自行制定的地方法规

除了联邦法规的要求之外,美国某些州也自行制定了地方法规,对涂料中 VOC 的限值提出更高的要求。

纽约、德拉维尔、弗吉尼亚、宾夕法尼亚等四个东海岸的州自行制定法规,限制建筑和工业涂料中 VOC 的排放量,要求从 2005 年 1 月起,工业涂料中的 VOC 控制在 340 g/L 以下。

2008 年 8 月,对环保要求向来严格的加利福尼亚州颁布了 1151 号法规,规定了汽车表面喷涂 VOC 的限量为 250 g/L。

3.3.3 日本的相关法规

日本颁布限制 VOC 排放法令要比欧盟、美国晚。2000 年日本汽车工业会自主限制 VOC 排放量为 60 g/m^2。2005 年 5 月日本政府颁布了 188 号政令修订过的大气污染防止法和 189 号政令,明确了豁免物质、设施基准和实施日期(同年 6 月 1 日)。限制 VOC 的排放浓度,汽车制造(涂装)喷涂设备风机(排风能力 10 万 m^3/h 以上)排出 VOC 的基准:原有的 700ppmc;新设的 400ppmc;其他的 700ppmc;(ppmc 是碳的排出浓度单位,换算成碳的容量比百分率)。新建设备从 2006 年 4 月 1 日执行限制值,而原有设备到 2010 年确认改进措施。自 20 世纪 90 年代起日本汽车业大量在欧美建厂,均按当地 VOC 排放法执行。自 2000 年以来日本国内事实上开始按德国的 VOC 排放标准,即 35 g/m^2 的要求改造和新建汽车涂装线。

另外,日本的各大汽车企业也都自行制定了各自的企业标准。如丰田汽车公司的 VOC 排出实绩和目标值如表 3.13 所示。

表 3.13 丰田公司车身涂装 VOC 排出实绩和目标值(g/m^2)

项目	1999 年	2005 年	2010 年
底漆	5	3.1	3.1
中涂	13	12	8.4
打底色漆	27	2.9	2.5
罩光清漆	11	11	11
涂层 VOC 总排放量	56	29	—
目标值		≤35	≤25

3.4 国外标准与国内标准的异同

我国和世界主要国家和地区关于汽车涂料中有毒有害物质控制法规和标准的比较：

1. 从对涂料中 VOC 含量要求的具体指标来看，我国目前实行的标准与世界先进国家和地区的标准差别不大。我国 GB24409-2009 中对汽车涂料的分类是按成分—施工用途进行分类，而欧盟或美国主要是按施工用途进行分类，因此互相之间的对应关系并不强。但从各国标准的具体限值来看，我国与欧盟和美国现行的控制要求差别并不大。

2. 目前国外对汽车涂料中有害物质的限制越来越倾向于控制汽车涂料生产和涂装过程中有害物质(主要是 VOC)的排放，其特点是淡化涂料分类控制，重视总量控制。而我国目前以控制涂料中有毒有害物质的含量为主。这反映了二者对环境有害物质管理的理念上的差异。我国目前重视的是源头控制，即认为只要控制好了原始汽车涂料中有毒有害物质的含量，使其尽量降低到一个较低的水平，那么在汽车涂料的使用过程和涂层的使用寿命中，有毒有害物质向环境中的释放就会降低到一个可以接受的水平。不过事实上，由于汽车涂料对涂层的外观和性能都有非常高的要求，尤其是汽车面漆，如果一味要求降低涂料中有机溶剂的含量，提高固体分或采用水性涂料，则会影响涂层的外观和性能。因此相对来说，国外更重视在汽车涂料的喷涂过程中对排放出来的 VOC 的收集与回收，尽量减少涂装过程中产生的 VOC 对大气环境的影响。

3. 我国对汽车涂料中的有害重金属、苯系物和乙二醇醚类有机溶剂都提出了具体的限量要求，这也使得我国的汽车涂料生产企业在选用原材料方面会更加谨慎。目前国外很少有法规对汽车涂料中的重金属进行限值，这也是国外目前相关法规的不足之处。但从目前的趋势来看，国外对涂料中 VOC 以外的有毒有害物质的管控也将越来越严，如欧盟的 REACH 法规，列出了相当多可能会在涂料中用到的有毒有害物质，而且预期该高关注物质的清单还会不断增加。随着 REACH 法规实施力度的不断加大，欧盟对涂料的要求也会越来越严格。

随着世界经济和科学技术的发展，全世界都在注重使用无毒、无污染的环保型涂料，特别是近几年来要求改善地球环境的呼声越来越高，为人类保留良好的生存条件，促进经济持续发展，消除或减轻污染，已成为人们非常重视的课题。国内外相关政策和法规纷纷出台，以应对全球变暖（减少 CO_2 的产生），降低涂料对环境的伤害和影响。

目前，国内涂料行业相关政策和法规有如下：

（1）中国《涂料行业行为准则》；

（2）危险化学品涂料产品生产许可证；

（3）国家质总局对外贸易经济合作部海关总署公告 2001 年第 14 号；

（4）国家质量监督检验检疫总局文件国质检检〔2002〕134 号；

（5）2008 年涂料“双高”产品名录；

（6）国家质量监督检验检疫总局 2009 年第 9 号公告。

以下是一些国外涂料相关政策和法规的实例。

（1）WTO 通报美国禁止含铅涂料最终规则将实施

2009 年 1 月份，WTO 主要成员共向 WTO 通报了 248 项技术性贸易措施，同比增长 1.6%。其中通报技术性贸易壁垒（TBT）175 项。据涂料技术与文摘了解，本次通报包括了美国即将实施的《禁止含铅涂料和某些具有含铅涂料的消费品，最终规则》（G/TBT/N/USA/439）。美国消费品安全委员会（CPSC）正在修订其关于禁止含铅涂料和某些具有含铅涂料的消费品的法规，经修订的法规拟生效时间为 2009 年 8 月 14 日。

（2）WTO 通报美国建筑和工业维护涂料 VOC 含量控制新法案

据 WTO 的通报，为了防止大气污染，美国罗得岛州 2009 年 2 月 16 日连续发布了多项通报，其中 G/TBT/N/USA/458 号通报是以防止大气污染条例 No.33 控制来自建筑涂料和工业维护涂料的挥发性有机化合物修正提案。据《涂料技术与文摘》了解，它修订了关于控制来自建筑和工业维护涂料的挥发性有机化合物的规则；限定了 53 种建筑和工业维护涂料的挥发性有机化合物（VOC）含量。该法案的拟批准日期及拟生效日期还未确定。

（3）欧盟加强涂料污染控制

欧盟出台了关于打击破坏环境犯罪的新法规，今后欧盟范围内的所有涂料企业将必须做出承诺，不得违反相关的污染和健康控制法规。新法规规定，企业犯错达到“一定程度”必须接受相应的惩罚，如：不恰当的生产、运输和排放废物；使用有害的材料或预处理方式而导致存在破坏环境的可能性；产品会杀害、损害野生保护动物（除非证明产品少量使用时不会损害生物的健康或改变其习性）；生产、运输或交易破坏臭氧层的材料。

3.5 其他相关车用材料环保规定

随着近年来汽车行业的跨越式发展，汽车正逐渐进入寻常家庭，随之而来的是，汽车的使用生命周期对环境安全和人体健康的危害成为近年来的热点。材料工业的迅猛发展，许多高性能、高附加值的材料被使用到汽车中。然而，已有研究表明，许多为显著改善材料性能而使用的故意添加剂对环境有着严重的负面影响，如铅及其化合物、镉及其化合物、多溴联苯和多溴二苯醚等。材料伴随着汽车的使用、回收及废置，这些添加剂会暴露于环境中，造成严重的安全隐患。

因此，全球范围内各个主要的汽车市场都对绿色环保要求投入了相当的关注，“符合相应的法规”成为开拓新市场的必备条件。

3.5.1 ELV指令

ELV指令（End of Life Vehicles Directive），亦即报废车辆指令。2000年10月24日，欧盟正式颁布ELV废弃车辆指令2000/53/EC，欧盟成员国在2002年4月21日之前已经将该法规转化为各自的国家法律。该指令的范围覆盖了汽车类、汽车类废品以及汽车配件和材料。根据该指令规定，欧盟成员国应确保从2003年7月1日起，投入市场的车辆（包括材料和零部件）四项重金属含量不得超过2002/525/EC规定的浓度限量，即均一材质中所含的铅、汞、六价铬，最高浓度限值不得超过0.1%；所含的镉，最高浓度限值不得超过0.01%。

2006年2月6日，国家发展和改革委员会、科学技术部和国家环保总局联合颁布了《汽车产品回收利用技术政策》（以下简称中国ELV），明确要求将汽车产品回收利用率指标纳入到汽车产品市场准入许可管理体系，要求自2008年起，我国汽车生产或销售企业要开始进行汽车产品的可回收利用率登记备案工作，为实施阶段目标进行技术准备。2010年起，我国汽车企业或进口汽车总代理商要负责回收处理其销售汽车产品及包装物品。汽车在设计生产时禁用有毒物质和破坏环境的材料，减少并最终停止使用不能再生利用的材料和不利于汽车环保的材料，限制使用铅、汞、镉、六价铬、多溴联苯（PBB）、多溴联苯醚（PBDE）等有害物质。

表 3.14 ELV受限物质检测的限量要求

受限物质检测服务	限量要求	限制性标准/指令/法律/法规
铅(Pb)	≤0.1%	欧盟ELV指令
镉(Cd)	≤0.01%	我国《汽车产品回收利用技术政策》
汞(Hg)	≤0.1%	
六价铬(Cr^{6+})	≤0.1%	
多溴联苯(PBBs)	≤0.1%	
多溴二苯醚(PBDEs)	≤0.1%	

3.5.2 塑料及橡胶

随着国家对汽车能效的要求日渐严格,汽车轻量化成为重要的战略。其中,塑料凭借其优异的物理化学性能,在车用材料中所占的比重不断上升。然而许多为提高塑料加工和使用性能的添加剂,对环境安全和人体健康有着巨大的潜在危害。汽车聚合物部件受限化合物限量要求见表3.15。

表 3.15 汽车聚合物部件受限化合物限量要求

聚合物部件	受限化合物测试服务	限量要求	限制性标准/指令/法律/法规
汽车外饰 汽车前后保险杠、车身裙板、散热器格栅、脚踏板、外侧围、灯壳/灯罩等 汽车内饰 仪表台/仪表盘、车门内板、方向盘、顶棚/内围等	Pb,Cd,Hg,Cr^{6+},PBBs & PBDEs	≤0.1% or ≤0.01%	欧盟ELV指令
	高关注物质(SVHCs)	≤0.1%	欧盟REACH指令
	镉含量(Cd)	≤100mg/kg	EN 1122
	挥发性有机物分析		车内空气控制
橡胶	多环芳烃(PAHs)	≤1mg/kg	欧盟2005/69/EC指令
轮胎、车用密封件等	石棉	不得检出	SOLAS公约 《温石棉生产流通和使用管理办法》

3.5.3 皮革、纺织品

绝大部分纺织品与皮革制品都被用于装饰汽车的内部，如车座、面板、地毯等，这是汽车安全使用及车内空气的又一个“隐形杀手”。相关限量要求见表3.16。

表3.16 皮革与纺织品受限物质的限量要求

受限物质检测服务	限量要求	限制性标准/指令/法律/法规
偶氮染料(AZO)	≤30mg/kg	GB/T18885-2009
致敏染料	≤60mg/kg	oeko-tex standard 100
富马酸二甲酯(DMF)	≤0.1%	欧盟REACH指令
全氟辛烷磺酸盐(PFOS)	≤50mg/kg	欧盟2006/122/EC指令
烷基酚聚氧乙烯醚(APEO)	≤0.1%	欧盟2003/53/EC指令
五氯苯酚(PCP)	0.5mg/kg	
致癌染料	≤50mg/kg	
重金属(Pb,Cd,Cr^{6+},Hg,As,Sb等)		
甲醛	≤75mg/kg	
阻燃整理剂	≤0.1%	
有机锡化合物	≤0.1%	
多氯联苯	≤0.005%	

3.5.4 车内空气

造成车内空气污染的主要因素是挥发性有机物(Volatile Organic Compounds)，即VOC。世卫组织将VOC定义为熔点低于室温(20℃)，沸点在50～260℃的挥发性有机化合物。车内挥发性有机物主要包括甲醛、丙烯醛、苯、二甲苯、乙苯、苯乙烯等。我国GB/T 27630-2011《乘用车内空气质量评价指南》，由国家环保部和国家质检总局联合发布，其他国家亦有类似的规定。相关限量要求见表3.17。

表3.17 皮革与纺织品受限物质的限量要求

受限VOC	限制要求/(μg/m^3)
Benzene/苯	110
Tolune/甲苯	1100
Ethybenzene/乙苯	1500

续表

受限 VOC	限制要求/(μg/m³)
Xylene/二甲苯	1500
Styrene/苯乙烯	260
Formaldehyde/甲醛	100
Acetaldehyde/乙醛	50
Acrolein/丙烯醛	50

3.6 全球汽车申报物质清单

全球汽车申报物质清单(Global Automotive Declarable Substance List, GADSL)最早于 2005 年 4 月 25 日引入。汽车产品开发的主要目标包括不断提高质量,改善安全,以及减少整个汽车生命周期对环境的影响,尽可能以高效率、低成本的方式来优化消费者体验。GADSL 就是多年来全球范围内的汽车工业、配件供应商以及化学、塑料工业的代表们努力的结果。GADSL 包括禁限用物质(法律禁止或对人类健康有重大危害倾向)的某些信息,是 OEM 在生产汽车零部件的过程中需要参考的重要文件,该文件亦可指导汽车的再利用或废物处理。GADSL 是一种自愿的工业倡议,旨在确保 OEM 生产负责任和可持续的产品。

截至 2012 年 12 月,清单已包含 131 种物质。其中在车用涂料中广泛应用而受到限制的物质见表 3.18。

表 3.18 全球汽车申报物质清单车用涂料受限物质

化学物质	分级	来源(法律、法规要求)	一般应用实例	含量阈值(不另加说明的情况下一律 0.1%(质量分数))
用偶氮染料为原料生产的具有致癌作用的胺类物质,部分	P		纺织品等的染料	30 ppm

续表

化学物质	分级	来源(法律、法规要求)	一般应用实例	含量阈值(不另加说明的情况下一律0.1%(质量分数))
可生成致癌性的亚硝胺的胺类物质,部分	D	按照德国标准 TRGS 615 法规,限制防挥发腐蚀物质中所有仲胺类化合物的含量,后者可生成致癌性的亚硝酸盐;防挥发性腐蚀的物质包括纸张、塑料膜和油等。	聚氨酯泡沫、防腐剂、润滑剂、橡胶、色料	除草剂
苯胺及其盐类,全部	D		颜料,磺胺类,异氰酸塑料	
芳香胺,部分	D	Reg. (EC) No 1272/2008	纺织品和皮革涂料中的杂质,润滑剂、橡胶/乳胶中的抗氧化剂	
砷及其化合物,全部	D	Reg. (EC) No 1272/2008 Reg. (EC) No 552/2009	油漆、熔炼材料、杀菌剂(包括木材处理用杀菌剂)、皮革和纺织品表面、玻璃、烟火物、金属上光剂、电子元件	0.01%(在金属与合金中除外,这种情况下的申报下限应为0.05%)
钡的化合物(有机物或水溶性物),部分	D	Reg. (EC) No 1272/2008	PVC 塑料的色素、稳定剂、润滑油的添加剂	1%
苯	P	Reg. (EC) No 552/2009	其他化学品的原料/污染物	0.01%
镉及其化合物,全部	P	Dir. 2000/53/EC Reg. (EC) No 1272/2008 Reg. (EC) No 552/2009	金属的表面保护剂,聚合物的稳定剂,塑料和油漆中的颜料,电子元件	0.01%,任何有意添加的成分都应申报。
氯化烃类,部分	D, except	Reg. (EC) No 1272/2008	皮革,油漆,橡胶,黏合剂	
	D	Dir. 2008/689/EC	铬颜料,铬酸盐表面处理,如"铬黄"等,抗腐蚀剂,染色和皮革鞣制的残留物	0.1%,任何有意添加的量都必须申报
二丁基锡化合物,全部	D	Reg. (EC) No. 1907/2006	聚合物的稳定剂	0.1%

续表

化学物质	分级	来源(法律、法规要求)	一般应用实例	含量阈值(不另加说明的情况下一律0.1%(质量分数))
二氨基二苯基甲烷(4,4-二氨基二苯甲烷)	P	Reg. (EC) No. 1272/2008	硬质金属、金属的锌钴合金镀层,金属中元素	0.1%
双有机锡化合物,部分	D	Reg. (EC) No. 1272/2008	树脂、黏合剂、染料、固化剂、促进剂的前体和中间体	
表氯醇(1-氯-2,3-环氧丙烷)	D	Reg. (EC) No 1272/2008	用于阻燃塑料,橡胶,涂料,造纸,1959年至1972年的电器中。灭蚁灵曾被命名为"Dechlorane"作为阻燃剂出售,亦作"Kepone"。	任何有意添加的成分
全氟辛烷磺酸盐 $C_8F_{17}SO_2X$($X=OH$,金属盐,卤化物,酰胺,以及其他衍生物,包括聚合物),全部	LR	Reg. (EC) No. 552/2009 Dir. 2006/122EC Japan Chemicals Control Law	表面涂层,表面活性剂,纺织品防护处理剂成分。不得在市场上贩售以及作为产品和零部件的构成物质及制剂	
对苯二胺及其盐,部分	FI	Reg. (EC) No. 1272/2008 Reg. (EC) No. 552/2009	染料,化学中间体,石化添加剂	
亚硝酸盐,全部	D	Reg. (EC) No. 1272/2008	发动机冷却液添加剂,橡胶制品硫化剂,表面防腐添加剂。潜在的致癌物质N-亚硝基化合物的反应产物的前体	
4-硝基联苯及其盐,全部	P	Reg. (EC) No. 1272/2008, carcinogen class 2 Reg. (EC) No. 552/2009	纺织品和皮革涂料中的杂质,润滑剂、橡胶/乳胶、塑料中的抗氧化剂	0.01%
联氨	D	Reg. (EC) No. 1272/2008	塑料、颜料、黏合剂与抗氧化剂中的残留单体;油脂、天然乳胶中的胺、苯酚稳定剂;泡沫塑料的发泡剂	

续表

化学物质	分级	来源(法律、法规要求)	一般应用实例	含量阈值(不另加说明的情况下一律0.1%(质量分数))
铅及其化合物,全部	P	Dir. 2000/53/EC Reg. (EC) No. 1272/2008	作为轴承合金、钢、黄铜、铝等用自动机床加工的金属或合金中的添加成分;铅化合物,如含铅的稳定剂、颜料和抗腐蚀剂等。	0.1%,所有人为添加量都应申报。
萘	D	Reg. (EC) No. 1272/2008 Canadian Challenge Batch 1	聚酯涂料,聚氯乙烯	所有可知浓度都须申报
2-萘胺及其盐,全部	P	Reg. (EC) No. 1272/2008, carcinogen class 2 Reg. (EC) No. 552/2009	纺织品和皮革涂料中的杂质,润滑剂、橡胶/乳胶、塑料中的抗氧化剂	0.01%
镍及其化合物,全部	D	Reg. (EC) No. 552/2009	焊接电极,火焰喷涂,特殊材料,金属成分	0.1%
亚硝酸盐,全部	D	Reg. (EC) No. 1272/2008	发动机冷却液添加剂,橡胶制品硫化剂,表面防腐添加剂。潜在的致癌物质N-亚硝基化合物的反应产物的前体	

备注:P—禁止的(Prohibited),D—必须申报的(Declarabl)。

参考文献

[1] 中国新型涂料网. 涂料相关政策法规及标准介绍[EB/OL]. http://www.xxtlw.com/news/284/news_info5525.html.

[2] 叶红齐,蒋伟滨,李建军等. 汽车涂料环保新国标浅析及应对措施[J]. 中国涂料,2012,27(1):4—10.

[3] 黄宁,唐瑛. 汽车涂料环保标准解析与对策[J]. 涂料技术与文摘,2010,31(8):15—19.

[4] 王锡春. 环境保护与汽车涂装[J]. 中国涂料,2005,2:36—39.

[5] 中国涂料行业行为准则[S].

[6] 中国环境标准 HJ/T293-2006 清洁生产标准—汽车制造业(涂装)[S].
[7] 国家标准 GB 24409-2009 汽车涂料中有害物质限量[S].
[8] 国家标准 GB/T 23994-2009 与人体接触的消费产品用涂料中特定有害元素限量[S].
[9] Directive 1996/61/EC on integrated pollution prevention and control [EB/OL]. http://ec. europa. eu/environment/waste/compost/pdf/green_paper_annex. pdf.
[10] Reducing the emissions of volatile organic compounds (VOC)[EB/OL]. http://europa. eu/legislation _ summaries/environment/air _ pollution/l28029b_en. htm.
[11] 高关注物质[EB/OL]. 百度百科. http://baike. baidu. com/view/2140110. htm? fr=aladdin.
[12] 广东省 WTO/TBT 通报咨询研究中心. 美国市场-有害物质要求. http://www. gdtbt. gov. cn/cerTesting/show _ info. jsp? id = 40839&subdir_id=5.
[13] ELV 指令[EB/OL]. 百度百科. http://baike. baidu. com/view/2205361. htm? fr=aladdin.
[14] 国家发展和改革委员会科学技术部国家环境保护总局公告 2006 年第 9 号《汽车产品回收利用技术政策》.
[15] 国家标准 GB/T18885-2009 生态纺织品技术要求[S].
[16] Oeko-Tex Standard 100 General and Special Condition for authorization to use Oeko-Tex Standard 100 mark.
[17] 国家标准 GB/T 27630-2011 乘用车内空气质量评价指南[S].

第4章 车用涂料挥发性有机化合物分析技术

4.1 概 述

各国对于挥发性有机化合物(VOC)的定义有所不同,几个国家(组织)对挥发性有机化合物的定义如下:

欧盟对其定义是指在标准大气压(101.3 kPa)下,初沸点低于或等于250 ℃的有机化合物;美国环保局(EPA)对其定义是指所有参与大气光化学反应的碳化合物,不包括碳酸、金属碳化物、一氧化碳、二氧化碳、碳酸盐和碳酸铵等;世界卫生组织(WHO)对其定义是指沸点在50~260℃、室温下饱和蒸汽压超过133.322 Pa的易挥发性有机化合物;德国DIN 55649-2000标准在测定挥发性有机化合物含量时又做了一个限定:即在通常压力下,初馏点或沸点低于或等于250℃的有机化合物。

我国GB 24409-2009对VOC的定义是指在101.3kPa标准大气压下,任何初沸点低于或等于250℃的有机化合物。常见的VOC污染物种类,主要有脂肪烃(丁烷、汽油等)、芳香烃(苯、甲苯、二甲苯等)、卤代烃(四氯化碳、氯仿、氯乙烯、氟利昂等)、醇(甲醇、丁醇等)、醛(甲醛、乙醛等)、酮(丙酮等)、醚(乙醚等)、酯(乙酸乙酯、乙酸丁酯等)等。目前,随着生活水平的提高和生活方式的改变,人们每天的大多数时间是在室内度过的,世界卫生组织、美国国家科学院、美国环境保护局1989年检测到九百多种存在室内的VOC对室内空气质量及人体健康的影响,已成为国内外研究的焦点。

对涂料来说,有机溶剂是把"双刃剑",一方面是涂料生产和使用过程中不可或缺的组分,另一方面,有机溶剂是涂料中的VOC,施工后挥发至大气中,是涂料的主要污染源。其有以下的突出缺点:涂料中VOC在太阳光照射下与氮氧化物化合形成有毒的光化学烟雾,污染大气环境;光化学烟雾加重人们的哮喘病和过敏症;有些溶剂是三致(致癌、致畸、致突变)物质;有机溶剂易燃、易爆,一般有臭味。此外,有机溶剂在施工后挥发掉,也是浪费资源。这些原因促使有关限制溶剂使用的法律法规发展。

汽车涂料中的VOC主要包括的品种有苯、甲苯、二甲苯、卤代烃、醚酯类等等。在汽车涂料的VOC排放中，有部分对人体和环境破坏极为严重的有机溶剂如苯系物、乙二醇醚类溶剂等。下面介绍涂料中限用的有机溶剂。

4.1.1 苯系物

苯系物是指苯、甲苯、乙苯、二甲苯，苯中毒程度和接触苯的浓度及接触时间有关，症状大致为：轻度者表现为兴奋或酒醉状，及头昏、头晕、恶心等症状；严重者发生昏迷、呼吸浅而快、心律不齐、抽筋和昏迷、抽搐、血压下降，同时可引起神经系统功能紊乱；慢性中毒表现为神经系统和血液系统的损害，出现神经衰弱症状，造血系统再生不良或中毒性再生障碍性贫血，皮肤干燥破裂等。苯、甲苯、二甲苯为无色至浅黄色透明油状液体，具有强烈芳香气味，属于室内挥发性有机化合物，20世纪90年代苯被世界卫生组织确定为致癌物，各种建筑材料中的有机溶剂中均含有大量的苯系物，各种油漆、添加剂及染色剂中都含有大量的苯系物。

4.1.2 卤代烃

卤代烃(halohydrocarbons)是烃分子中的氢原子被卤素原子取代后的化合物。挥发性卤代烃，英文：volatile halohydrocarbons(VHCs)，是一类具有特殊气味的对人体有害的化合物，一般不溶或微溶于水，沸点低于200℃，且分子量为16～250。卤代烃一般通过呼吸、皮肤接触等途径进入人体，危害人体的健康，对平流层臭氧也造成破坏。大多数卤代烃具有“三致”性(致癌、致畸、致突变)，如氯仿有致癌作用，四氯化碳有多种毒理学效应，可诱发肝癌等。卤代烃难以进行微生物降解和光化学降解。VHCs的毒性与其电子亲合势有关，它们能干扰电子在生物体细胞内的转移，从而损坏细胞内的新陈代谢。摄入VHCs会由于急性中毒而产生麻醉现象，慢性VHCs中毒会引起中枢神经系统损伤。

4.1.3 乙二醇醚及醚酯类

乙二醇醚及醚酯类溶剂在合成树脂涂料、水性涂料中曾大量使用，全国产能曾超过10万t/a，大多用于涂料。乙二醇醚及醚酯系列溶剂是有致癌危险的物质。凡使用乙二醇醚及醚酯溶剂的涂料均已列为环保部“双高”产品名录，要求代用或禁用。

4.2 挥发性有机化合物的分析技术

4.2.1 样品预处理

样品预处理是分析检测工作非常重要的一步，所需时间约占整个分析工作时间的三分之二。经过预处理的样品，首先可起到浓缩被测痕量组分的作用，从而提高方法的灵敏度，降低检测低限；其次可基本消除对测定的干扰，使其在通常的检测器上能检测出来；另外样品经预处理后就变得容易保存或运输。目前，涂料中常用的样品预处理方法有超声萃取法、固相萃取法、吹扫捕集法、顶空法、固相微萃取技术等。

超声萃取法是在样品中加入有机溶剂后进行超声波提取，由于涂料中经常含有高聚物，提取液需经过过滤才能进入色谱柱，否则会使注射器堵塞或损害色谱柱，污染检测器。

固相萃取是一个包括液相和固相的物理萃取过程，固相对分离物的吸附力比溶解分离物的溶剂大。固相萃取法是一项较新的采样方法，该方法操作简便、萃取过程中不需要大量有机溶剂，但步骤烦琐、待测物易损失等。

顶空(静态顶空)是直接获得并分析样品所释放气体的组成的方法。与传统的液体萃取法相比，既可避免溶剂转移时引起的挥发性物质的损失，又降低了共提取物所引起的噪音，这使得静态顶空法对样品中微量的VOC分析具有更高的灵敏度和更快的分析速度。

吹扫捕集法又叫动态顶空法，是一种新近发展起来的新型、高效的样品预处理技术，通过惰性气体对样品进行持续吹扫，使样品中的挥发物质逸出，在气体出口处采用装有吸附剂的捕集装置进行浓缩或采集，最后将提取物进行脱附分析。吹扫捕集法由于不使用有机溶剂萃取和浓缩，有较高的富集效率，前处理步骤简单，干扰物少，对环境危害小，被广泛应用于环境监测、化工产品等各领域，此法适合于小剂量样品测试。

固相微萃取技术是20世纪90年代兴起并迅速发展的新型的、环境友好的样品前处理技术，无需有机溶剂，操作简单，其与液相色谱分离技术的原理相类似，能“清洗”样品，达到纯化或浓缩样品的作用。

4.2.2 现有涂料中VOC的检测标准

由于不同类型的涂料基本配方不同，VOC的含量也有所不同，应根据具体情况选择不同的标准进行检测。我们将各国关于 VOC 的检测标准总结如下：

4.2.2.1 国际标准

1. 国际标准 ISO11890-1。采用此标准测定的涂料样品中挥发性有机化合物的含量大于 15%(质量分数)，其原理是按规定的质量比或体积比混合涂料样品中的各组分，并用合适的有机溶剂进行稀释，分别测定样品中水分含量。不挥发物含量和豁免化合物(exempt compounds)含量，并计算挥发性有机化合物的含量。本方法用于挥发性有机化合物的含量较多的溶剂型涂料样品的检测。

2. 国际标准 ISO11890-2。本标准规定当预期涂料产品中挥发性有机化合物的含量介于 0.1%～15%(质量分数)时，可采用此法测定。其测定原理是按规定的质量比或体积比混合涂料产品中的各组分，豁免化合物和有机挥发物规定用气相色谱法分离，并对其定性分析，采用内标法定量分析，并测定样品中的水份含量，用合适的公式计算涂料产品中挥发性有机化合物的含量。本方法用于挥发性有机化合物的含量较低的涂料样品。

3. 国际标准 ISO-17895。本标准规定当预期涂料产品中挥发性有机化合物的含量介于 0.01%～0.1%(质量分数)时，可按此法测定。其测定原理是顶空—气相色谱法测定，将样品加热至 150℃后，挥发物转移至非极性毛细管色谱柱中，以十四烷(沸点 252.6℃)作为标识物，对十四烷保留时间之前的所有组分的峰面积进行积分，进行线性回归计算出样品中挥发性有机化合物的含量。本方法主要用来测定挥发性有机化合物的含量很低的水性乳胶漆样品。

4. ASTM D6886-03。本方法适用于检测挥发性有机化合物的含量小于 5%的涂料，其原理是试样用有机溶剂(四氢呋喃)稀释，利用气相色谱仪、气相色谱—质谱联用仪对待测化合物进行定性分析，采用内标物校正并根据峰面积确定这些化合物的含量并加合，计算出涂料样品中挥发性有机化合物的含量。

5. 德国标准 DIN-55649。此标准适用于检测挥发性有机化合物的含量在 0.01%～0.1%的涂料，其测定原理为用缓冲溶液稀释样品并转移至顶空瓶中，加热至 150 ℃后，用顶空进样器将挥发物注入非极性毛细管色谱柱中，十四烷作为标识物，对十四烷之前出峰的化合物，采用标准叠加法外推定量计算挥发性有机化合物的含量。

不同标准具有不同的适用范围，涂料中不同挥发性有机化合物的含量的测定应选择相应的检测标准。

4.2.2.2 国内标准

国家质量监督检验检疫总局和国家标准化管理委员会联合发布了 GB 24409-2009《汽车涂料中有害物质限量》强制性国家标准，对汽车涂料中有毒有害物质的含量进行了限定。其中,挥发性有机化合物的检测原理如下:试样经气相色谱法测试,如未检测出沸点大于250℃的有机化合物,所测试的挥发物含量即为产品的VOC含量;如检测出沸点大于250℃的有机化合物,则对试样中沸点大于250℃的有机化合物进行定性鉴定和定量分析。从挥发物含量中扣除试样中沸点大于250℃的有机化合物的含量即为产品的VOC含量。

对于涂料中限用溶剂的检测,不同类型的涂料采用不同的检测方法。对于溶剂型涂料中苯系物及乙二醇醚及醚酯的测试,样品经过适当的有机溶剂(如乙酸乙酯、正己烷等)稀释后,由气相色谱进行定量检测;对水性涂料中的乙二醇醚及醚酯的测试,样品经过适当的有机溶剂(如乙腈、甲醇或四氢呋喃等)稀释后,由气相色谱进行定量检测。

4.2.3 涂料中VOC的检测方法

挥发性有机化合物的分析检测方法有很多种,近年来研究较多的有以下几种方法:气相色谱法、气相色谱—质谱法、高效液相色谱法、膜导入质谱法和荧光分光光度法等。另外,还有报道用超临界流体萃取—气相色谱—质谱法、质子转移反应质谱法(PTR-MS)、光谱分析法和脉冲放电检测器法测定挥发性有机化合物等。其中,发展较快且应用较广的方法是气相色谱—质谱法和气相色谱法,成为目前最常用的VOC检测方法。

4.2.3.1 气相色谱法

气相色谱法的分离原理是利用要分离的各组分在流动相和固定相两相间的分配有差异,当两相做相对运动时,组分在两相间的分配反复进行,直至最后分离。

近年来,气相色谱法得到了广泛的应用,国内外有关学者在这方面做了大量的研究工作,并取得了突破性进展,如:邵红霞用气相色谱法分离和测定溶剂型木器涂料中的正丁醇与苯系物;卓黎阳用顶空进样气相色谱法分析溶剂型木器涂料中的苯系物;周湘玲用电子捕获检测器(ECD)测定水性涂料中的卤代烃含量;李宁采用顶空固相微萃取—气相色谱法测定环保水性涂料中的挥发性有机物;马丛欣用气相色谱法测定水性涂料中的挥发性有机化合物。

4.2.3.2 气相色谱—质谱法

近年来质谱联用技术发展迅速,随着质谱联用技术的发展,应用领域也越来越广,其具有灵敏度高、分析速度快、分离和鉴定同时进行等优点,质谱技术广泛应用于化工、环境、医药等领域。质谱分析法是对被测样品离子的质荷比的测定来进行分析的一种分析方法,首先对被分析的样品进行离子化,利用不同离子在电场或磁场的运动行为的不同，把离子按质荷比分开而得到质谱，通过样品的质谱和相关信息，可以得到样品的定性定量结果。质谱分析法对样品有一定的要求，进行气相色谱—质谱分析的样品应是有机溶液，水溶液中的有机物一般不能直接进行测定，须进行萃取分离变为有机溶液或采用顶空进样技术、吹扫捕集进样技术等。气相色谱—质谱联用技术的优点：分辨力高、定性准确、灵敏度高、能检测未分离的色谱峰，不用与其他色谱检测器联用，因此，气相色谱—质谱分析方法将成为检测的重要手段。

国内外有关学者对挥发性有机化合物的检测方法进行了大量的研究，例如：陈明采用吹扫捕集—气质联用法测定涂料中的苯系物；张伟亚用顶空进样气质联用法测定涂料中 12 种卤代烃和苯系物；吕庆用顶空气相色谱—质谱法测定涂料中的 5 种挥发性有机物。

4.2.3.3 其他分析方法

沈学优等总结了挥发性有机化合物的其他分析方法：高效液相色谱(HPLC)是 20 世纪 70 年代迅速发展起来的一种高效、高速和高灵敏度的分离技术，与气相色谱法相比，高效液相色谱法对试样的要求不受其挥发性的限制，高效液相色谱分为正相和反相，其中反相更为常用，HJ/T 400-2007 中采用高效液相色谱法测定车内空气中的醛酮类物质；D. Perez-Rial 等用化学计量法测定了西班牙北方某地区的挥发性有机化合物；Cisper 等分析了空气中的挥发性有机化合物，用离子捕集谱仪进行测定；马天等介绍了用挥发性有机化合物快检仪测定室内空气中挥发性有机化合物的现场快速检测方法的特点和优势；张西咸等论述了将二氧化锡气体传感器作为便携式气相色谱检测器快速检测挥发性有机化合物。

以上是涂料 VOC 的检测方法概况，从中可以发现，无论是国内外检测标准还是文献报道，常见的用于涂料中 VOC 检测的方法是气相色谱法和气相色谱—质谱法，而用于涂料中 VOC 的检测中其他手段和方法尚有待研究。

4.2.4 涂料中 VOC 检测实例

4.2.4.1 超声萃取—气相色谱法

1. 原理

涂料样品中加入有机溶剂和内标溶液，超声提取，静置后用注射器取上清液，经有机滤膜过滤至进样瓶中，采用气相色谱进行测定。

2. 溶剂型涂料中苯系物的检测

(1)试验部分

a. 仪器与试剂

6890 型气相色谱仪:美国安捷伦公司。

苯、甲苯、乙苯、邻二甲苯、间二甲苯、对二甲苯、正十四烷:标准品,纯度≥99%,德国 Dr. E 公司。

乙酸乙酯:分析纯,广州试剂厂。

标准工作液:分别准确称取苯系物标准品和内标正十四烷各约 0.025 g(精确至 0.1 mg),置于 25 mL 容量瓶内,用乙酸乙酯稀释至刻度,充分摇匀。该标准工作液中各组分浓度为 1000 mg/L。

内标溶液:准确称取正十四烷标准品 3.125 g(精确至 0.1 mg),置于 250 mL 容量瓶内,用乙酸乙酯稀释至刻度,充分摇匀。该溶液中各组分浓度为 12500 mg/L。

b. 仪器工作条件

色谱条件:HP-INNOWax 色谱柱(30 m×0.32 mm×0.25 μm);进样口温度 250 ℃,分流比 50∶1;载气为氮气(纯度≥99.999%),流量 1.0 mL/min,恒流模式;检测器温度 250 ℃,氢气流量 30 mL/min,干燥空气流量 200 mL/min,尾吹气流量 20 mL/min。升温程序:初始温度 45 ℃,保持 6 min;以 3℃/min 速率升至 60 ℃,保持 2 min;以 2℃/min 速率升至 70 ℃;以 25℃/min 速率升至 210 ℃。

c. 试验步骤

(a)标准工作溶液

标准工作溶液按上述条件进行测定。

(b)实际样品测试

准确称取 1.0 g 涂料样品(精确至 0.1 mg)于 25 mL 容量瓶中,准确加入内标溶液(12500 mg/L 正十四烷 2mL),用乙酸乙酯定容至刻度,超声混匀,静置后用注射器取上清液,用有机滤膜过滤至进样瓶中,进行 GC-FID 测定。

(2)结果与讨论

a. 实验条件的优化

(a)提取溶剂的选择。考察了正己烷、乙酸乙酯、四氢呋喃和乙腈 4 种有机溶剂对待测化合物的提取和分离效果。实验结果表明:乙酸乙酯作溶剂时涂料样品分散均匀,且不干扰目标化合物的检测。

(b)内标物的选择。实验中加入的内标物应不干扰被测化合物的测定,且在测试温度范围内保持稳定。本实验采用正十四烷作为内标。苯系物混合标准溶液的色谱图见图 4-1。

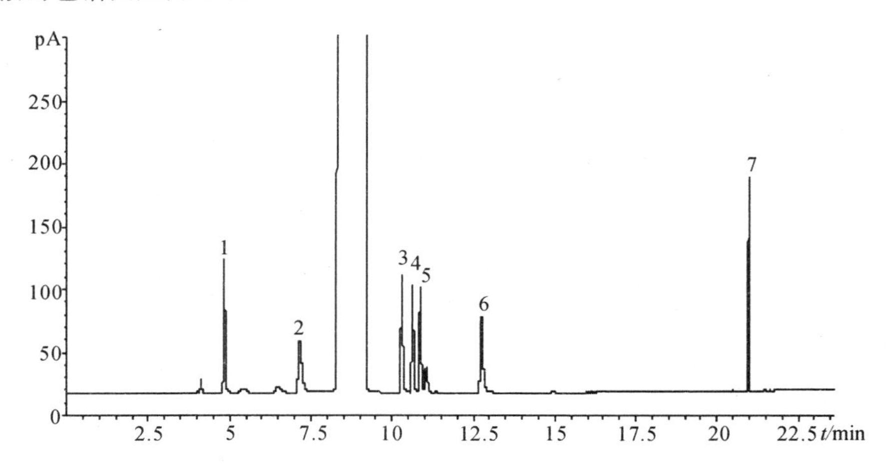

1. 苯;2. 甲苯;3. 乙苯;4. 对二甲苯;5. 间二甲苯;6. 邻二甲苯;7. 正十四烷

图 4.1 溶剂型涂料用苯系物混合标准溶液的色谱图

3. 溶剂型涂料中乙二醇醚及醚酯类的检测

(1)试验部分

a. 仪器与试剂

6890 型气相色谱仪:美国安捷伦公司。

乙二醇甲醚、乙二醇乙醚、乙二醇甲醚醋酸酯、乙二醇乙醚醋酸酯、二乙二醇丁醚醋酸酯、正十四烷:标准品,纯度≥99%,德国 Dr. E 公司。

乙酸乙酯:分析纯,广州试剂厂。

标准工作液:分别准确称取乙二醇醚及醚酯类标准品和内标正十四烷各约 0.025 g(精确至 0.1 mg),置于 25 mL 容量瓶内,用乙酸乙酯稀释至刻度,充分摇匀。该标准工作液中各组分浓度为 1000 mg/L。

内标溶液:准确称取正十四烷标准品 3.125 g(精确至 0.1 mg),置于 250 mL 容量瓶内,用乙酸乙酯稀释至刻度,充分摇匀。该溶液中各组分浓度为 12500 mg/L。

b. 仪器工作条件

色谱条件:HP-INNOWax 色谱柱(30 m×0.32 mm×0.25 μm);进样口温度 250 ℃,分流比 50∶1;载气为氮气(纯度≥99.999%),流量 1.0 mL/min,恒流模式;检测器温度 250 ℃,氢气流量 30 mL/min,干燥空气流量 200 mL/min,尾吹气流量 20 mL/min。升温程序:初始温度 70 ℃,保持 2 min;以 5℃/min 速率升至 120 ℃;以 25℃/min 速率升至 250 ℃;保持 5 min。

c. 试验步骤

(a)标准工作溶液

标准工作溶液按上述条件进行测定。

(b)实际样品测试

准确称取 1.0 g 涂料样品(精确至 0.1 mg)于 25 mL 容量瓶中,准确加入内标溶液(12500 mg/L 正十四烷 2 mL),用乙酸乙酯定容至刻度,超声混匀,静置后用注射器取上清液,用有机滤膜过滤至进样瓶中,进行 GC-FID 测定。

(2)结果与讨论

a. 实验条件的优化

(a)提取溶剂的选择。考察了正己烷、乙酸乙酯、四氢呋喃和乙腈 4 种有机溶剂对待测化合物的提取和分离效果。实验结果表明:乙酸乙酯作溶剂时涂料样品分散均匀,且不干扰目标化合物的检测。

(b)内标物的选择。实验中加入的内标物应不干扰被测化合物的测定,且在测试温度范围内保持稳定。本实验采用正十四烷作为内标。乙二醇醚及醚酯类苯系物混合标准溶液的色谱图见图 4.2。

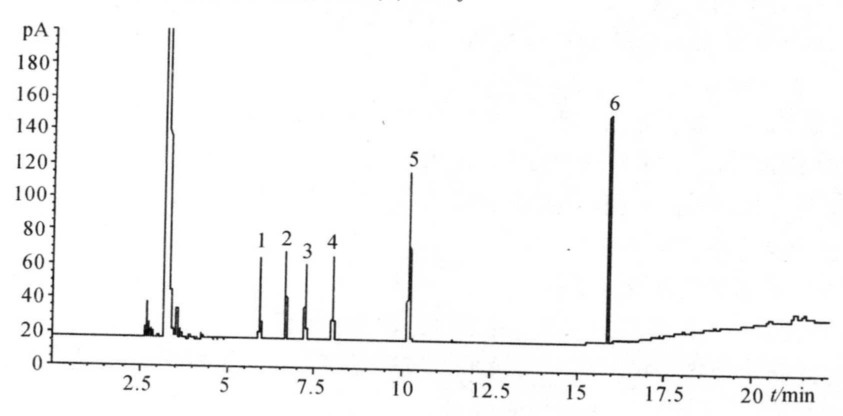

1. 乙二醇甲醚;2. 乙二醇乙醚;3. 乙二醇甲醚醋酸酯;4. 乙二醇乙醚醋酸酯;
5. 正十四烷;6. 二乙二醇丁醚醋酸酯

图 4.2　乙二醇醚及醚酯类混合标准溶液的色谱图

4. 水性涂料中苯系物的检测

(1)试验部分

a. 仪器与试剂

6890 型气相色谱仪:美国安捷伦公司。

苯、甲苯、乙苯、邻二甲苯、间二甲苯、对二甲苯、异丁醇:标准品,纯度≥

99%,德国 Dr. E 公司。

乙腈:色谱纯,TEDIA。

标准工作液:分别准确称取苯系物标准品和内标异丁醇各约 0.025 g(精确至 0.1 mg),置于 25 mL 容量瓶内,用乙腈稀释至刻度,充分摇匀。该标准工作液中各组分浓度为 1000 mg/L。

内标溶液:准确称取异丁醇标准品 3.125 g(精确至 0.1 mg),置于 250 mL 容量瓶内,用乙腈稀释至刻度,充分摇匀。该溶液中各组分浓度为 12500 mg/L。

b. 仪器工作条件

色谱条件:HP-INNOWax 色谱柱(30 m×0.32 mm×0.25 μm);进样口温度 250 ℃,分流比 50 : 1;载气为氮气(纯度≥99.999%),流量 1.0 mL/min,恒流模式;检测器温度 250 ℃,氢气流量 30 mL/min,干燥空气流量 200 mL/min,尾吹气流量 20 mL/min。升温程序:初始温度 35 ℃,保持 10 min;以 3℃/min 速率升至 80 ℃;以 25℃/min 速率升至 260 ℃,保持 5min。

c. 试验步骤

(a)标准工作溶液

标准工作溶液按上述条件进行测定。

(b)实际样品测试

准确称取 1.0 g 涂料样品(精确至 0.1 mg)于 25 mL 容量瓶中,准确加入内标溶液(12500 mg/L 异丁醇 2 mL),用乙腈定容至刻度,超声混匀,静置后用注射器取上清液,用有机滤膜过滤至进样瓶中,进行 GC-FID 测定。

(2)结果与讨论

a. 实验条件的优化

(a)提取溶剂的选择。考察了正己烷、乙酸乙酯、四氢呋喃和乙腈 4 种有机溶剂对待测化合物的提取和分离效果。实验结果表明:乙腈作溶剂时涂料样品分散均匀,且不干扰目标化合物的检测。

(b)内标物的选择。实验中加入的内标物应不干扰被测化合物的测定,且在测试温度范围内保持稳定。本实验采用异丁醇作为内标。苯系物混合标准溶液的色谱图见图 4.3。

4.2.4.2 顶空—气相色谱/质谱法

1. 试验部分

(1)仪器与试剂

7890A/5975C 型气相色谱—质谱连用仪(配 EI 源),带 G1888A 型顶空自动进样器(配 20 mL 顶空进样瓶):美国安捷伦公司。

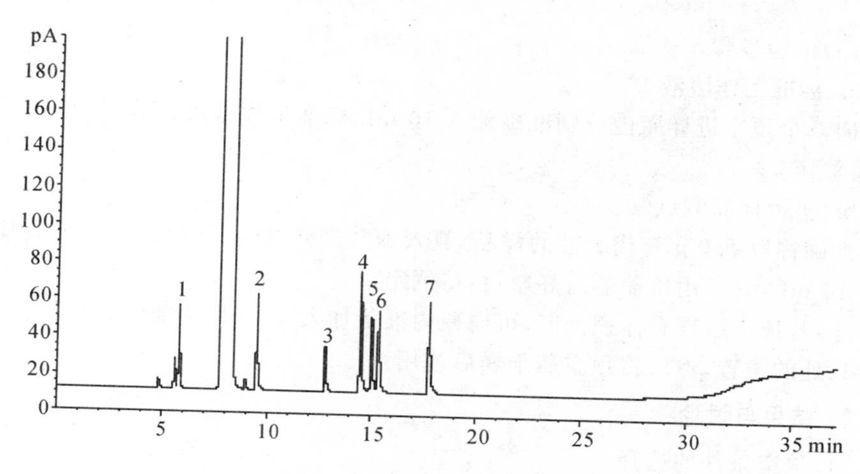

1. 苯；2. 甲苯；3. 异丁醇；4. 乙苯；5. 对二甲苯；6. 间二甲苯；7. 邻二甲苯

图 4.3　水性涂料用苯系物混合标准溶液的色谱图

乙酸乙酯、乙酸丙酯、乙酸异丙酯、乙酸丁酯、乙酸异丁酯、乙醇、正丙醇、异丙醇、正丁醇、2-丁醇、丙酮、丁酮、甲基异丁基酮、四氢呋喃、甲苯、乙苯、邻二甲苯、间二甲苯、对二甲苯、正已烷、乙二醇丁醚、乙二醇丁醚醋酸酯：标准品，纯度≥99%，德国 Dr. E 公司。

三乙酸甘油酯：分析纯，国药集团。

标准贮备液：分别准确称取标准品 0.02 g(精确至 0.1 mg)，置于 25 mL 容量瓶内，用三乙酸甘油酯稀释至刻度，充分摇匀。该贮备液中各组分浓度为 800 mg/L。

标准工作溶液：将标准贮备液用三乙酸甘油酯逐级稀释，配成浓度分别为 1、2、5、10、20、40、80 mg/L 的标准工作溶液系列。

(2)仪器工作条件

顶空条件：平衡温度 120 ℃；平衡时间 45 min；传输线温度 160 ℃；定量环温度 170 ℃。

色谱条件：HP-INNOWax 色谱柱(60 m×0.25 mm×0.25 μm)；进样口温度 250 ℃，分流比 5∶1；载气为氦气(纯度≥99.999%)，流量 1.0 mL/min；色谱—质谱接口温度 260 ℃。升温程序：初始温度 40 ℃，保持 5 min；以 10 ℃/min 速率升至 250 ℃，保持 5 min。

质谱条件：电子轰击离子源 70 eV；离子源温度 230 ℃，四级杆温度 150 ℃；质量扫描方式为选择离子监测(SIM)模式；为保护质谱仪灯丝，在进样 19 min 后关闭灯丝。

(3)试验步骤

a. 标准工作溶液

向5个顶空进样瓶内分别准确加入10 mL标准工作溶液,立即用压盖器封好,待测定。

b. 实际样品测试

准确称取1.0 g有代表性的样品,放入顶空进样瓶内,立即加入三乙酸甘油酯至10 mL,立即用压盖器封好瓶口,待测定。

注:若顶空瓶没有体积刻度,可向瓶内准确加入10 mL蒸馏水,用细线标出10 mL处的位置,然后将顶空瓶干燥后使用。

2. 结果与讨论

(1)顶空条件的选择

a. 顶空平衡温度的选择

顶空平衡时间固定在45min,考察21种目标物分别在平衡温度70、80、90、100、110、120、130、140、150 ℃下的响应值,结果发现,除乙二醇丁醚和乙二醇丁醚醋酸酯外,其余19种目标物的响应值基本上在90 ℃时达到平衡,此后不再随平衡温度升高而增加;乙二醇丁醚和乙二醇丁醚醋酸酯的响应值则随着平衡温度的升高而持续上升,在120℃时达到平衡,此后不再随平衡温度升高而增加。综合考虑21种目标物的情况,选择120℃作为顶空平衡温度。

b. 顶空平衡时间的选择

顶空平衡温度固定在120℃,考察21种目标物分别在平衡时间15、30、45、60、90、120 min下的响应值,结果发现,随着平衡时间的增加,21种目标物的响应值都随之增大,经过45 min的平衡后基本上都不再增加,这表明在45 min时,21种目标物已经基本达到了平衡状态。因此选择45 min作为顶空平衡时间。

c. 溶剂的选择

考虑到本试验顶空平衡温度为120℃,须选择沸点较高的溶剂以提高检测的灵敏度以及防止爆炸的发生。本试验比较了N,N-二甲基甲酰胺(DMF)、N,N-二甲基乙酰胺(DMA)和三乙酸甘油酯三种常用的高沸点溶剂,发现前二者都会出现与21种目标物中的一种或几种重叠的情况,而三乙酸甘油酯沸点足够高,能够与21种目标物达到很好的分离效果且不会引入干扰性杂质,因此选择三乙酸甘油酯作为溶剂。

(2)色谱条件的选择

本试验分别对21种目标物在三种不同极性的色谱柱上的分离情况进行考察,包括弱极性的DB-5MS柱、中极性的GB-17MS柱、强极性的HP-INNOWax

柱。结果发现，只有在强极性的 HP-INNOWax 柱上，各组分才能得到相对较好的分离。考虑到正丙醇和甲苯在 30m 柱长的 HP-INNOWax 柱上仍难以分离，为了实现 21 种目标物的完全分离，本试验选择 60 m×0.25 mm×0.25 μm 的 HP-INNOWax 柱作为分析柱。经过对初始柱温、程序升温的优化，整个分离过程在 19 min 内完成。21 种目标物混合标准溶液的总离子流图见图 4.4。

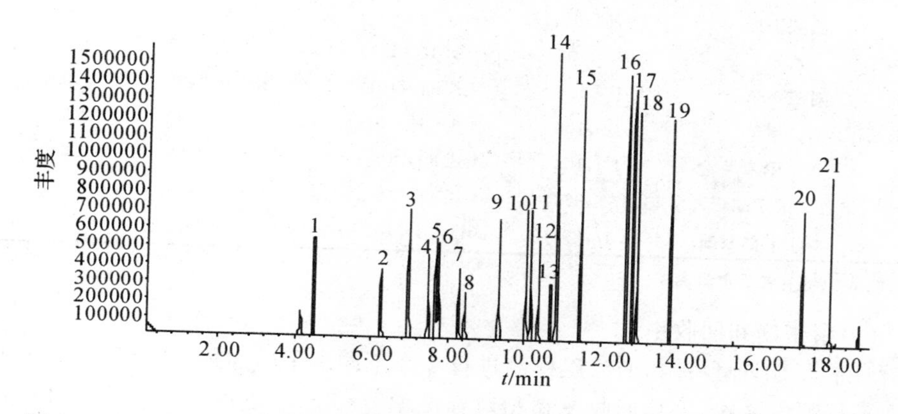

图 4.4　21 种目标物混合标准溶液总离子流图(各峰所对应的目标物名称同表 4.1)

(3)标准曲线和检测低限

按试验方法对 21 种目标物的混合标准溶液系列进行测定，21 种目标物的线性回归方程、相关系数和测定下限(10S/N)见表 4.1。

表 4.1　特征离子、线性方程、相关系数和测定下限

序号	溶剂名称	监测离子(m/z)	线性方程	r	LOD $w/(mg \cdot kg^{-1})$
1	正己烷	43,57*,86	$y=7.03\times10^4x+3.61\times10^3$	0.9957	1.0
2	丙酮	43*,58	$y=4.37\times104x+2.3^4\times10^3$	0.9910	2.0
3	四氢呋喃	41,42*,71,72	$y=2.5^4\times10^4x-1.76\times10^3$	0.9922	5.0
4	乙酸乙酯	43*,61,70,88	$y=3.41\times10^4x+3.62\times10^3$	0.9945	2.0
5	乙酸异丙酯	43*,61,87	$y=3.66\times10^4x+1.77\times10^3$	0.9860	2.0
6	丁酮	43*,57,72	$y=3.52\times10^4x+1.75\times10^3$	0.9899	2.0
7	异丙醇	45*,59	$y=4.63\times10^4x+1.59\times10^3$	0.9890	2.0
8	乙醇	31*,45	$y=2.16\times10^4x-1.74\times10^3$	0.9896	8.0
9	乙酸丙酯	43*,61,73	$y=2.56\times10^4x+2.82\times10^3$	0.9903	5.0
10	甲基异丁基酮	43*,58,85,100	$y=1.61\times10^4x+1.75\times10^3$	0.9892	8.0
11	乙酸异丁酯	43,56,73	$y=2.08\times10^4x-1.42\times10^3$	0.9904	8.0

续表

序号	溶剂名称	监测离子(m/z)	线性方程	r	LOD $w/(mg\cdot kg^{-1})$
12	2—丁醇	45*,59	$y=1.06\times10^4x+2.16\times10^3$	0.9898	8.0
13	正丙醇	31*,42,59	$y=2.00\times10^4x+1.71\times10^3$	0.9907	8.0
14	甲苯	91*,92	$y=4.32\times10^4x+1.54\times10^3$	0.9993	2.0
15	乙酸丁酯	43*,56,61,73	$y=1.38\times10^4x-3.44\times10^3$	0.9979	8.0
16	乙苯	91*,106	$y=4.01\times10^4x-1.22\times10^2$	0.9988	2.0
17	对二甲苯	91*,106	$y=3.84\times10^4x-1.22\times10^2$	0.9986	2.0
18	间二甲苯	91*,106	$y=3.95\times10^4x-1.22\times10^2$	0.9990	2.0
19	邻二甲苯	91*,106	$y=3.89\times10^4x-1.22\times10^2$	0.9989	2.0
20	乙二醇丁醚	45,57*,87,100	$y=3.41\times10^3x+4.16\times10^2$	0.9987	10.0
21	乙二醇丁醚醋酸酯	43*,57,87,100	$y=1.30\times10^3x+3.73\times10^2$	0.9982	10.0

注:表中带*者为定量离子。

(4)精密度和回收率

对不含21种目标物的涂层样品进行2个不同水平的加标回收试验,每个加标样平行测定8次,平均回收率和相对标准偏差(RSD)见表4.2。21种目标物的平均回收率为82.3%～106%,RSD为2.62%～4.86%,可见该方法具有较好的精密度和回收率,满足检测的需求。

表4.2 某样品不同水平的加标回收率和精密度实验结果

序号	水平Ⅰ			水平Ⅱ		
	加入量/μg	回收率/%	加入量/μg	回收率/%	加入量/μg	回收率/%
1	55.3	104	3.14	443	98.3	2.62
2	47.3	93.5	3.32	379	96.2	3.02
3	55.3	83.1	4.78	443	86.9	3.72
4	47.3	82.4	4.02	379	91.7	3.94
5	47.7	94.6	4.46	381	88.0	4.09
6	48.0	89.8	4.86	384	95.4	3.96
7	42.7	86.2	3.69	341	95.2	3.60
8	44.3	106	3.62	355	103	2.69
9	52.0	93.7	4.46	416	91.8	4.37
10	48.3	84.1	4.38	387	86.4	4.00
11	47.3	82.3	4.80	379	83.3	4.31
12	41.7	88.7	4.09	333	84.1	3.09

续表

序号	水平Ⅰ			水平Ⅱ		
	加入量/μg	回收率/%	加入量/μg	回收率/%	加入量/μg	回收率/%
13	45.3	88.9	3.98	363	82.5	3.94
14	60.3	98.3	3.04	483	96.9	2.79
15	54.0	82.6	4.56	432	83.0	3.73
16	50.0	96.2	3.99	400	90.8	3.22
17	60.0	98.3	3.44	480	97.9	2.89
18	59.3	97.9	3.35	478	96.7	2.72
19	59.6	98.8	3.52	489	98.0	2.80
20	51.0	82.4	3.86	408	87.9	3.23
21	58.3	83.9	3.43	467	85.7	2.99

(5)实际样品测试

典型的实际样品总离子流图见图4.5。

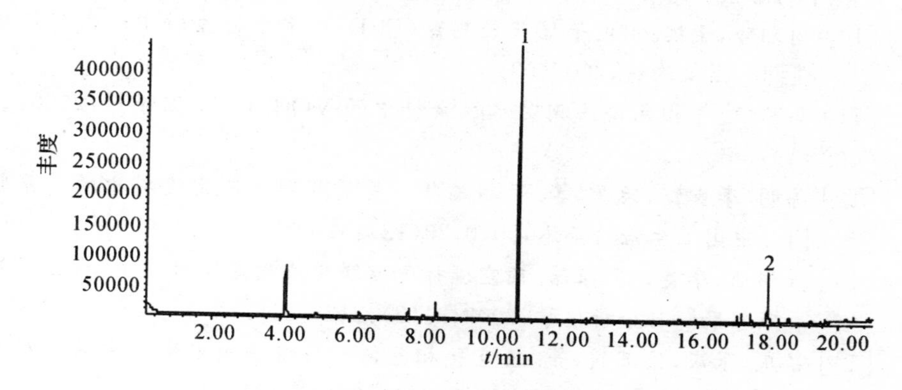

1.甲苯;2.乙二醇丁醚醋酸酯

图4.5　某实际样品的总离子流图

参考文献

[1] 刘国杰.国内外促进涂料用溶剂换代与节省的法律法规进展[J].材料保护,2011,44(4):9−13.

[2] 叶红齐,蒋伟滨,李建军,许禹.汽车涂料环保新国标浅析及应对措施

[J]. 中国涂料,2012,27(1):4—10.

[3] 薛希妹,薛秋红,刘心同,等. 溶剂型涂料中16种有害物质的气相色谱—质谱同时检测方法[J]. 分析测试学报,2011,30(5):522—526.

[4] 张瑞平,胡江瑛,方德明. 吹扫捕集气相色谱法测定水性涂料中的苯系物[J]. 涂料工业,2012,42(10):69—72,80.

[5] 李宁,刘杰民,温美娟,等. 顶空固相微萃取—气相色谱法测定环保水性涂料中的挥发性有机物[J]. 分析实验室,2005,24(5):24—28.

[6] 薛希妹. 涂料中挥发性有机化合物的检测方法研究[D]. 中国海洋大学,2011.

[7] 朱海欧,汪蓉,卢志刚,等. 装饰材料中挥发性有机物检测技术的研究进展[J]. 环境科学与技术,2011,34(9):73—81.

[8] 邵红霞,李敏,陈明夏,等. 气相色谱法分离和测定溶剂型木器涂料中正丁醇与苯系物[J]. 理化检验(化学分册),2010,46(1):1—4.

[9] 卓黎阳,舒小平,郑海涛,等. 顶空进样气相色谱法分析溶剂型木器涂料中的苯系物[J]. 福建分析测试. 2008,17(4):40—43.

[10] 周湘玲,于滨. 用电子捕获检测器(ECD)测定水性涂料中的卤代烃含量[J]. 上海涂料,2007(03)

[11] 马丛欣. 气相色谱法测定水性涂料中的VOC[J]. 中国涂料,2008,23(8):58—61.

[12] 陈明,李少霞,姚敬,等. 吹扫捕集—气质联用法测定涂料中的苯系物[J]. 中国卫生检验杂志,2010,20(12):32—35.

[13] 张伟亚,李英,刘丽,等. 顶空进样气质联用法测定涂料中12种卤代烃和苯系物[J]. 分析化学,2003,31(2):212—216.

[14] 吕庆,张庆,康苏媛,等. 顶空气相色谱—质谱法测定涂料中的5种挥发性有机物[J]. 分析测试学报,2011,30(2):171—175.

[15] 沈学优,罗晓璐. 空气中挥发性有机物监测技术的研究进展[J]. 环境污染与防治,2002,24(1):46—49.

[16] Perez-Rial D, Lopez-Mahia P, Tauler R. Investigation of the source composition and temporal distribution of volatile organic compounds (VOC) in a suburban area of the northwest of Spain using chemometric methods[J]. Atmospheric Enviroment, 2010, 44(39):5122-5132.

[17] Cisper M E. Christoper G Gill, Lisa E Townsend, eta1. Online detection of volatile organic compounds in air at part per-trillion level by membrane introduction mass-spectrometry[J]. Ana1. Chem., 1995,

67(8):1413-1417.
[18] 马天,方正,关胜,等.室内空气中VOC现场快速检测方法研究[J].中国测试技术,2007,33(1):29－33.
[19] 张西咸,李海洋.二氧化锡气体传感器快速检测挥发性有机化合物[J].分析化学,2007,35(5):723－726.

第5章 车用涂料中二异氰酸酯类固化剂分析技术

5.1 概 述

异氰酸酯是异氰酸的各种酯的总称，车用涂料中使用的二异氰酸酯类固化剂主要有：甲苯二异氰酸酯、二苯基甲烷二异氰酸酯、六亚甲基二异氰酸酯、异佛尔酮二异氰酸酯、4，4-二异氰酸酯二环己基甲烷、四甲基苯二甲基二异氰酸酯。

我国强制性国家标准GB 18581-2001《室内装饰装修材料 溶剂型木器涂料中有害物质限量》规定了涂料中挥发性有机化合物、游离二异氰酸酯、苯、甲苯和二甲苯等有害物质的限量，其中就包括游离甲苯二异氰酸酯TDI的限量。该标准于2009年修订，修订后的标准GB 18581-2009于2010年6月1日实施，并将原标准游离甲苯二异氰酸酯TDI含量控制项目改为游离二异氰酸酯TDI、HDI含量总和，将甲苯和二甲苯含量总和控制项目明确为甲苯、乙苯和二甲苯含量总和，并增加了卤代烃含量控制项目，对有害物质的限量要求也更加严格，针对聚氨酯涂料中游离二异氰酸酯TDI、HDI含量总和限量要求为0.4%。

GB 50325-2001《民用建筑工程室内环境污染控制规范》要求聚氨酯漆测定固化剂中游离甲苯二异氰酸酯(TDI)的含量后，按其规定的最小稀释比例计算出的聚氨酯漆中游离甲苯二异氰酸酯(TDI)含量不能超过7 g/kg。GB/T 23446-2009《喷涂聚脲防水涂料》规定喷涂聚脲防水涂料中技术要求TDI含量不大于3 g/kg。HJ 457-2009《环境标志产品技术要求 防水涂料》对反应固化型聚脲防水涂料的固化剂TDI含量限量要求为0.5%。HJ/T 414-2007《环境标志产品技术要求 室内装饰装修用溶剂型木器涂料》对聚氨酯类溶剂型涂料的固化剂TDI含量限量要求为0.5%。JC 1066-2008《建筑防水涂料中有害物质限量》对建筑防水涂料要求：A级TDI含量不大于3 g/kg，B级TDI含量不大于7 g/kg。

发达国家普遍将聚氨酯涂料中游离TDI质量分数低于0.5%的定为无毒产品。欧盟成员国将游离异氰酸酯含量低于0.5%的涂料产品确定为无毒无害的产品，但该类产品的外包装需标明“含异氰酸酯”字样，而游离异氰酸酯含量高于0.5%的涂料则为有害或有毒的产品。

目前，我国大部分标准的规定已经达到了欧盟规定的无毒要求，涂料中TDI的限量低于0.5%，但是GB 50325-2001规定的聚氨酯类涂料、HG/T 3950-2007规定的溶剂型木器抗菌涂料以及JC 1066-2008规定的B级反应型建筑防水涂料中TDI的限量要求均为0.7%(7.0 g/kg)，属于对健康有害的等级。

5.2　国内外二异氰酸酯检测方法

游离二异氰酸酯含量的检测方法主要有化学法、比色法、红外光谱法和气相色谱法。化学法是通过异氰酸酯与过量的二正丁胺在甲苯中反应，反应完成后，用盐酸标准滴定溶液滴定过量的二正丁胺。比色测定法是将TDI水解，与亚硝酸钠重氮化后，再与盐酸萘乙二胺偶合生成紫红色，在560 nm下比色定量。红外光谱法主要是针对甲苯二异氰酸酯中2,4-TDI和2,6-TDI两种同分异构体含量的测定。由于涂料基体比较复杂，化学法、比色法和红外光谱法容易受到干扰。气相色谱法是将试样经汽化后，使被测的游离二异氰酸酯与其他组分分离，用氢火焰离子化检测器检测，但也存在TDI分解及定性等方面的问题。

国家标准GB 18581-2009《室内装饰装修材料 溶剂型木器涂料中有害物质限量》要求游离二异氰酸酯含量的测试方法按照GB/T 18446-2009《色漆和清漆用漆基异氰酸酯树脂中二异氰酸酯单体的测定》进行，检测方法为气相色谱法，采用内标法定量。GB/T 18446-2009等同采用国际标准ISO 10283:2007《Binders for paints and varnishes-Determination of monomeric diisocyanates in isocyanate resins》。GB/T 18446-2009于2009年6月2日发布，于2010年2月1日实施，替代GB/T 18446-2001《气相色谱法测定氨基甲酸酯预聚物和涂料溶液中未反应的甲苯二异氰酸酯(TDI)单体》。GB/T 18446-2009与GB/T 18446-2001的主要技术差异为：增加了可测定的二异氰酸酯单体的种类，使用毛细管色谱柱测定二异氰酸酯单体的含量，使用十四烷或蒽作为内标物，同时提高了方法的精密度。

ASTM标准D 4660-2012《Standard Test Methods for Polyurethane Raw Materials: Determination of the Isomer Content of Toluenediisocyanat》采用红外光谱法(FTIR)完成聚氨酯原料中甲苯二异氰酸酯中2,4-TDI和2,6-TDI两种同分异构体含量的测定。

化工行业标准HG/T 2454-1993《聚氨酯清漆》产品标准采用气相色谱法检

测聚氨酯涂料中游离 TDI 单体，与 GB/T 18446-2009 的主要技术差异为：采用填充柱，以十四烷为内标物，测定甲苯二异氰酸酯单体。该标准已被 2007 年 3 月 1 日实施的 HG/T 2454-2006《溶剂型聚氨酯涂料（双组分）》代替。HG/T 2454-2006 参照日本工业标准 JIS K5961-2003《家用木材漆和金属漆》、JIS K5962-2003《家用室内木地板漆》、JIS K5657-2002《钢结构用聚氨酯涂料》，去掉了游离 TDI 含量、闪点项目；增加了耐污染性、耐黄变性、贮存稳定性耐碱性、耐湿冷热循环性、耐人工气候老化性、耐盐雾性、耐湿热性等项目。HG/T 3828-2006《室内用水性木器涂料》水性标准中增加了细度、不挥发物、耐冻融性、抗粘连性、耐划伤性、总挥发性有机化合物（TVOC）和重金属项目。

检验检疫行业标准 SN/T 1545-2005《进出口溶剂型涂料中苯系物和游离二异氰酸酯类单体的同时测定方法 气相色谱法》，采用聚四氟乙烯膜过滤，用毛细管色谱法一次性检测涂料中苯、甲苯、二甲苯、TDI、HDI、IPDI、MDI 等多种有毒有害成分，内标法定量。SN/T 2187-2008《进出口涂料中苯、甲苯、二甲苯和甲苯二异氰酸酯的测定 衍生反应—气相色谱法》采用加入甲醇与 TDI 衍生反应，应用程序升温，毛细管色谱柱分离方式，一次性检测涂料中苯、甲苯、二甲苯和 TDI。

5.3 甲苯二异氰酸酯分析方法

甲苯二异氰酸酯（TDI）是用于生产聚氨酯树脂、泡沫和涂料等的主要原料，被广泛用于家庭装修和汽车制造等行业，由于受聚氨酯反应条件及其他因素的限制，在以聚氨酯树脂为基料生产的涂料中，容易残留游离 TDI。因此，涂料中的游离 TDI 含量需严格控制，并在生产及使用时注意防护，以保证生产和使用者的健康及安全。

GB 5044-1985《职业接触毒物危害程度分级》将 TDI 定为Ⅱ级（高度危害）毒物，是对人体健康具有高度危害的物质。在施工和使用过程中，游离 TDI 挥发到空气中，会造成室内空气质量下降及危害人身健康。国家质监总局于 2009 年发布涂料中有害物质限量的强制性国家标准 GB 18581-2009，该标准规定了聚氨酯涂料中游离 TDI 的限量并引用了相应的检验方法标准（GB/T 18446-2009），但在实施标准过程中，我们发现该方法也存在一些不足，故在此基础上进行了一系列的研究，建立了测定游离 TDI 的顶空 GC-MS 法及液相色谱法作为 GB/T 18446-2009 方法的补充。

5.3.1 车用涂料中苯、甲苯、二甲苯和甲苯二异氰酸酯的测定顶空 GC-MS 法

5.3.1.1 方法提要

采用基体匹配方式，将样品定量溶解于乙酸乙酯中。采用顶空进样—气相色谱—质谱法(以下简称顶空 GC-MS 法)一次性分析检测苯、甲苯、二甲苯和 TDI，内标法定量。

5.3.1.2 试剂和材料

除另有规定外，测试中所用试剂均为分析纯，分析用水为符合 GB/T 6682 的一级用水。5A 分子筛：在 500℃的高温炉中加热 2 小时，置于干燥器中冷却备用。乙酸乙酯：加入 100 g 5A 分子筛，放置 24 小时后过滤。苯、甲苯、邻二甲苯、间二甲苯对二甲苯、TDI：纯度大于 99.0%。内标物：正十四烷，色谱纯。内标溶液：准确称取正十四烷的标准样品 2.5 g(精确至 0.0002 g)，置于 250 mL 容量瓶中，用乙酸乙酯溶解定容。该溶液含正十四烷为 10.00 g/L。标准储备溶液：准确称取苯、甲苯、二甲苯和 TDI 的标准样品各 0.5 g(精确至 0.0002 g)，置于 25 mL 容量瓶中，用乙酸乙酯溶解定容。该溶液含以上各目标化合物均为 20.00 g/L。

5.3.1.3 仪器和设备

气相色谱—质谱联用仪(GC-MS)：配有 EI 源。分析天平：感量为 0.0001 g。顶空进样器。移液管：2 mL。顶空瓶：20 mL。微量注射器：10μL。容量瓶：25 mL。

5.3.1.4 分析步骤

1. 样液制备

称取 1.0 g(精确至 0.0002 g)涂料样品于 25 mL 容量瓶中，加入乙酸乙酯 10 mL，用移液管加入 2.00 mL 内标溶液，再加入乙酸乙酯超声溶解样品并定容。静置后用微量注射器准确吸取 10μL 样品溶液，注入已经加盖密封的洁净的 20 mL 顶空瓶中，将顶空瓶置于顶空进样器中，进行测试。

对于目标化合物含量高的样品(比如目标苯系物含量超过 50%)，可以将原样品溶液定量稀释后再进行分析，使分析溶液中目标化合物的含量保持在测试线性范围之内。如果样品在乙酸乙酯中的溶解性不好，可用经脱水脱醇后的 N，N-二甲基甲酰胺溶解定容。

随同样品做空白试验。空白试验：除不加样品外，其他步骤同上。

2. 顶空进样条件

样品瓶顶空温度：非聚氨酯样品（无须测 TDI）150℃；聚氨酯样品（需测 TDI）200℃；定量环温度：200℃；传输线温度：200℃；顶空时间：15min；加压时间：0.15min；定量环注入时间：0.04min；定量环平衡时间：0.05min；进样时间：1.00 min。

3. 气相色谱—质谱条件

毛细管色谱柱：HP-50^{+}，30m×0.32mm×0.25μm，或相当者；DB-5MS，30m×0.25mm×0.25μm，或相当者；柱温：初温 50 ℃，保留 3 min；以 10℃/min 程序升温至 80 ℃，再以 20℃/min 程序升温至 200 ℃，保持 2min；进样口温度：150 ℃；GC-MS 接口温度：200 ℃；离子源温度：230℃；四极杆温度：150℃；载气（He）：1.0 mL/min，恒流方式；进样方式：分流进样，分流比 10∶1；离子源：EI 源，电离能量 70eV；质量扫描：SIM，选择离子 m/z：52，57，65，78，91，92，106，145，174，198。

4. 测定

分别准确移取标准储备溶液各 25 μL、100 μL、250 μL、1.00 mL、2.50 mL、5.00 mL、10.0 mL，置于相应的 25 mL 容量瓶中，分别准确移取加入内标溶液 2.00 mL，用乙酸乙酯溶解定容。该系列标准工作溶液中，苯、甲苯、二甲苯和 TDI 含量分别为 20、80、200、800、2000、4000、8000 mg/L，正十四烷（内标物）含量均为 800 mg/L。将标准工作溶液及处理好的样品溶液，按设定的仪器操作条件，顶空进样测定，以此计算标准工作溶液中各目标化合物的相对校正因子。标准工作溶液的典型总离子流图见图 5.1、5.2。

5. 结果计算

（1）标准工作溶液中苯、甲苯、二甲苯和 TDI 各自对正十四烷的相对校正因子 f_i 按下式计算：

$$f_i=\frac{m_i\times A_{cs}}{m_{cs}\times A_i} \tag{5-1}$$

式中：f_i——苯、甲苯、二甲苯和 TDI 各自对正十四烷的相对校正因子；

m_i——标准工作溶液中苯、甲苯、二甲苯和 TDI 各自的质量，单位为克（g）；

A_{cs}——标准工作溶液中正十四烷的峰面积；

m_{cs}——标准工作溶液中正十四烷的质量，单位为克（g）；

A_i——标准工作溶液中苯、甲苯、二甲苯和 TDI 各自的峰面积。

(2)样品溶液中苯、甲苯、二甲苯和 TDI 各自的浓度按式(5-2)计算:

$$C_i = f_i \frac{C_{si} \times A_i}{A_{si}} \tag{5-2}$$

式中:C_i——经内标法计算得到样品溶液中各组分的浓度,单位为 mg/升(mg/L);

f_i——苯、甲苯、二甲苯和 TDI 各自对正十四烷的相对校正因子;

A_i——样品溶液中苯、甲苯、二甲苯和 TDI 各自的峰面积;

C_{si}——样品溶液中正十四烷的浓度,单位为 mg/升(mg/L);

A_{si}——样品溶液中正十四烷的峰面积。

(3)以质量分数表示的样品中的含量 X_i(%)按式(5-3)计算:

$$X_i(\%) = \frac{C_i \times V \times \beta \times 10^{-4}}{W_s} \tag{5-3}$$

式中:X_i——样品中苯、甲苯、二甲苯和 TDI 的百分含量,%;

V——样品溶液的定容体积,单位为毫升(mL);

C_i——经内标法计算得到样品溶液中苯、甲苯、二甲苯和 TDI 的浓度,单位为 mg/升(mg/L);

β——样品溶液的稀释系数(不需稀释时 $\beta=1$);

W_s——样品重量,单位为克(g)。

取两次平行测定结果的平均值,计算结果精确至 0.01%。

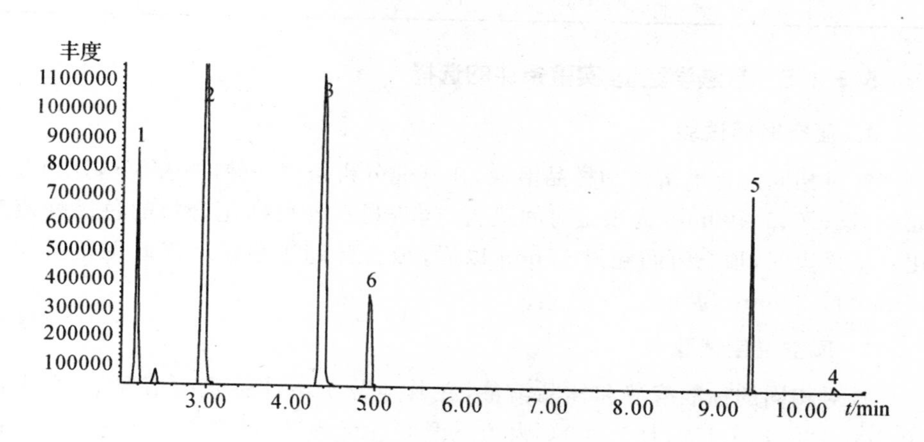

1. 苯; 2. 甲苯; 3. 混二甲苯; 4. TDI(2,4-/2,6-); 5. 正十四烷; 6. 乙苯

图 5.1 HP-50$^+$ 毛细管柱分离标准品溶液的总离子流图

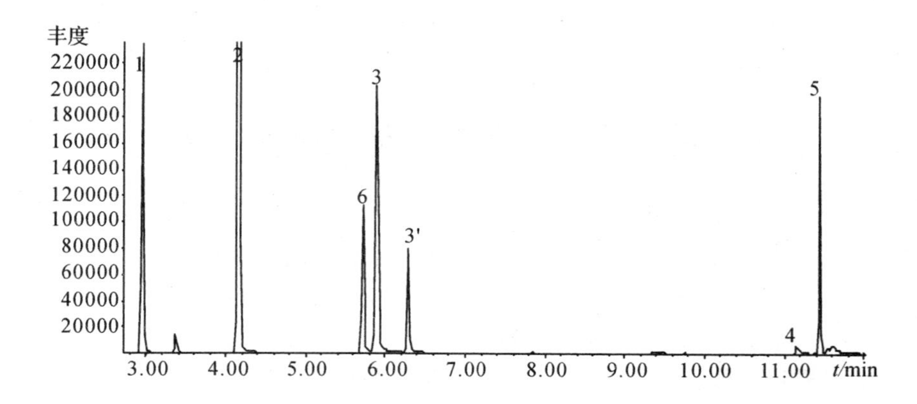

1. 苯；2. 甲苯；3. 间二甲苯和对二甲苯；3. 邻二甲苯；4. TDI(2,4－＋2,6－)；5. 正十四烷；6. 乙苯

图 5.2 DB-5MS 毛细管柱分离标准品溶液的总离子流图

表 5.1 各目标化合物分子量、定性离子、定量离子

峰号	化合物名称	分子式	分子量	定性离子	定量离子
1	苯	C_6H_6	78	52 63 77 78	78
2	甲苯	C_7H_8	92	65 78 91 92	91
3	二甲苯	C_8H_{10}	106	77 91 105 106	91
4	TDI	$C_9H_6N_2O_2$	174	118 132 145 174	174
5	正十四烷	$C_{14}H_{30}$	198	57 71 85 198	57

5.3.1.5 方法学验证 实验条件的选择

1. 顶空时间试验

针对相同的标准溶液和样品溶液，在其他分析条件一致的情况下，分别选择5、10、15、20、30、60min为顶空时间进行试验，观察各目标化合物的色谱峰值变化。结果表明，顶空时间超过15min以后，峰值已趋于稳定。因此保留时间以15min(或20min)为佳。

2. 顶空温度试验

针对相同的标准溶液和样品溶液，在其他分析条件一致的情况下，分别以80、100、120、140、150、180、200℃为顶空温度进行测试，观察各目标化合物的色谱峰值变化，以选择合适的顶空温度。

结果表明，对于只需进行苯系物测定的样品，顶空温度低于150℃时，各目标化合物以及内标物的色谱峰值随温度的升高而明显增加。超过150℃以后，峰值对顶空温度的敏感度降低，峰值趋于稳定，可以认为高于150℃时目标化合物和内标物的液气转换已经比较充分。但另一方面，顶空温度高于 150℃以后，进入色谱的杂质开始增多。综合考虑以上因素，150℃为比较合适的顶空温度。

对于需要测定 TDI 的聚氨酯涂料样品，由于 TDI 沸点为 251℃，当顶空温度达到 HP7694 顶空仪的上限温度 200℃时，TDI 才有较好的挥发，因此测定 TDI 的顶空温度设为 200℃。

3. 顶空进样量确定

由于顶空瓶的体积仅为 20 mL，显然样品成分向气态的转移受到有限空间的抑制，因此加入的样品溶液不能过多，否则会由于气态过于饱和而导致液气转移受抑制，目标化合物测定结果偏低。但如果样品量过少，会影响测试的灵敏度。根据物化常识，普通溶剂在常压常温下汽化后体积一般会扩大 1000 倍，即 10 uL 的溶液汽化后体积约为 10 mL。据此，本方法将注入顶空瓶的溶液体积确定为 10 uL，如此既可以满足测试的灵敏度要求，也不会出现样品过量的情况。

4. 色谱条件优化

(1)色谱柱的选择

选用 HP-50^+ 30 m×0.25 mm×0.25μm 色谱柱对标准溶液进行分析，总离子流色谱图见图 5.3。

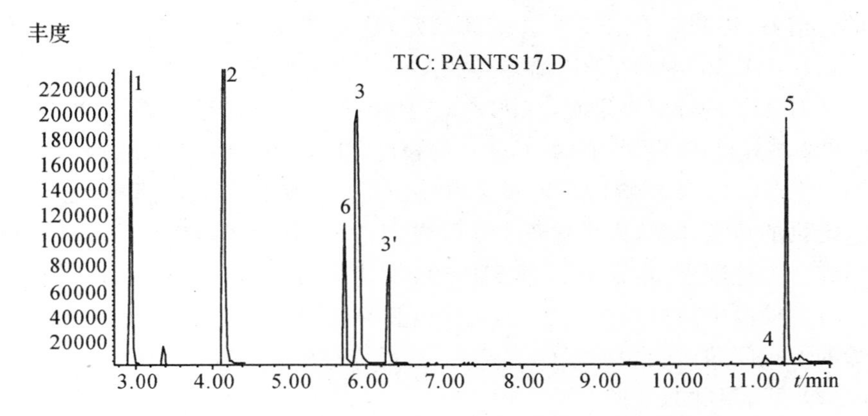

1.苯；2.甲苯；3.混二甲苯；4.TDI(2,4－/2,6－)；5.正十四烷；6.乙基苯

图 5.3　标准溶液的总离子流图(HP-50^+ 30 m 柱分离)

选用 DB-5MS 30 m×0.25 mm×0.25μm 色谱柱对标准溶液进行分析，总离子流色谱图见图 5.4。

对上述两条不同极性色谱柱的分析结果进行比较，结果如下：

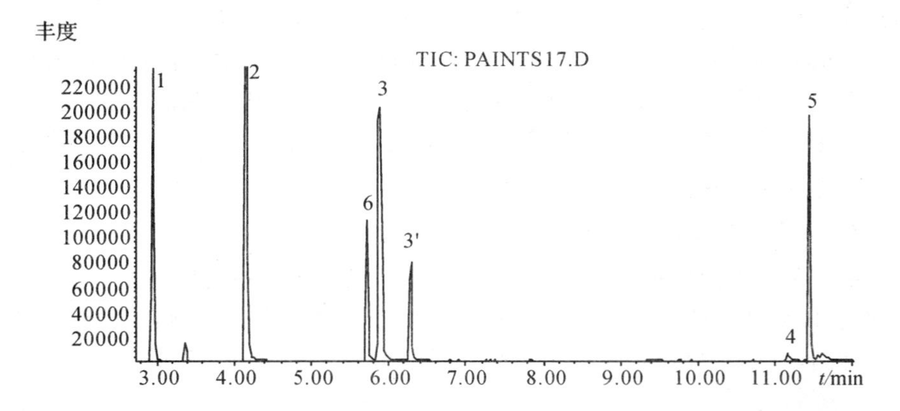

1. 苯；2. 甲苯；3. 间二甲苯和对二甲苯；3′. 邻二甲苯；4. TDI(2,4－＋2,6－)；5. 正十四烷；6. 乙基苯

图 5.4　标准溶液的总离子流图(DB-5 ms 30 m 柱分离)

从对苯系物的分离效果看，HP-50$^+$ 柱和 DB-5MS 柱的主要差别在于，在 HP-50$^+$ 柱上混二甲苯合并为一个单峰(不影响定量)，而在 DB-5MS 柱上混二甲苯出现两个峰，即间二甲苯和对二甲苯为一个峰，而邻二甲苯为另一个峰。试验发现，苯乙烯在 DB-5MS 柱上的保留时间和邻二甲苯的保留时间基本一致。也就是说，如果样品中含有苯乙烯单体，采用 DB-5MS 柱分析就会干扰邻二甲苯的色谱峰，进而影响二甲苯含量的测定，这是使用 DB-5MS 柱需要注意的问题。而在 HP-50$^+$ 柱上，苯乙烯不会干扰二甲苯的测定。

从对 TDI 的分离效果看，在 HP-50$^+$ 柱上 TDI 有两个色谱峰，分别对应它的 2,4-和 2,6-异构体，同时内标物 C14 的峰位在 TDI 之前。在 DB-5MS 柱上，TDI 合并为一个单峰(但不影响定量)，而且内标物正十四烷的峰位在 TDI 之后。从内标法定量的角度考虑，内标物正十四烷在 HP-50$^+$ 柱上的峰位更加利于定量。

综合上述因素，本研究选择 HP-50$^+$ 柱为主分析柱。同时考虑到 DB-5MS 柱在日常检验中具有广泛用途，因此保留其为备用分析柱，但在使用时需注意苯乙烯的干扰问题。

(2)色谱温度的选择

由于采用了顶空进样的方式，色谱进样头温度和柱温均可采用相对较低的温度(200℃以内)，这有利于保护色谱柱的固定相，延长色谱柱的使用寿命。

(3)目标化合物的保留时间、特征离子、线性系数、线性范围和检测限

本标准采用了 GC-MS 选择离子监控方式，可以显著提高定量检测的灵敏度，具有较宽的线性范围，同时也减少了杂质峰的干扰，色谱图比较干净(见图 5.5～5.8)。

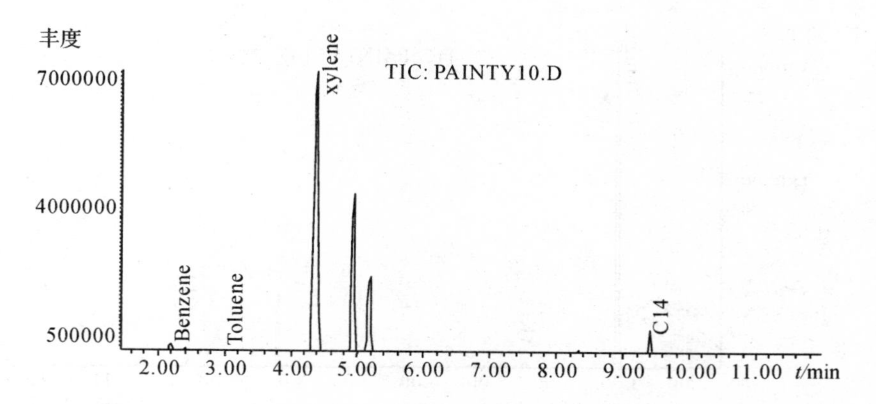

图 5.5 样品 1—硝基漆的总离子流图(HP-50⁺ 30 m 柱分离)

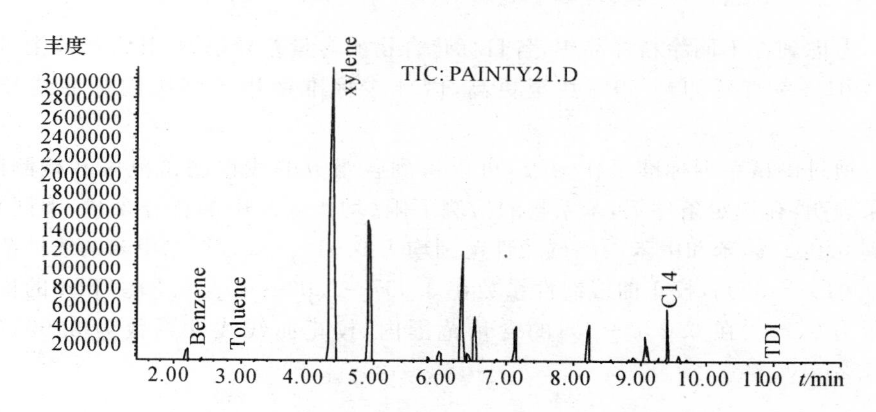

图 5.6 样品 2—聚氨酯漆的总离子流图(HP-50⁺ 30 m 柱分离)

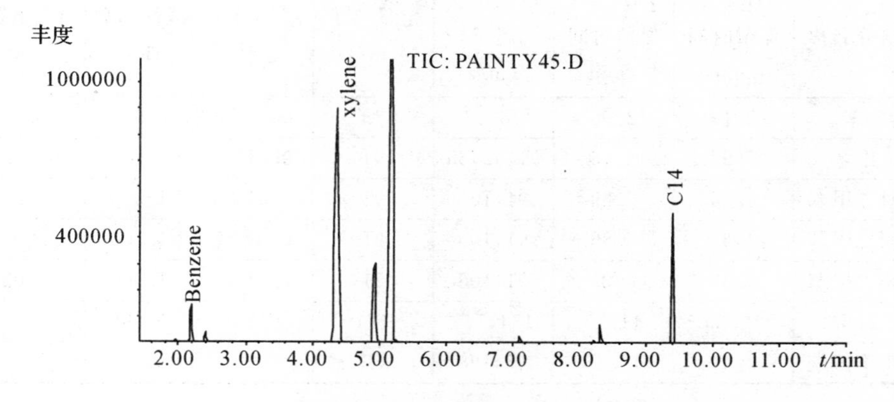

图 5.7 样品 3—醇酸漆的总离子流图(HP-50⁺ 30 m 柱分离)

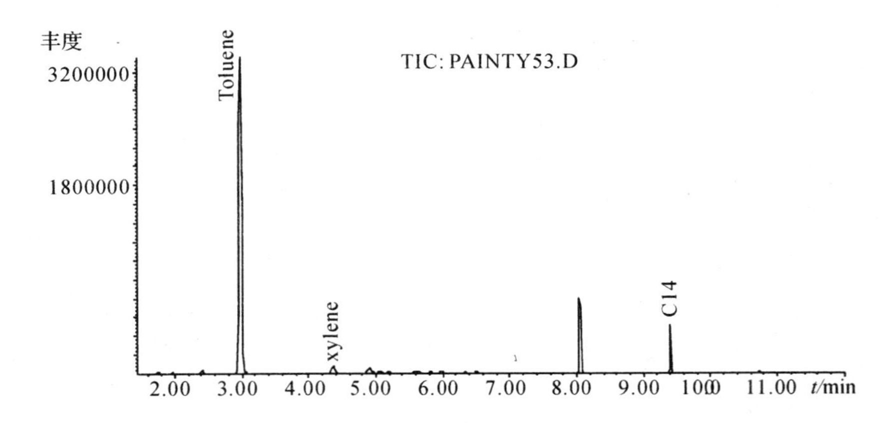

图 5.8 样品 4—其他酯基漆的总离子流图(HP-50⁺ 30m 柱分离)

考虑到在不同涂料样品中,各目标化合物的含量差异很大,其含量范围可能从 0.01%一直延伸到 50%甚至更高,因此本标准运用了多级内标曲线校正方式。

通过测试系列标准工作溶液,可以得到各组分的线性测试范围和检测限。结果表明,在选定条件下,苯系物的检测下限(均指样品中的百分含量,下同)均达到 0.002%,苯和甲苯的测试线性范围均为 0.01%~10%,二甲苯的线性范围为 0.01%~35%,校正曲线线性系数在 0.997~1.000(见表 5.2)。TDI 的检测下限为 0.2%,在 0.2%~5%的含量范围内,校正曲线线性系数为 0.999(见表 5.2)。

表 5.2 目标化合物的色谱保留时间、特征离子、线性范围和检测限

组分名称	$HP-50^+$ 保留时间 /min	DB-5MS 保留时间 /min	定性特征离子 /(m/z)	定量离子 /(m/z)	线性范围 /%	线性系数 R^2	检测低限 /%
苯	2.19	2.96	78,52	78	0.01-10	0.997	0.002
甲苯	2.98	4.16	91,92,65	91	0.01-10	1.000	0.002
对二甲苯	4.38	5.89	91,106	91	0.01-35	1.000	0.002
间二甲苯	4.38	5.89	91,106	91	0.01-35	1.000	0.002
邻二甲苯	4.38	6.29	91,106	91	0.01-35	1.000	0.002
TDI*	10.39	11.15	174,145	174	0.2-5	0.999	0.2
正十四烷	9.41	11.45	57,198	57	—	—	—

5. 样品处理方法的优化

本标准对于样品顶空进样前的处理进行了研究。

分别采用了两种不同方式处理样品：

方式一：直接称样方式。即直接在顶空瓶中加入 0.1 g 至 1 g(一般为 0.1 g)的样品并准确称重至 0.0001g，再定量加入正十四烷内标物，然后进行顶空进样分析。

方式二：基体匹配方式。将样品定量溶解于溶剂(如乙酸乙酯)中，定量移取样品溶液进行顶空分析。本方式实际上是一个将样品溶液的基体与标准溶液的基体进行匹配的过程。

表 5.3　两种不同方式处理样品 2 和样品 4 的苯系物测定结果比较

组分名称	样品 2：聚氨酯漆/%			样品 4：其他酯漆/%		
	方式一结果	方式二结果	国标法	方式一结果	方式二结果	国标法
苯	0.01	0.29	0.30	未检出	未检出	未检出
甲苯	0.12	0.015	0.02	5.06	6.47	6.65
二甲苯	13.28	10.29	9.81	2.00	0.19	0.13
甲苯＋二甲苯	13.40	10.30	9.83	7.06	6.66	6.78

结果表明，采用方式一的测试结果与国标法的结果差异较大，而采用方式二的测试结果与国标法的结果相接近(见表 5.3)。可以认为，采用方式一会导致分析结果的失真，分析其原因，主要有以下几个方面：

a. 对于挥发性溶剂含量较大的样品，由于顶空瓶的体积仅为 20 mL，而 0.1 g的挥发性溶剂全部挥发成气体后即使在常温常压下体积也将达到 100 mL，显然样品组分向气态的转移受到空间的抑制，这将直接影响各组分在气态中的分压和含量，最终导致分析结果的失真。但如果进一步减少称样量，例如将称样量减为 0.0200 g，则不但称样难度加大，而且会增加称样方面的不确定度。

b. 对于除稀释剂以外的涂料，大多含有各种类型的聚合物、填料等，性状比较黏稠，在顶空过程中基体效应很大，对于低含量的目标化合物影响尤其明显，可能导致测试结果的严重失真。对此，仅仅对标准溶液采用“基体模拟”的方式，如以硅油作为标准溶液的基体，其校正效果也是有限的。

c. 在顶空状态下，涂料中的其他挥发性成分与目标化合物同时挥发，在气态按照一定的分配系数形成平衡状态，如果不对样品予以稀释或者减少进样量的话，则其他挥发性成分的存在必然干扰目标化合物的测定，导致结果失真。

与第一种方式相比，方式二的不同之处在于先用溶剂定量溶解样品，使样品基体得到稀释。这样，无论是分析标准溶液还是样品溶液，顶空溶液的主要基体均为乙酸乙酯溶剂，样品中原有的基体由于被大量稀释，其基体效应可以忽略不计，因而简单地达到了消除涂料基体效应的目的。另一方面，本方法将样品溶液的顶空进样量准确控制为10μL，又引入内标物，采用内标法定量，进一步消除了溶剂效应对分析的不利影响。这是本标准采用方式二进行样品处理的原因。

6. 内标法和外标法的结果比较

除内标法以外，外标法也是常用的定量方法。本研究对两种方法进行了对比(见表5.4、5.5)。

表5.4 样品2内标法和外标法重复性比较

组分名称	样2:聚氨酯漆/%					
	外标法			内标法		
	结果	标准偏差	变异系数 $n=8$	结果	标准偏差	变异系数 $n=8$
苯	0.33	0.028	8.48	0.28	0.021	7.50
甲苯	0.013	0.0012	9.23	0.014	0.00092	6.57
二甲苯	7.68	0.58	7.53	10.22	0.37	3.62
TDI	0.16	0.095	59.38	0.23	0.028	12.17

表5.5 样品4内标法和外标法重复性比较

组分名称	样2:聚氨酯漆/%					
	外标法			内标法		
	结果	标准偏差	变异系数 $n=8$	结果	标准偏差	变异系数 $n=8$
苯	未检出	—	—	未检出	—	—
甲苯	5.49	0.105	1.92	6.66	0.16	2.4
二甲苯	0.15	0.0064	4.27	0.20	0.0046	2.30
TDI	未检出	—	—	未检出	—	—

实验发现，外标法的线性范围、精密度等和内标法相同。但是从实测结果看，甲苯和二甲苯的外标法测试结果较内标法偏低。分析其原因，主要是由于外标法的准确性容易受到溶剂和基体效应的影响，其他挥发性成分的存在会降低目标化合物在气态中的分压比例，即使采用基体匹配方式，也难以较好消除上述效应的影响，导致结果偏低。引入内标物校正后，可以抵消上述影响，因此内标

法结果相对可靠。这也是本研究采用内标法定量的原因。

7. 加标回收率试验结果

准确称取 1 g(准确至 0.0001 g)已知目标化合物含量的样品于 25 mL 容量瓶中,加入正十四烷内标母液 2.00mL,再定量加入苯、甲苯、二甲苯、TDI 标准母液,用乙酸乙酯溶解样品并定容。测试加标前后各目标组分含量,计算其加标回收率(见表 5.6)。

表 5.6　样品 1 和样品 2 的加标回收率试验结果

组分名称	样品 1:硝基漆 添加水平 10mg 级			样品 2:聚氨酯漆 添加水平 100mg 级		
	加标量/mg	实测量/%	回收率/%	加标量/mg	实测量/%	回收率/%
苯	8.80	10.00	114.0	88.0	85.4	97.0
甲苯	8.60	8.21	93.2	86.0	85.5	99.4
二甲苯	8.70	9.48	108.0	87.0	73.0	83.9
TDI	6.12	5.54	90.5	12.2	10.5	86.0

表 5.6 数据显示,相对于 1 g 样品而言,在添加量为 10 mg 级和 100 mg 级两个水平上,各目标组分的加标回收率保持在 83%～114%。

8. 精密度试验结果

(1)仪器测定结果的重复性

取同一待测样品溶液,按照分析条件进样 8 次,分别测试其中目标组分含量,计算 8 次结果的相对标准偏差。结果表明,仪器测定的重复性良好(见表 5.7～5.10)。

表 5.7　仪器测定重复性试验结果 1($n=8$)

组分名称	样品 1:硝基漆 /%						
	8 次测定结果				平均值	标准偏差	变异系数
苯	0.35	0.36	0.36	0.35	0.36	0.011	3.06
	0.38	0.37	0.37	0.35			
甲苯	0.037	0.036	0.037	0.036	0.037	0.00083	2.24
	0.038	0.038	0.037	0.036			
二甲苯	34.53	34.63	35.63	34.80	35.24	0.69	1.95
	36.25	36.12	34.68	35.30			
TDI	均未检出				—	—	—

表 5.8　仪器测定重复性试验结果 2(*n*=8)

组分名称	样品 2:聚氨酯漆/%						
	8 次测定结果				平均值	标准偏差	变异系数
苯	0.25	0.32	0.29	0.28	0.28	0.021	7.50
	0.27	0.29	0.28	0.30			
甲苯	0.016	0.014	0.014	0.014	0.014	0.00092	6.57
	0.013	0.015	0.014	0.015			
二甲苯	9.71	10.95	10.25	10.00	10.22	0.37	3.62
	9.98	10.29	10.16	10.44			
TDI	0.24	0.21	0.20	0.28	0.23	0.028	12.17
	0.22	0.20	0.24	0.25			

表 5.9　仪器测定重复性试验结果 3(*n*=8)

组分名称	样品 3:醇酸漆 /%						
	8 次测定结果				平均值	标准偏差	变异系数
苯	0.36	0.35	0.36	0.38	0.36	0.012	3.33
	0.36	0.35	0.38	0.37			
甲苯	均未检出				—	—	—
二甲苯	2.92	2.91	2.90	3.01	2.94	0.059	2.01
	2.99	2.92	2.84	3.00			
TDI	均未检出				—	—	—

表 5.10　仪器测定重复性试验结果 4(*n*=8)

组分名称	样品 4:其他酯基漆/%						
	8 次测定结果				平均值	标准偏差	变异系数
苯	均未检出				—	—	—
甲苯	6.58	6.67	6.40	6.57	6.66	0.16	2.40
	6.85	6.84	6.58	6.83			
二甲苯	0.20	0.20	0.20	0.20	0.20	0.0046	2.30
	0.21	0.21	0.20	0.20			
TDI	均未检出				—	—	—

（2）实验室内重复性试验结果

准确称取8份同一待测样品，各1 g（准确至0.0001 g），分别测定各目标组分的含量，计算8份数据的重现性，结果如表5.11～5.14所示。

表5.11　实验室内重复性试验结果1（n=8）

组分名称	样品1：硝基漆/%						
	8次测定结果				平均值	标准偏差	变异系数
苯	0.34	0.33	0.35	0.36	0.34	0.014	4.12
	0.33	0.33	0.34	0.34			
甲苯	0.035	0.035	0.037	0.036	0.036	0.00074	2.07
	0.036	0.036	0.035	0.035			
二甲苯	33.96	33.19	34.53	34.63	33.54	1.08	3.22
	34.31	33.62	32.18	31.92			
TDI	均未检出				—	—	—

表5.12　实验室内重复性试验结果2（n=8）

组分名称	样品2：聚氨酯漆/%						
	8次测定结果				平均值	标准偏差	变异系数
苯	0.28	0.31	0.31	0.30	0.34	0.017%	5.00
	0.29	0.27	0.27	0.28			
甲苯	0.014	0.016	0.015	0.014	—	—	—
	0.016	0.014	0.015	0.013			
二甲苯	9.90	10.66	10.86	10.52	2.85	0.025	0.88
	10.25	9.98	10.05	10.09			
TDI	0.20	0.22	0.17	0.23	—	—	—
	0.20	0.22	0.32	0.14			

表 5.13　实验室内重复性试验结果 3(n=8)

组分名称	样品 3:醇酸漆/%						
	8 次测定结果				平均值	标准偏差	变异系数
苯	0.33	0.31	0.35	0.33	0.34	0.017%	5.00
	0.36	0.35	0.35	0.31			
甲苯	均未检出				—	—	—
二甲苯	2.85	2.79	2.93	2.77	2.85	0.025	0.88
	2.92	2.83	2.94	2.75			
TDI	均未检出				—	—	—

表 5.14　实验室内重复性试验结果 4(n=8)

组分名称	样品 4:其他酯基漆 /%						
	8 次测定结果				平均值	标准偏差	变异系数
苯	均未检出				—	—	—
甲苯	6.58	6.67	6.43	6.45	6.47	0.25	3.86
	6.88	6.47	6.09	6.14			
二甲苯	0.20	0.20	0.19	0.19	0.19	0.0096	5.05
	0.20	0.20	0.18	0.18			
TDI	均未检出				—	—	—

从以上结果可以看出,本方法在实验室内保持较好的重复性,在 0.01%～35%的含量范围内,各目标化合物的重复测定结果(n=8)变异系数保持在 0.88%～7.33%。

(3)实验室间验证试验结果的初步分析

本研究初步统计了 4 个不同实验室对相同样品的测试结果,可以初步了解本方法的实验室间重现性(见表 5.15～5.16)。

表 5.15　实验室间验证试验结果比较

组分名称	样品 B:聚氨酯漆/%					平均值	标准偏差	变异系数 n=4
	每个实验室各出 4 个平行测定结果							
苯	实验室 1:	0.29	0.30	0.31	0.31	0.302	0.010	3.31
	实验室 2:	0.37	0.41	0.36	0.37	0.378	0.022	5.82
	实验室 3:	0.41	0.36	0.37	0.34	0.370	0.029	7.84
	实验室 4:	0.34	0.34	0.35	0.33	0.340	0.008	2.35
甲苯	实验室 1:	0.013	0.014	0.014	0.015	0.0140	0.0008	5.71
	实验室 2:	0.015	0.013	0.013	0.013	0.0135	0.0010	7.41
	实验室 3:	0.014	0.012	0.012	0.012	0.0125	0.0010	8.00
	实验室 4:	0.012	0.012	0.012	0.012	0.0120	0.0000	0.00
二甲苯	实验室 1:	9.98	9.90	10.05	10.09	10.005	0.083	0.83
	实验室 2:	9.88	9.70	9.49	10.22	9.822	0.309	3.15
	实验室 3:	9.27	9.63	9.75	10.17	9.705	0.371	3.82
	实验室 4:	8.78	8.70	9.11	9.24	8.958	0.259	2.89
TDI	实验室 1:	0.32*	0.14	0.17	0.22	0.176	0.004	2.27
	实验室 2:	0.73	0.46	0.88	1.24*	0.690	0.213	30.87
	实验室 3:	1.49	1.31	1.63	0.26*	1.476	0.160	10.8
	实验室 4:	0.18	0.25	0.30	0.27	0.250	0.051	20.4

表 5.16　实验室间重现性试验结果比较

组分名称	样品 D:其他酯漆/%					平均值	标准偏差	变异系数 n=4
	每个实验室各出 4 个平行测定结果							
苯	实验室 1:未检出					——	——	——
	实验室 2:未检出							
	实验室 3:未检出							
	实验室 4:未检出							
甲苯	实验室 1:	6.58	6.67	6.47	6.45	6.542	0.102	1.56
	实验室 2:	6.69	6.50	6.60	6.27	6.515	0.181	2.78
	实验室 3:	6.66	6.71	6.71	6.83	6.728	0.072	1.07
	实验室 4:	6.22	6.15	6.61	6.49	6.368	0.218	3.42

续表

组分名称	样品 D:其他酯漆/%							
	每个实验室各出 4 个平行测定结果					平均值	标准偏差	变异系数 $n=4$
二甲苯	实验室 1:	0.20	0.20	0.19	0.20	0.198	0.005	2.52
	实验室 2:	0.21	0.21	0.20	0.19	0.202	0.010	4.95
	实验室 3:	0.20	0.20	0.20	0.20	0.200	0.000	0.00
	实验室 4:	0.19	0.20	0.21	0.20	0.200	0.008	4.00
TDI	实验室 1:未检出 实验室 2:未检出 实验室 3:未检出 实验室 4:未检出					——	——	——

从以上对 4 个实验室分析结果的初步统计中可以看出，本方法对于苯系物的测定具有良好的实验室间重现性；对于 TDI 的测定，实验室间重现性不佳，实验室之间的结果差异较大。从以上回收率、精密度等试验数据可以看出，本标准对于苯系物的测定具有良好的精密度和重现性，优于有关文献采用顶空进样外标法获得的试验数据。分析其原因，主要在于本研究在样品前处理中采取了基体匹配的办法，又在定量分析中采用了内标法定量方式，因此能够有效地减少和消除分析过程的系统误差，结果比较理想。需要指出的是，许多研究都指出，对顶空分析来说，最重要的是有效地消除或校正样品基体效应产生的影响，无论是采用“基体匹配”方式还是采取“基体模拟”方式，其最终目的都在于此。本研究认为，本标准采用“基体匹配”方式在消除顶空进样的基体效应方面进行了比较成功的尝试。

9. 本标准与国标方法的结果比对

分别采用本方法和国标法对同一样品进行测定，比较测试结果如表 5.17～5.20 所示。

表 5.17 本方法与国标方法的比对测试结果 1

组分名称	样 1:硝基漆/%					
	本方法			国标法		
	结果	标准偏差	变异系数 $n=8$	结果	标准偏差	变异系数 $n=10$
苯	0.34	0.014	4.12	0.31	0.012	3.87
甲苯	0.036	0.00074	2.07	0.039	0.0015	3.85
二甲苯	33.54	1.08	3.22	33.70	0.012	0.04
TDI	未检出	—	—	未检出	—	—

表5.18 本方法与国标方法的比对测试结果2

组分名称	样2:聚氨酯漆/%					
	本方法			国标法		
	结果	标准偏差	变异系数 $n=8$	结果	标准偏差	变异系数 $n=10$
苯	0.29	0.012	4.14	0.30	0.013	4.33
甲苯	0.015	0.0011	7.33	0.018	0.0015	8.33
二甲苯	10.29	0.28	2.72	9.81	0.0096	0.098
TDI	0.21	0.013	6.19	0.21	0.0096	4.57

表5.19 本方法与国标方法的比对测试结果3

组分名称	样3:醇酸漆/%					
	本方法			国标法		
	结果	标准偏差	变异系数 $n=8$	结果	标准偏差	变异系数 $n=10$
苯	0.34	0.017	5.00	0.30	0.012	4.00
甲苯	未检出	—	—	未检出	—	—
二甲苯	2.85	0.025	0.88	2.81	0.018	0.64
TDI	未检出	—	—	未检出	—	—

表5.20 本方法与国标方法的比对测试结果4

组分名称	样4:其他酯漆/%					
	本方法			国标法		
	结果	标准偏差	变异系数 $n=8$	结果	标准偏差	变异系数 $n=10$
苯	未检出	—	—	未检出	—	—
甲苯	6.47	0.25	3.86	6.65	0.025	0.38
二甲苯	0.19	0.0096	5.05	0.14	0.010	7.14
TDI	未检出	—	—	未检出	—	—

从以上对比可以看出，本方法苯系物的测试结果与采用国标方法的结果在总体上差异性不大。可以认为，在苯系物测试方面，本方法是对国标方法的一个补充，特别是在分析含有复杂高分子基体的涂料样品时，本方法可以有效避免基体对仪器的污染以及对分析结果的干扰，具有一定的实用性。

10. 结论

本标准建立了顶空 GC-MS 法同时测定涂料中的苯、甲苯、二甲苯和甲苯二异氰酸酯(TDI)技术,无须过繁的样品前处理,克服了以前前处理方法导致的色谱分离效果差、严重影响测定的弊端。本方法回收率高、精度好、快速准确。

5.3.2 高效液相色谱法测定车用涂料中甲苯二异氰酸酯含量

5.3.2.1 方法提要

试样经超声提取、过滤后,采用高效液相色谱硅胶柱分离测定,用二极管阵列检测器检测,依据保留时间和紫外吸收光谱定性,用外标法进行定量。

5.3.2.2 试剂和材料

除另有规定外,测试中所用试剂均为分析纯,分析用水为符合 GB/T 6682 的一级用水。甲苯二异氰酸酯:纯度大于 99.0%。5A 分子筛:在 500℃的高温炉中加热 2 小时,置于干燥器中冷却备用。乙酸乙酯:加入 100 g 5A 分子筛,放置 24 小时后过滤。正己烷:色谱纯。滤膜:0.45μm,有机相。甲苯二异氰酸酯标准储备液:准确称取 0.125 g(精确到 0.1 mg)甲苯二异氰酸酯标准品于 100 mL 棕色容量瓶中,用除水的乙酸乙酯溶解并定容至刻度,配制成浓度为 1250 mg/L 的标准储备液。

5.3.2.3 仪器和设备

高效液相色谱仪:Agilent 公司,Agilent 1200,配有二极管阵列(DAD)检测器。超声波水浴:昆山超声仪器公司,KQ-300VDE。分析天平:感量为 0.0001 g。

5.3.2.4 分析步骤

1. 样液制备

称取约 2.5 g 样品(精确至 0.001 g)于 25 mL 容量瓶中,加入 15 mL 乙酸乙酯,在室温下超声 20 min,用乙酸乙酯定容至刻度,摇匀。经 0.45 μm 滤膜过滤后供液相色谱测定。

随同样品做空白试验。空白试验:除不加样品外,其他步骤同上。

2. 液相色谱检测条件

色谱柱:Hypersil SiO_2 柱,250 mm×4.6 mm(id.),5μm;柱温:25℃;流动相:正己烷;流速:0.6 mL/min;检测波长:210 nm;进样量:20 mL。

3. 测定

在上述仪器参数下检测,待仪器稳定后,将甲苯二异氰酸酯标准工作溶液和样液穿插进样，通过比较试样与标准品的保留时间及紫外光谱图进行定性。以甲苯二异氰酸酯浓度为横坐标，单位以 mg/L 表示，以对应的峰面积平均值为纵坐标，绘制标准工作曲线。若样液中甲苯二异氰酸酯的响应值超过仪器检测的线性范围，则应将样液用乙酸乙酯稀释后重新进样检测。

4. 结果计算

样品中甲苯二异氰酸酯的含量按式(5-4)计算：

$$X=\frac{(C_i-C_0)\times V\times N}{m} \tag{5-4}$$

式中：X——样品中甲苯二异氰酸酯含量，单位为 mg 每千克(mg/kg)；

C_i——从校准曲线计算得出的样液浓度，单位为 mg 每升(mg/L)；

C_0——从校准曲线计算得出的空白溶液浓度，单位为 mg 每升(mg/L)；

V——样液体积，单位为毫升(mL)；

N——样液稀释倍数；

m——样品质量，单位为克(g)。

5.3.2.5 方法学验证 实验条件的选择

1. 样品前处理条件的选择

(1)提取方法的选择

超声波提取是利用超声波辐射压强产生的强烈空化效应、扰动效应、高加速度、击碎和搅拌作用等多级效应，增大物质分子运动频率和速度，增加溶剂穿透力，从而加速目标成分进入溶剂，适合不耐热的目标成分的提取。具有设备成本较低、高效快速、操作简便等特点。TDI 在室温环境中性质稳定，50℃时会聚合，因此，选择在室温下超声提取。

(2)提取溶剂的选择

TDI 易与水、碱、胺、多元醇起反应，参考 GB/T 18446-2009/ISO 10283：2007《色漆和清漆用漆基异氰酸酯树脂中二异氰酸酯单体的测定》。因此本实验选择除水的乙酸乙酯为提取溶剂。

(3)提取时间的选择

将同一实际样品以除水的乙酸乙酯为提取溶剂，在室温下超声波提取，分别比较超声提取 5、10、15、20、25、30、40 和 50 min，结果发现，随着提取时间增加，甲苯二异氰酸酯测定值也随之增高，但 15 min 后测定值基本不再增加。测试结果见表 5.21，提取时间对甲苯二异氰酸酯检测结果的影响见图 5.9。因此本实验选择提取时间为 20 min。

表 5.21　超声提取时间对甲苯二异氰酸酯检测结果的影响

提取时间/min	甲苯二异氰酸酯含量检测结果/(g/kg)
5	8.32
10	9.44
15	10.3
20	10.6
25	10.5
30	10.6
40	10.4
50	10.6

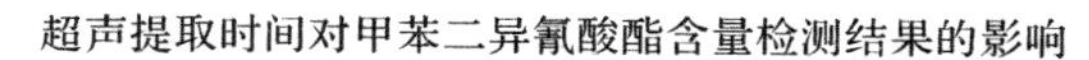

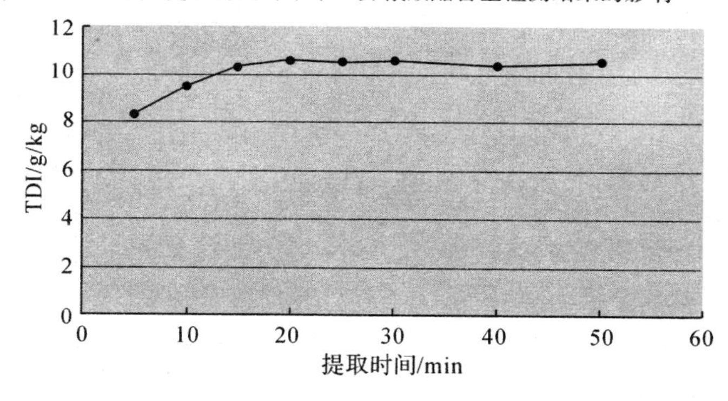

图 5.9　超声提取时间对甲苯二异氰酸酯检测结果的影响

2. 高效液相色谱(HPLC)条件的选择

(1)色谱柱的选择

由于 TDI 易与水、醇反应，无法直接用反相色谱法对其进行分析。因此本实验选择正相色谱法，通过对 TDI 及实际样品分析，发现选用 Hypersil SiO_2 柱，250 mm×4.6 mm，5μm 柱，以正己烷作为流动相能够将 TDI 很好地保留，分离效果良好，因此以硅胶柱为分析柱。

(2)检测波长的选择

采用二极管阵列检测器在 190～400 nm 范围内对 TDI 标准溶液进行扫描，其紫外吸收光谱图见图 5.10，从图可以看到 TDI 在 210 nm 处有最大吸收，因此本方法采用 210 nm 作为检测波长。

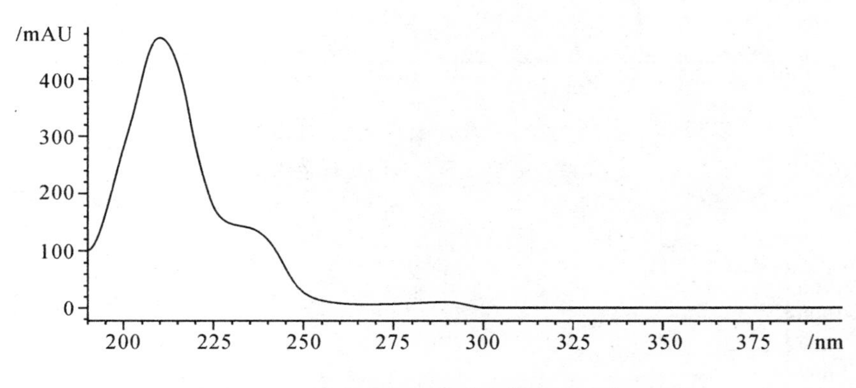

图 5.10　甲苯二异氰酸酯紫外吸收光谱图

(3)优化后的液相色谱检测条件

色谱柱：Hypersil SiO_2 柱，250 mm×4.6 mm(id.)，5μm；柱温：25℃；流动相：正己烷；流速：0.6 mL/min；检测波长：210 nm；进样量：20 μL。

上述液相色谱操作条件系典型操作参数，可根据不同仪器的特点，对给定操作参数作适当调整，以期获得最佳效果。

(4)定性、定量分析

液相色谱通常采用保留时间对色谱峰进行定性，在此基础上，利用二极管阵列检测器通过采集 TDI 色谱峰的紫外光谱图，将其与待测组分的光谱图进行对比。如果被测组分与标样的保留时间相同而且光谱图完全重合，说明两者很可能是同种化合物；如不重合，则非同一化合物。紫外光谱图可作为定性分析的辅助依据，以保留时间和紫外光谱图对照判定 TDI 的存在与否。

按(3)所列仪器参数为检测条件，用外标法定量。待仪器稳定后，将制备的标样溶液、空白样品和测试样品依次进样，扣除空白本底，记录 TDI 色谱峰的峰面积。若样液的响应值超过了标准工作曲线的最大响应值，则应将样液用除水的乙酸乙酯稀释后重新进样检测。在检测标准样品与测试样品的整个过程中确保操作条件一致。甲苯二异氰酸酯标样的液相色谱图见图 5.11。图 5.12 为聚氨酯胶粘剂样品中甲苯二异氰酸酯的液相色谱图。

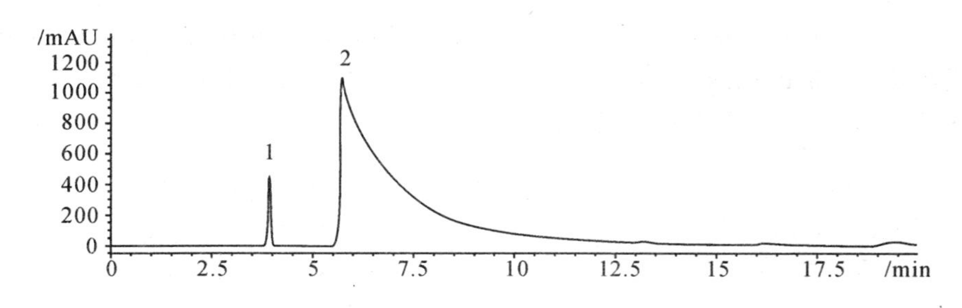

1.甲苯二异氰酸酯;2. 乙酸乙酯

图 5.11 甲苯二异氰酸酯标样色谱图

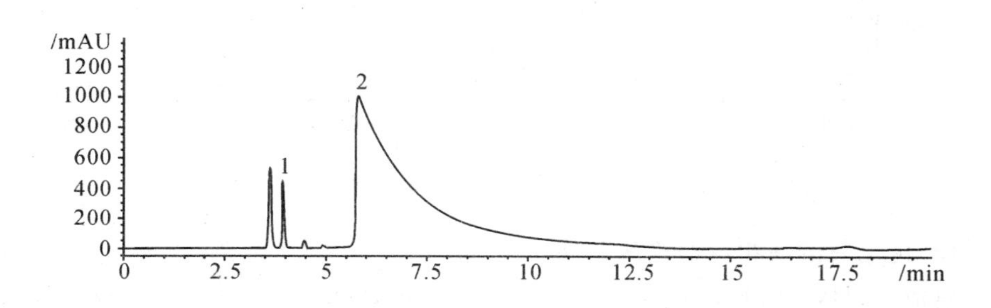

1.甲苯二异氰酸酯;2. 乙酸乙酯

图 5.12 涂料样品中甲苯二异氰酸酯色谱图

(5)线性关系

分别移取适量的 TDI 标准储备液用除水的乙酸乙酯逐级稀释,得到浓度分别为 5.0、25、125、625、1250 mg/L 的系列标准工作溶液。按优化后的液相色谱检测条件,待仪器稳定后,各取 20μL 上液相色谱仪检测。以响应值对应浓度绘制标准工作曲线。TDI 的校正曲线见图 5.13,其线性曲线方程 $Y=48.843854X-98.833491$和相关系数为 0.99986。结果表明,TDI 在 5.0~1250 mg/L 范围内线性良好,可以满足定量分析的要求。

(6)测定低限

以 S/N=10 计,本方法 TDI 的检测低限为 0.05 g/kg。色谱图见图 5.14。

(7)实验室内精密度试验

采用优化色谱条件,同一样品在 HPLC 上重复进样 6 次,结果见表 5.22。结果表明本方法的精密度较好,符合检验方法标准编写的相关要求。

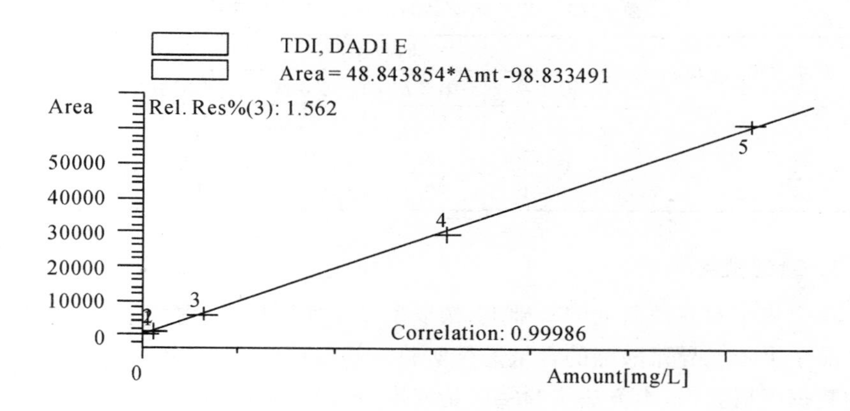

图5.13　TDI校正曲线

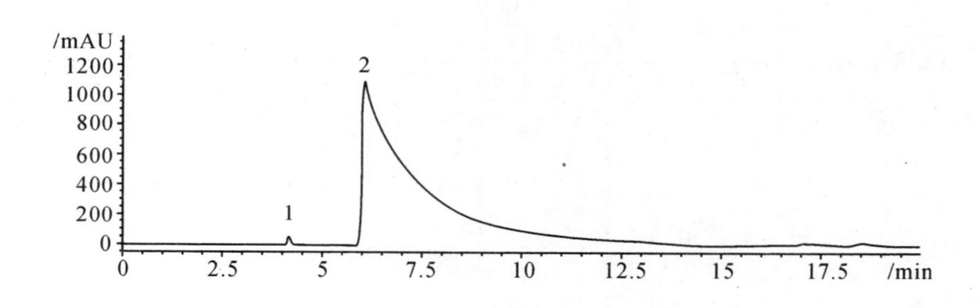

1.甲苯二异氰酸酯;2.乙酸乙酯

图5.14　甲苯二异氰酸酯检测低限色谱图

表5.22　对某样品中甲苯二异氰酸酯含量进行6次平行实验的测定结果

平行样实验							平均值	相对标准偏差(RSD/%)
序号	1	2	3	4	5	6		
测定结果/(g/kg)	10.6	10.4	10.7	10.5	10.7	10.6	10.6	1.1

(8)回收率实验

采用优化后的液相色谱检测条件,对空白样品分别进行高、中、低3个水平的加标回收实验,每个样品平行测定3次,测定回收率和相对标准偏差,结果见表5.23。从表中可以看出,甲苯二异氰酸酯的加标回收率在80.9%～95.3%,表明本方法的加标回收率符合检验方法标准编写的相关要求。

表 5.23 某实际样品的加标回收实验结果

添加水平/(g/kg)	回收率/%				RSD/%
	第1次	第2次	第3次	平均值	
0.050	83.4	80.8	78.5	80.9	3.0
1.0	91.3	88.6	90.4	90.1	1.5
10	94.4	95.1	96.3	95.3	1.0

3. 验证试验

在完成实验室内研究的基础上，选取了2个实际样品，由8家单位分别对实际样品中甲苯二异氰酸酯的含量进行实验室间验证试验，结果见表5.24。从表中的数据可以看出，本方法实验室间精密度符合检验方法标准编写的相关要求。

表 5.24 8家实验室验证实验结果统计表

样品1						
验证单位序号	检测结果 /(g/kg)				总体平均值/(g/kg)	RSD/%
	第1次	第2次	第3次	平均值		
1	1.01	1.03	1.05	1.03	1.08	3.7
2	1.08	1.06	1.07	1.07		
3	1.04	1.07	1.06	1.06		
4	1.02	1.04	1.06	1.04		
5	1.06	1.07	1.08	1.07		
6	1.09	1.12	1.10	1.10		
7	1.10	1.13	1.15	1.13		
8	1.13	1.14	1.16	1.14		
样品2						
验证单位序号	检测结果 /(g/kg)				总体平均值/(g/kg)	RSD/%
	第1次	第2次	第3次	平均值		
1	10.5	10.6	10.2	10.4	10.9	2.9
2	10.6	11.0	10.8	10.8		
3	10.7	10.6	10.9	10.7		
4	10.5	10.6	10.8	10.6		
5	10.8	10.9	10.9	10.9		
6	11.0	11.2	11.3	11.2		
7	11.0	11.2	11.0	11.1		
8	11.2	11.3	11.5	11.3		

4. 技术特点

综上所述，试样经超声提取，采用高效液相色谱硅胶柱分离测定，依据保留时间和紫外吸收光谱定性,用外标法进行定量。本方法无需衍生化,简便快速,实用性强,从实验结果看,精密度好,定量结果准确,可作为气相色谱分析法的补充,适用于建筑用胶粘剂中甲苯二异氰酸酯的检测,能满足胶粘剂中有害物质甲苯二异氰酸酯的检测要求。

参考文献

[1] 孙少华.聚氨酯涂料中游离甲苯二异氰酸酯的气相色谱分析[J].涂料工业,1995,(5):36-38.

[2] 梁鸣,姜晓黎.衍生反应—气相色谱法同时测定涂料中苯系物和甲苯二异氰酸酯的方法研究[J].检验检疫科学,2004,14(96):17-20.

[3] 李似姣.毛细管气相色谱法测定聚氨酯涂料中游离的甲苯二异氰酸酯[J].分析测试技术与仪器,2001,(9):175-176.

[4] 赵玲.国家标准《气相色谱法测定氨基甲酸酯预聚物和涂料中未反应的甲苯二异氰酸酯(TDI)单体》制定情况简介[J].化工标准·计量·质量,2001,10(6):26-28.

[5] 顾宗巨,杨润宁.用液相色谱法测定甲苯二异氰酸酯异构体含量[J].火炸药学报,2001,(1):71-72.

[6] 张丽平.红外法测定甲苯二异氰酸酯异构体含量[J].杭州化工,2003,(3):33-35.

[7] 何卫芳,黄洪.气相色谱测定聚氨酯固化剂中游离TDI方法的改进[J].广西轻工业,2007,4(4):40-41.

[8] 童国忠.游离TDI测定的操作技巧[J].上海涂料,2005,43(6):25-28.

第6章　车用涂料增塑剂分析技术

6.1　概　述

增塑剂是涂料中常见的添加组分，主要用于改善涂料的黏附力，提高涂料与基面的黏结强度；还可以增加涂料的柔韧性和抗冲击性。涂料中最常用的增塑剂是邻苯二甲酸酯类。由于邻苯二甲酸酯类多为沸点较高的液体，与其他有机溶剂相容性好，因此在加入涂料后，还能减缓涂料溶剂的挥发速率，防止因溶剂挥发过快而导致漆膜出现针孔、起泡等瑕疵。

但邻苯二甲酸酯已被证实为一种环境激素，对人体多个组织和器官会产生影响，尤其是具有显著的生殖和遗传毒性，目前已被中国、美国、日本、欧盟等多个国家和地区在消费品中限用或禁用。

目前，关于邻苯二甲酸酯类的分析方法主要有 GC-FID、GC-MS、HPLC 等方法。不同方法各有优缺点。GC-FID 法所用仪器简单，价格低廉，但定性能力显得不足，易出现假阳性结果；HPLC 法检测邻苯二甲酸酯类操作简便、灵敏、快速，但用于涂料分析时，由于涂料中的各种组分太多，略显分离能力不足，且色谱柱一旦受到杂质污染后难以恢复；而 GC-MS 法的灵敏度高，分离能力强，定性准确，因此是目前使用最为广泛的方法。

6.2　邻苯二甲酸酯类增塑剂的典型分析技术

6.2.1　方法一(GC-MS 法)

6.2.1.1　实验部分

1. 原料与助剂

邻苯二甲酸二甲酯(DMP)、邻苯二甲酸二乙酯(DEP)、邻苯二甲酸二丙酯

(DPrP)、邻苯二甲酸二丁酯(DBP)、邻苯二甲酸二异丁酯(DIBP)、邻苯二甲酸二戊酯(DPP)、邻苯二甲酸二己酯(DHP)、邻苯二甲酸二辛酯(DOP)、邻苯二甲酸二异辛酯(DIOP)、邻苯二甲酸二苯基酯(DPhP)、邻苯二甲酸丁苄酯(BBP)、邻苯二甲酸二(2-乙基己基)酯(DEHP)、邻苯二甲酸二环己酯(DCHP)、邻苯二甲酸二异壬酯(DINP)、邻苯二甲酸二异癸酯(DIDP),均为标准品,Chemservice公司。

二氯甲烷、丙酮:分析纯,广州化学试剂厂。

2. 仪器与设备

气相色谱—质谱联用仪,7890A-5975C 型,配自动进样器,美国 Agilent 公司。

旋转蒸发仪,Laborota 4003,德国 Heidolph 公司。

3. 标准溶液的配制

(1)标准储备溶液:用二氯甲烷—丙酮(1+1)混合溶剂将16种增塑剂标准品配制成各组分浓度均约为1 000 mg/L的混合标准贮备液。

(2)标准工作溶液:临用前用二氯甲烷—丙酮(1+1)混合溶剂将标准贮备液逐级稀释,配制成各组分浓度分别为1、5、10、20、50、100 mg/L的标准工作溶液。

4. 样品处理

将涂料样品充分混合均匀,准确称取1.0 g(精确至1 mg),置于10 mL具塞比色管内,加入10 mL二氯甲烷—丙酮(1+1)混合溶剂,常温下超声提取10min,摇匀。若溶液中有较多沉淀,则上离心机离心3min,静置后,取清液用孔径为0.45 μm的微孔滤膜过滤,滤液用于气相色谱—质谱法分析。

5. 色谱—质谱分析条件

(1)色谱条件:DB-5MS石英毛细柱30m×0.25mm×0.25μm;进样口温度:280℃,不分流进样1μL,1.0 min后开阀流量为90 mL/min;色谱—质谱接口温度:280℃;载气:氦气(纯度≥99.999%),流速1.0 mL/min;柱温:起始温度100℃,保留1min,以15℃/min升至250 ℃,保留1min,再以5℃/min升至280℃,保留10min。

(2)质谱条件:电离源:EI;电子能量:70eV;离子源温度:230℃;四极杆温度:150℃;溶剂延迟:4 min;质量扫描范围:15~550amu。图6.1为标准溶液的GC/MS总离子流图。

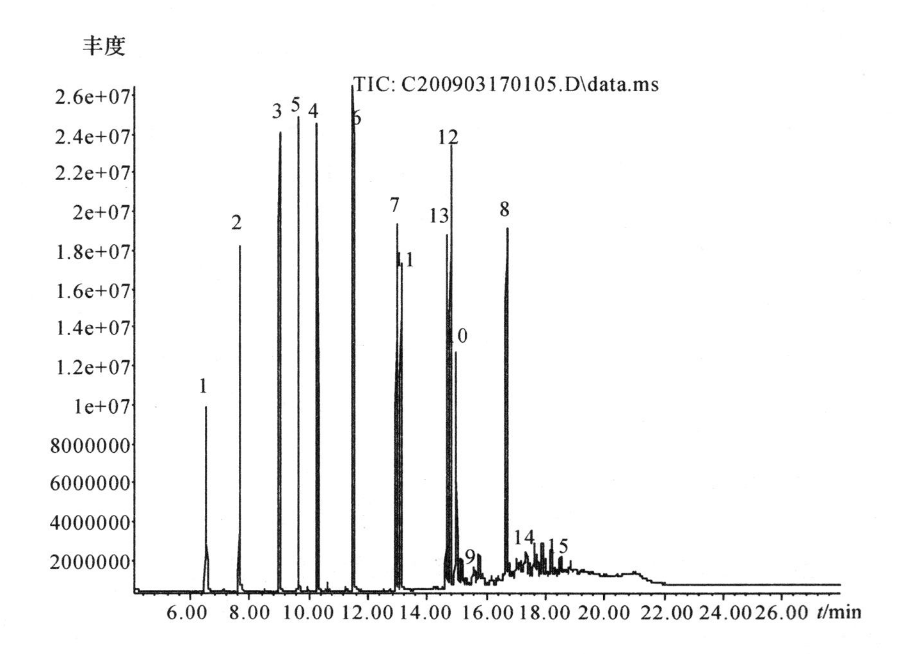

1. DMP;2. DEP;3. DPrP;4. DBP;5. DIBP;6. DPP;7. DHP;8. DOP;
9. DIOP;10. DPhP;11. BBP;12. DEHP;13. DCHP;14. DINP;15. DIDP

图 6.1 标准溶液的 GC/MS 总离子流图

6.2.1.2 结果与讨论

1. 提取溶剂选择

考察了正己烷、甲醇、丙酮、二氯甲烷、正己烷—异丙醇(1+1)、二氯甲烷—丙酮(1+1)不同提取溶剂的试验情况。结果表明:以二氯甲烷—丙酮(1+1)提取效率最高。因此试验选择二氯甲烷—丙酮(1+1)作为提取剂。

2. 提取时间选择

考察了 5、10、20、30、40、60min 不同超声提取时间对测定的影响。结果表明,即使黏度很大的涂料,超声 10min 也足以将涂料中的 HBCD 提取出来,超声时间更长并不会使检测结果变得更高;但若超声时间过短,有部分黏度特别大的涂料不易溶解或分散,使得结果偏低。因此试验选择超声提取时间为 10min。

3. 方法的线性范围、回收率、相对标准偏差和测定下限

在优化后的实验条件下,分别用 5 个不同浓度的标准工作溶液对 15 种增塑剂建立校准曲线，在 0～100 mg/L 浓度范围内，线性相关系数均>0.998；以信噪比 S/N=10 计算，得到 15 种增塑剂的测定下限为 25～50 mg/kg，完全满足目前国内外对邻苯二甲酸酯含量的限制标准要求；对 2 种不同的 PVC 制品分别添加 5 mg/L 和 50 mg/L 两个浓度水平的标样进行加标回收实验，两个浓度水平的加标回收率在 82.7%～112.4%；对 2 个加标后的样品各进行 8 次重复性实验，15 种增塑剂检测结果的相对标准偏差（RSD）在 2.15%～5.77%，实验结果见表 6.1。

表 6.1　方法的线性关系、回收率、精密度和测定下限

增塑剂	线性方程	相关系数	平均加标回收率/%		相对标准偏差 RSD/%		测定下限/(mg/kg) S/N=10
			1#	2#	1#	2#	
DMP	$Y=1.938\times105x+1.324\times10^4$	0.9998	92.3	98.4	2.86	2.29	25
DEP	$Y=1.906\times105x+2.512\times10^4$	0.9999	91.7	94.6	3.53	3.11	25
DPrP	$Y=2.433\times105x+5637$	0.9997	96.2	102.6	3.26	2.40	25
DBP	$Y=2.403\times10^5x-6679$	0.9991	88.1	92.3	3.38	4.01	25
DIBP	$Y=2.572\times10^5x+1.740\times10^4$	0.9999	92.3	96.4	3.64	2.85	25
DPP	$Y=2.629\times10^5x+2.252\times10^4$	0.9986	91.8	105.4	2.41	2.67	25
DHP	$Y=3.227\times10^5x+4.771\times10^4$	0.9997	94.2	92.9	3.13	2.79	25
DOP	$Y=1.483\times10^5x+1.057\times10^4$	0.9994	104.6	112.4	3.44	2.24	25
DIOP	$Y=2.719\times10^5x+1.648\times10^4$	0.9991	95.9	93.4	2.71	3.08	25
DPhP	$Y=2.400\times10^5x+5746$	0.9998	97.4	108.8	3.05	2.56	25
BBP	$Y=2.430\times10^5x-1.083\times10^4$	0.9994	96.2	95.3	3.63	3.14	25
DEHP	$Y=2.734\times10^5x+9564$	0.9996	95.9	98.0	2.74	2.15	25
DCHP	$Y=3.892\times10^5x+4.525\times10^4$	0.9998	95.2	105.1	4.29	3.62	25
DINP	$Y=2.509\times10^5x-7.273\times10^4$	0.9988	85.9	88.6	4.84	4.20	50
DIDP	$Y=5.212\times10^4x-8529$	0.9985	84.3	82.7	5.77	4.52	50

6.2.2　方法二（HPLC 法）

6.2.2.1　实验部分

1. 试剂

甲醇、乙腈：色谱纯。无水硫酸钠：400℃干燥 4h，于干燥器中冷至室温，放置 12h 后使用。

邻苯二甲酸二甲酯(DMP)、邻苯二甲酸二乙酯(DEP)、邻苯二甲酸二丙酯(DPrP)、邻苯二甲酸二丁酯(DBP)、邻苯二甲酸丁基苄基酯(BBP)、邻苯二甲酸二戊酯(DAP)、邻苯二甲酸二己酯(DHP)、邻苯二甲酸二(2-乙基己基)酯(DEHP)、邻苯二甲酸二正辛酯(DNOP)、邻苯二甲酸二异壬酯(DINP)、邻苯二甲酸二异癸酯(DIDP)标准储备溶液:分别准确称取适量的各种邻苯二甲酸酯标准品,用甲醇配制成浓度为1000 μg/mL的标准储备液,并根据需要用甲醇将混合标准储备溶液(4.15)逐级稀释成适用浓度的系列混合标准工作溶液。

2. 仪器和设备

高效液相色谱仪:配二极管阵列检测器。

离心机。

超声波清洗器:工作频率40 kHz。

玻璃样品瓶:40 mL。

过滤膜:聚四氟乙烯薄膜滤头,0.45 μm。

3. 分析步骤

(1)样品前处理

称取0.25 g(精确至0.1 mg)试样于40 mL玻璃样品瓶中(5.4),加入无水硫酸钠(4.3)搅拌至样品近干,加入5 mL甲醇(4.1),摇匀后,超声提取10min。取出样品瓶,以3000 r/min离心5min,取上层清液用过滤膜(5.5)过滤,滤液供高效液相色谱测定。

(2)HPLC测定条件

色谱柱:Eclipse-XDB C8柱,150 mm×4.6 mm,5 μm;柱温:35℃;流动相:水(A)和乙腈(B),梯度洗脱程序:0～20min,30% B～90% B;20～35min,90% B～100% B;35～35.1min,100% B～30% B;35.1～50min,30% B;流动相流速:1.2 mL/min;检测波长:224 nm;进样量:20 μL。

11种邻苯二甲酸酯类化合物的线性范围为5～500 mg/L。外标法定量。

6.2.2.2 结果与讨论

1. 色谱柱的选择

比较了C8柱、C18柱、苯基柱和CN-3柱四种柱子对11种PAEs标准品的分离情况。实验结果表明,采用苯基柱时,出峰较快,导致BBP和DBP,以及DEHP和DnOP的色谱峰紧靠在一起,不利于分析;采用CN-3柱时,DEHP,DNOP,DINP,DIDP四种物质均未达到基线分离;采用C18柱和C8柱分离时,11种邻苯二甲酸酯均得到有效的分离,但C18柱分离的DINP和DIDP出峰时间拖后,且峰形分散杂乱,灵敏度低。C8柱对DEHP和DNOP的分离效果不如

C18 完全，但不影响结果分析。综合比较，本实验选择使用 C8 柱。

2. 流动相的选择

分别采用水/乙腈和水/甲醇作为流动相进行梯度淋洗。结果表明，用甲醇作为流动相时，随出峰时间，基线直线抬高，严重干扰测定。在低波段甲醇对紫外光有很强的吸收，尤其是采用梯度淋洗程序时，表现得尤为显著。而乙腈对紫外光的吸收较弱，对实验测定干扰小，因而本实验选用乙腈作为流动相。

3. 样品提取液的选择

分别用甲醇、乙腈和丙酮为提取液，对加标样品进行提取，比较不同提取液的提取效果。结果表明，采用乙腈和丙酮为提取液时，提取出的基体杂质较多，对待测物质的色谱峰分析带来干扰大。特别是对出峰时间 15min 之后的色谱峰的影响严重。而选用甲醇为提取液，提取的杂质较少，因此，本实验选取甲醇作为提取液。

4. 工作曲线及线性范围

配制浓度为 5、10、50、100、250 和 500 mg/L 的 11 种邻苯二甲酸酯混合标准溶液系列，按本实验建立的 HPLC 方法依次进行测定，外标法定量。以峰面积（y 轴）对浓度（x 轴）绘制标准曲线，采用线性回归计算。线性回归方程及相关系数见表 6.2。结果表明：11 种邻苯二甲酸酯在 5～500 mg/kg 范围内浓度与峰面积呈现良好的线性关系，相关系数为 0.998～1.000。

表 6.2　LC-DAD 法分析 PAEs 的回归方程和相关系数

序号	PAE	回归方程	相关系数(r)
1	DMP	$y=37.928x+80.599$	0.9997
2	DEP	$y=41.938x+289.94$	0.9981
3	DPrP	$y=33.796x+102.97$	0.9998
4	BBP	$y=29.416x+94.785$	0.9997
5	DBP	$y=29.502x+60.745$	0.9998
6	DAP	$y=26.717x+27.81$	0.9999
7	DHP	$y=22.348x+11.444$	0.9999
8	DEHP	$y=20.957x+3.9476$	0.9999
9	DnOP	$y=20.668x+0.3564$	1.0000
10	DiDP	$y=21.992x-10.13$	1.0000
11	DiNP	$y=18.353x-20.482$	1.0000

5. 回收率、精密度和测定低限

本研究对不含邻苯二甲酸酯的涂料为基质进行0.02%、0.1%、1.0%三个水平的标准添加回收实验，每个添加浓度平行操作7次。回收率和精密度数据见表6.3。结果表明：三水平的回收率一般集中在92%～101%，方法的准确度高、精密度好。按信噪比(S/N)大于10计算，本方法的测定低限(LOQ)为0.02%。

表6.3 醋酸乙烯—丙烯酸水性平面内墙涂料的回收实验结果(n=7)

邻苯二甲酸酯 PAEs	添加水平/%	测定值/%	平均值/%	平均回收率/%	相对标准偏差/%
DMP	0.02	0.0195 0.0194 0.0195 0.0193 0.0194 0.0198 0.195	0.0195	97.43	0.81
	0.1	0.0995 0.0998 0.0986 0.0985 0.0981 0.0981 0.0973	0.0986	98.56	0.87
	1	0.999 1.004 1.008 1.007 1.005 1.003 1.000	1.004	100.37	0.33
DEP	0.02 0	0.0196 0.0197 0.0197 0.0196 0.0197 0.0200 .0197	0.0197	98.57	0.68
	0.1	0.0999 0.1002 0.0989 0.0988 0.0985 0.0985 0.0978	0.0989	98.94	0.85
	1	0.981 0.993 0.985 0.997 1.001 0.999 0.989	0.992	99.21	0.75

续表

邻苯二甲酸酯 PAEs	添加水平/%	测定值/%			平均值/%	平均回收率/%	相对标准偏差/%
DPrP	0.02	0.0191 0.0192 0.0193	0.0193 0.0193	0.0194 0.0195	0.0193	96.50	0.67
	0.1	0.0985 0.0977 0.0957	0.0987 0.0969	0.0979 0.0969	0.0975	97.47	1.08
	1	0.988 1.001 0.991	0.992 1.000	0.984 0.998	0.993	99.34	0.65
BBP	0.02	0.0198 0.0197 0.0196	0.0198 0.0199	0.0197 0.0201	0.0198	99.00	0.82
	0.1	0.0988 0.0966 0.0947	0.0980 0.0967	0.0967 0.0968	0.0969	96.90	1.32
	1	0.957 0.991 0.974	0.987 1.007	0.944 1.004	0.981	98.06	2.40
DBP	0.02	0.0187 0.0188 0.0187	0.0187 0.0188	0.0188 0.0192	0.0188	94.07	0.94
	0.1	0.0987 0.0981 0.0960	0.0990 0.0972	0.0995 0.0971	0.0979	97.94	1.26
	1	0.999 1.003 0.999	0.997 1.008	0.988 1.002	0.999	99.94	0.62

续表

邻苯二甲酸酯 PAEs	添加水平/%	测定值/%			平均值/%	平均回收率/%	相对标准偏差/%
DAP	0.02	0.0188	0.0190	0.0189	0.0190	94.93	0.71
		0.0189	0.0191	0.0192			
		0.0190					
	0.1	0.1008	0.1004	0.0996	0.0993	99.33	1.08
		0.0993	0.0988	0.0988			
		0.0976					
	1	0.982	0.992	0.988	0.990	98.99	0.61
		0.999	0.991	0.994			
		0.983					
DHP	0.01	0.0195	0.0196	0.0196	0.0196	98.14	0.70
		0.0195	0.0197	0.0199			
		0.0196					
	0.1	0.0994	0.1000	0.0986	0.0987	98.69	0.82
		0.0988	0.0981	0.0983			
		0.0976					
	1	0.995	1.005	0.996	1.001	100.13	0.66
		1.011	1.004	1.005			
		0.993					
DEHP	0.02	0.0196	0.0197	0.0197	0.0197	98.50	0.51
		0.0196	0.0197	0.0199			
		0.0197					
	0.1	0.0998	0.1001	0.0988	0.0989	98.93	0.80
		0.0989	0.0985	0.0986			
		0.0978					
	1	1.003	1.008	1.008	1.007	100.71	0.31
		1.012	1.008	1.007			
		1.003					

续表

邻苯二甲酸酯 PAEs	添加水平/%	测定值/%	平均值/%	平均回收率/%	相对标准偏差/%
DnOP	0.02	0.0195　0.0196　0.0196 0.0196　0.0197　0.0198 0.0197	0.0196	98.21	0.50
	0.1	0.0998　0.1001　0.0989 0.0990　0.0984　0.0986 0.0978	0.0989	98.84	0.80
	1	0.996　1.006　0.997 1.012　1.006　1.007 0.997	1.003	100.30	0.63
DiNP	0.02	0.0191　0.0186　0.0189 0.0199　0.0192　0.0199 0.0201	0.0194	96.93	2.98
	0.1	0.0991　0.0996　0.0984 0.0997　0.0995　0.0993 0.0993	0.0993	99.27	0.44
	1	0.950　0.979　0.973 0.978　0.995　0.979 1.009	0.980	98.04	1.87
DiDP	0.02	0.0195　0.0193　0.0200 0.0197　0.0199　0.0190 0.0200	0.0196	98.14	1.94
	0.1	0.0977　0.0997　0.0972 0.0998　0.0983　0.0997 0.0979	0.0986	98.61	1.11
	1	1.007　0.980　0.989 1.012　0.994　0.976 0.995	0.993	99.33	1.32

6.2.3 结论

本部分建立了适用于测定水性涂料和溶剂型涂料中邻苯二甲酸酯类增塑剂的 GC-MS 法和 HPLC 法，该方法操作简便，适用性强，分析时间短，灵敏度高，重现性好，结果准确可靠，能够满足检测工作的实际需要。

第7章　车用涂料中溴系阻燃剂分析技术

7.1　概　述

涂料中的防火剂种类很多，主要有溴系阻燃剂、有机磷酸盐阻燃剂、氢氧化镁或铝等无机阻燃剂等。其中溴系阻燃剂是非常重要的一类阻燃剂，因为其价格低廉，防火效果好。目前在防火涂料中被使用的溴系阻燃剂主要有多溴二苯醚、六溴环十二烷和四溴双酚 A。

7.2　车用涂料中多溴联苯和多溴二苯醚的测定

多溴联苯(Polybrominated Biphenyls，PBBs)和多溴二苯醚(Polybrominated Diphenyl Ethers，PBDEs)，是一系列含溴原子的芳香族化合物，根据苯环上溴原子的个数和位置的不同，多溴联苯和多溴二苯醚均各有 209 种同分异构体。尤其是多溴二苯醚，因其独特的结构性质，目前仍然是世界上使用最为广泛的阻燃剂，在塑料、橡胶、涂料、纺织品等材料中广泛使用。

但早已有研究表明，PBB 和 PBDE 都是对人体健康和环境安全有高度危害性的物质，尤其是对人的生殖健康和遗传有很强的毒性，而且进入人体后难以排出，在环境中也难以降解，属于持久性污染物，因此已经陆续被欧盟、美国、日本及中国等国家和地区禁用。

7.2.1　实验部分

7.2.1.1　仪器与试剂

气相色谱—质谱联用仪(美国安捷伦公司，7890A-5975C 型)；超声发生器(德国 ELMA 公司，S30H 型)；分析天平(德国赛多利斯 BSA224S 型，感量0.1 mg)；离心机(德国 Hettich，EBA20 型)。

多溴联苯混合标准溶液，多溴联苯醚混合标准溶液。正己烷、二氯甲烷、甲醇等色谱纯有机溶剂;硅胶固相萃取柱(500 mg/6mL)。

7.2.1.2 样品前处理

1. 样品制备

将涂料样品充分混合均匀。称取样品 0.1~1.0 g,精确至 0.0001 g,放入 SCHOTT 反应瓶中,加入 20 mL 正己烷和二氯甲烷混合溶剂,常温下超声 30 min。

2. 样品净化

用少量正己烷和二氯甲烷混合溶剂润湿硅胶固相萃取柱,提取液移入硅胶固相萃取柱进行净化,分别用 20 mL 正己烷和二氯甲烷混合溶剂洗涤样品两次,洗涤液均通过硅胶固相萃取柱净化,合并净化后的提取液于 100 mL 圆底烧瓶中,旋转蒸发仪浓缩至 1 mL 左右,定容 2.5 mL(若有沉淀,离心后取上层清液),0.22 μm 薄膜过滤后,等待 GC-MS 分析。

3. 气相色谱和质谱条件

在色谱柱的选择上,由于方法涉及的多种阻燃剂都属于高沸点化合物,普通的 DB-5MS(30 m×250 μm×0.25 μm)色谱柱的最高温度只能达到 325 ℃,几个高沸点的阻燃剂都没法做出来,后来改用了 DB-5HT 高温柱,才能满足试验需要。由于方法涉及的阻燃剂分子量比较大,质谱中特征碎片的质荷比较大(最大特征碎片的质荷比高达 959),MS 检测器测得的信号较低,为了提高检测器的灵敏度,我们采用脉冲不分流进样。由于测试结果取决于所使用仪器,因此不可能给出色谱分析的通用参数。设定的参数应保证色谱测定时被测组分与其他组分能够得到有效的分离,以下的仪器参数证明是可行的。

a. 色谱柱:DB-5HT,15 m×250 μm×0.10 μm 或其他相当的色谱柱;

b. 载气:氦气,纯度≥99.999%;

c. 载气流量:1.8 mL/min;

d. 进样方式:脉冲不分流进样,压力 20 psi,1.8 min 后开阀;

e. 进样口温度:280 ℃;

f. 进样量:1.0 μL;

g. 溶剂延迟时间:4 min;

h. 程序升温步骤:

$90℃(3\ min)\xrightarrow{20℃/min}320\ ℃(3\ min)$;

i. 后运行温度:340 ℃,保持 2 min;

j. 色谱—质谱接口温度:320 ℃;

k. 四极杆温度：150 ℃；

l. 离子源温度：250 ℃；

m. 质量扫描范围：100～1000 amu；

n. 测定方式：选择离子监测方式。

7.2.2 结果与讨论

7.2.2.1 样品前处理条件的选定

1. 提取方法的选择

由于涂料本身就是液体状态，因此只需用能与之相容的溶剂将其溶解或分散，使得 PBB 和 PBDE 溶解到提取溶剂中即可。最简便的方法就是超声提取法，成本低廉，操作简便，提取效果好，提取过程几乎没有损失。因此选择超声提取法。

2. 提取溶剂的选择

为了尽可能完全地将含溴阻燃剂从样品中提取出来，需要合适的提取溶剂。由于没有找到阳性样品，我们用自制含 PBB 和 PBDE 的阳性涂料样品进行试验，步骤为：在正戊烷中加入一定量的 PBB 和 PBDE，与涂料样品充分混合均匀，然后用搅拌器不断搅拌，让低沸点的正戊烷充分挥发，直至剩余的涂料体积与原来相差不大。我们分别做了五种溶剂的比对实验，分别是二氯甲烷和正己烷的体积比为 3∶2 的混合溶剂、二氯甲烷和丙酮的体积比为 1∶1 的混合溶剂、正己烷、丙酮、甲醇。经过比较，这几种溶剂的提取效果见表 7.1。考虑到前处理实验和仪器的特性，选取 $V_{二氯甲烷}:V_{正己烷}=3:2$ 的混合溶剂作为前处理实验中样品的提取溶剂。

表 7.1 提取溶剂的比对实验结果

提取溶剂	实验结果/(mg/L)		
	样品 1	样品 2	样品 3
$V_{二氯甲烷}:V_{正己烷}=3:2$	212.6	315.6	411.6
$V_{二氯甲烷}:V_{丙酮}=1:1$	219.0	240.9	380.1
正己烷	211.3	264.2	353.8
丙酮	220.0	221.0	385.5
甲醇	180.1	307.4	381.7

3. 超声提取时间的选择

参照 7.2.1.2 中的实验步骤，分别称取不同材质的样品各三份，进行不同超声提取时间的比对实验，实验结果如表 7.2 所示，发现提取 10 min 与提取 20、30 min的效果几乎相当。为节省操作时间，选取 10 min 作为实验的提取时间。

表 7.2 提取时间的比对实验结果

提取溶剂	实验结果/(mg/L)		
	样品 1	样品 2	样品 3
10min	187.9	242.4	355.3
20min	193.1	215.6	321.6
30min	187.6	251.0	370.6

7.2.2.2 多溴联苯和多溴二苯醚的定性

根据试液中目标物的含量情况，选取浓度相近的标准工作溶液，标准工作溶液和试液中目标物的响应值均应在仪器的线性范围内。在上述气相色谱—质谱条件下，各种阻燃剂的保留时间、特征离子如表 7.3 和 7.4 所示，总离子流图见图 7.1 和 7.2。如果试液与标准工作溶液的选择离子色谱图中，在相同保留时间有色谱峰出现，则根据特征离子碎片及其丰度比对其进行确证。

表 7.3 多溴联苯的分子式、分子量、特征选择离子和保留时间

化学名称	分子式	特征离子/amu					保留时间/min
		定性				定量	
一溴联苯	$C_{12}H_9Br$	234	232	153	152	232	5.352
二溴联苯	$C_{12}H_8Br_2$	314	312	310	152	312	7.010
三溴联苯	$C_{12}H_7Br_3$	392	390	230	150	390	7.962
四溴联苯	$C_{12}H_6Br_4$	470	468	310	150	470	9.178
五溴联苯	$C_{12}H_5Br_5$	550	469	390	388	550	9.921
六溴联苯	$C_{12}H_4Br_6$	628	468	466	308	628	10.623
七溴联苯	$C_{12}H_3Br_7$	705	703	546	544	546	12.550
八溴联苯	$C_{12}H_2Br_8$	785	707	705	466	705	13.153
九溴联苯	$C_{12}HBr_9$	864	785	783	544	785	14.225
十溴联苯	$C_{12}Br_{10}$	944	942	786	624	786	14.772

表 7.4　多溴二苯醚的分子式、分子量、特征选择离子和保留时间

化学名称	分子式	特征离子/amu					保留时间/min
		定性				定量	
一溴二苯醚	$C_{12}H_9BrO$	250	248	169	141	248	6.105
二溴二苯醚	$C_{12}H_8Br_2O$	330	328	326	168	328	7.762
三溴二苯醚	$C_{12}H_7Br_3O$	408	406	248	246	406	8.964
四溴二苯醚	$C_{12}H_6Br_4O$	488	486	326	324	486	10.257
五溴二苯醚	$C_{12}H_5Br_5O$	566	564	406	404	564	11.241
六溴二苯醚	$C_{12}H_4Br_6O$	646	644	484	482	484	12.453
七溴二苯醚	$C_{12}H_3Br_7O$	724	722	562	564	564	12.953
八溴二苯醚	$C_{12}H_2Br_8O$	801	644	642	640	642	13.742
九溴二苯醚	$C_{12}HBr_9O$	881	723	721	719	881	14.565
十溴二苯醚	$C_{12}Br_{10}O$	959	801	799	797	799	15.557

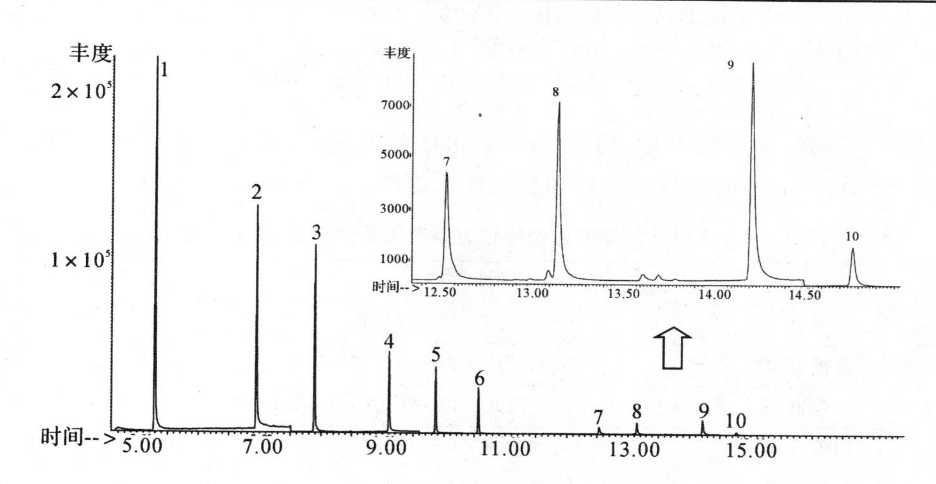

（1：2-溴联苯；2：2,5-二溴联苯；3：2,4,6-三溴联苯；4：2,2′,5,5′-四溴联苯；5：2,2′,4,5,6-五溴联苯；6：2,2′,4,4′,6,6′-六溴联苯；7：2,2′,3,4,4′,5,5′-七溴联苯；8：2,2′,3,3′,4,5,6,6′-八溴联苯；9：2,2′,3,3′,4,4′,5,5′,6-九溴联苯；10：十溴联苯）

图 7.1　多溴二苯醚的 GC-MS 总离子流图

7.2.2.3　标准曲线线性范围

分别配置多溴联苯和多溴二苯醚的混合标准溶液，甲醇稀释并定容，浓度分别为 0.15、0.25、0.50 和 2.00 mg/kg 的混合标准溶液；取上述混合标准溶液进

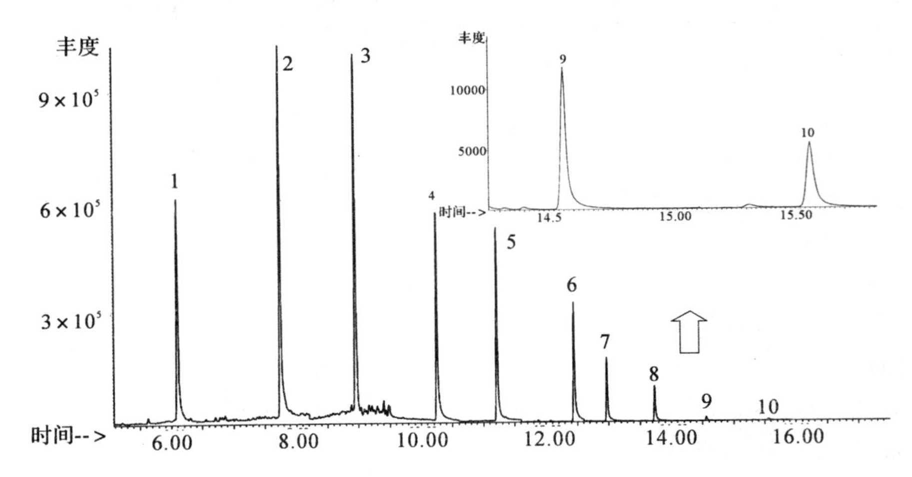

(1：4-溴二苯醚；2：4,4′-二溴二苯醚；3：3,3′,4-三溴二苯醚；4：3,3′,4,4′-四溴二苯醚；5：2,2′,3,4,4′-五溴二苯醚；6：2,2′,3,3′,4,4′-六溴二苯醚；7：2,3,3′,4,4′,5,6-七溴二苯醚；8：2,3,3′,4,4′,5,5′,6-八溴二苯醚；9：2,2′,3,3′,4,4′,5,5′,6-九溴二苯醚；10：十溴二苯醚)

图 7.2 多溴二苯醚的 GC-MS 总离子流图

行 GC-MS 测试，并分别做出其对应的标准工作曲线(多溴联苯和多溴二苯醚的 GC-MS 标准工作曲线线性方程和相关性系数如表 7.5 和 7.6 所示)。

表 7.5 多溴联苯的标准曲线线性方程和相关性系数(C 单位为 μg/L)

化学名称	线性方程	相关性系数 R
一溴联苯	$A=348.4\times C-147.1$	0.999913
二溴联苯	$A=283.1\times C-440.7$	0.999945
三溴联苯	$A=175.0\times C-291.8$	0.999978
四溴联苯	$A=78.8\times C-1695$	0.999746
五溴联苯	$A=43.99\times C-271.0$	0.999871
六溴联苯	$A=32.45\times C-544.5$	0.999811
七溴联苯	$A=4.426\times C-4717$	0.997641
八溴联苯	$A=0.4272\times C-19.99$	0.998846
九溴联苯	$A=1.193\times C-1935$	0.995156
十溴联苯	$A=0.1447\times C-4.95$	0.998957

表 7.6 多溴联苯醚的标准曲线线性方程和相关性系数(C 单位:μg/L)

化学名称	线性方程	相关性系数
一溴二苯醚	$A=226.6\times C+8130$	0.997393
二溴二苯醚	$A=207.1\times C+5962$	0.998249
三溴二苯醚	$A=96.71\times C+145.6$	0.999650
四溴二苯醚	$A=49.59\times C-1445$	0.999822
五溴二苯醚	$A=26.43\times C-1859$	0.999217
六溴二苯醚	$A=20.1\times C-2382$	0.998910
七溴二苯醚	$A=49.59\times C-1445$	0.997973
八溴二苯醚	$A=7.196\times C-882$	0.997990
九溴二苯醚	$A=0.6964\times C-117.4$	0.994309
十溴二苯醚	$A=0.5561\times C-96.77$	0.994332

7.2.2.4 检测限

本方法用 0.150 mg/L 标样的质谱图计算各种多溴联苯和多溴二苯醚的信噪比,以 3 倍信噪比定义为方法的检出限;以 10 倍信噪比定义为方法的定量限。多溴联苯和多溴二苯醚 GC-MS 方法检出限和定量限计算结果如表 7.7 和 7.8 所示。

表 7.7 多溴联苯的检出限和定量限 (单位: mg/L)

	一溴联苯	二溴联苯	三溴联苯	四溴联苯	五溴联苯	六溴联苯	七溴联苯	八溴联苯	九溴联苯	十溴联苯
检出限	5.22×10^{-5}	3.19×10^{-5}	1.92×10^{-5}	6.64×10^{-5}	2.75×10^{-4}	3.79×10^{-5}	8.74×10^{-4}	3.38×10^{-4}	1.15×10^{-3}	2.71×10^{-3}
定量限	1.76×10^{-4}	1.06×10^{-4}	6.40×10^{-5}	2.20×10^{-4}	9.17×10^{-4}	1.26×10^{-4}	2.92×10^{-3}	1.13×10^{-3}	3.84×10^{-3}	9.04×10^{-3}

表 7.8 多溴联苯醚的检出限和定量限 (单位: mg/L)

	一溴二苯醚	二溴二苯醚	三溴二苯醚	四溴二苯醚	五溴二苯醚	六溴二苯醚	七溴二苯醚	八溴二苯醚	九溴二苯醚	十溴二苯醚
检出限	2.56×10^{-4}	2.48×10^{-5}	3.00×10^{-5}	1.07×10^{-4}	1.10×10^{-4}	6.42×10^{-4}	5.63×10^{-4}	1.92×10^{-3}	4.14×10^{-3}	7.62×10^{-3}
定量限	8.55×10^{-4}	8.28×10^{-5}	1.00×10^{-4}	3.58×10^{-4}	3.65×10^{-4}	2.14×10^{-3}	1.88×10^{-3}	6.42×10^{-3}	0.014	0.025

7.2.2.5 方法的精密度和准确度

选择 3 组共 18 份空白基质样，按加标质量浓度 2、4 和 6 mg/kg 分别试验，利用单点校正的方法计算每个样品中分析物的浓度、相对标准偏差和回收率。本节选择了国际公约、地方法规中明确限制使用的六溴联苯及十溴联苯醚作为分析物，计算其回收率和变异系数。计算得到目标分析物的回收率和变异系数如表 7.9、7.10 和 7.11 所示。

表 7.9 目标分析物的回收率和变异系数(样品 1)

物质名称		六溴联苯			十溴联苯醚		
加标质量浓度/(mg/kg)		2	4	6	2	4	6
测试次数	1	1.88	3.66	6.47	1.92	4.24	6.23
	2	1.94	3.84	6.15	1.7	3.71	5.17
	3	2.1	4.05	5.67	2.06	3.43	5.64
	4	2.23	3.39	5.78	1.88	3.82	5.78
	5	1.75	3.74	6.07	2.15	4.07	5.24
	6	2.05	4.16	5.51	2.17	3.56	5.56
平均值/(mg/kg)		1.99	1.99	3.81	5.94	1.98	3.81
标准偏差/(mg/kg)		0.17	0.17	0.28	0.35	0.18	0.31
相对标准偏差 RSD/%		8.56	8.56	7.29	5.95	9.13	8.05
回收率范围/%		87.5～113.5	84.8～104	91.8～107.8	85.0～108.5	85.8～106.0	86.2～103.8

表 7.10 目标分析物的回收率和变异系数(样品 2)

物质名称		六溴联苯			十溴联苯醚		
加标质量浓度/(mg/kg)		2	4	6	2	4	6
测试次数	1	2.06	3.76	5.23	1.89	3.66	5.84
	2	1.66	3.96	5.39	2.17	3.84	5.64
	3	1.87	3.37	5.84	1.69	4.05	5.21
	4	1.79	3.44	6.2	1.82	3.39	4.96
	5	1.93	3.61	5.44	2.04	3.74	5.5
	6	1.83	3.59	5.71	1.82	4.16	5.13
平均值/(mg/kg)		1.86	1.86	3.62	5.64	1.91	3.81
标准偏差/(mg/kg)		0.13	0.13	0.21	0.35	0.17	0.28
相对标准偏差 RSD/%		7.26	7.26	5.94	6.29	9.07	7.29
回收率范围/%		83.0～103.0	84.3～99	87.2～103.3	84.5～108.5	85.8～104.0	82.7～97.3

表 7.11　目标分析物的回收率和变异系数(样品 3)

物质名称		六溴联苯			十溴联苯醚		
加标质量浓度/(mg/kg)		2	4	6	2	4	6
测试次数	1	1.90	3.77	6.38	1.65	3.86	5.59
	2	1.64	3.74	6.24	1.77	3.45	5.40
	3	1.81	3.33	5.77	2.04	3.38	5.09
	4	1.74	3.54	5.63	1.94	3.31	5.17
	5	1.67	3.67	5.48	1.61	3.43	5.62
	6	1.75	3.85	5.53	1.80	3.82	6.02
平均值/(mg/kg)		1.75	1.75	3.65	5.84	1.80	3.54
标准偏差/(mg/kg)		0.09	0.09	0.19	0.38	0.17	0.24
相对标准偏差 RSD/%		5.40	5.40	5.16	6.53	9.18	6.68
回收率范围 /%		82.0～95.0	83.3～96.3	91.3～106.3	80.5～102.0	82.8～96.5	84.8～100.3

7.2.3　结论

本研究建立的超声萃取—气相色谱—质谱联用同时测定涂料中多溴阻燃剂的方法，分析物包括 10 种多溴联苯和 10 种多溴联苯醚，在 0.15～2.00 mg/L 范围内相关系数均大于 0.99，检出限(S/N＝3)在 3.0×10^{-5}～7.6×10^{-3}。样品检测低限 2.0 mg/kg，回收率在 80.5%～108.5%范围，标准偏差 RSD(n＝6)在 5.4%～9.18%。相比现有方法具有更高的效率、更简便、更环保的前处理过程，且各项性能满足实际样品分析要求。

7.3　车用涂料中六溴环十二烷的测定

六溴环十二烷(1,2,5,6,9,10-六溴环十二烷，HBCD)是一种高效阻燃剂，广泛应用于塑料制品、纺织品、涂料与黏合剂等产品中，现已成为世界上仅次于十溴二苯醚和四溴双酚 A 的第三大用量的阻燃剂。但研究发现 HBCD 对生物体具有持久性、蓄积性的毒害作用。欧盟的 REACH 指令和挪威的 PoHS 指令均将其列入限用物质名单，规定其在消费品中含量不得高于 0.1%。

目前，国际上对 HBCD 的检测方法研究主要集中在对环境、食品和生物体内 HBCD 的检测，对涂料中 HBCD 的检测方法尚未见有公开报道。由于 HB-

CD理论上有16种异构体，包括(±)α-HBCD、β-HBCD、γ-HBCD、δ-HBCD、ε-HBCD、g-HBCD等类型，工业用HBCD中以α-HBCD、β-HBCD、γ-HBCD三种非对映异构体居多，已公开报道的检测方法基本上都是液相色谱—质谱法，即分别检测α-HBCD、β-HBCD、γ-HBCD三种异构体的含量，然后加和得到HBCD的总含量。但由于REACH指令和PoHS指令均针对HBCD在产品中的总量规定限值，且分别测定3种异构体的含量需要用到价格昂贵的标准物质，本研究在对检测条件充分优化的基础上，采用GC-MS法测定涂料中六溴环十二烷总含量。

7.3.1 实验部分

7.3.1.1 仪器与试剂

六溴环十二烷：标准品，Dr. E公司；标准溶液配制过程中所用试剂均为色谱纯。

硅胶SPE小柱：3 mL/500 mg，Waters公司；7890A/5975C型气相色谱—质谱联用仪，Agilent公司；TurboVap Ⅱ型平行蒸发定量浓缩仪(带定量浓缩瓶)，Caliper Life Sciences公司。

7.3.1.2 实验方法

1. 样品处理

准确称取均匀的涂料样品0.5g(精确至1 mg)，置于10 mL具塞比色管内，加入10 mL二氯甲烷—丙酮(1+1)混合溶剂，常温下超声提取10min，摇匀。用5 mL丙酮活化硅胶SPE小柱，弃去活化液。上样，将提取液全部转移至小柱上，并用30 mL丙酮分5～6次冲洗比色管，用冲洗液继续洗脱小柱，将洗脱液合并收集至定量浓缩瓶内，用平行蒸发定量浓缩仪浓缩。当液面降至接近瓶底部1 mL刻度线处时，取下浓缩瓶，用3 mL丙酮冲洗浓缩瓶内壁，继续浓缩直至1 mL，用GC-MS仪测定。随同试样进行空白试验。

2. 标准工作溶液

将六溴环十二烷标准品用丙酮溶解并逐级稀释，配成质量浓度分别为1、2、5、10、20、50 mg/L的标准工作溶液。

3. 仪器工作条件

色谱柱：DB-5MS毛细管柱(15m×0.25mm×0.1μm)。柱温：初始温度150℃，保持2min；以15℃/min升至280℃，保持10min。进样口温度：200℃。进样量：1μL，不分流。载气为氦气，载气流量：1 mL/min。色谱—质谱接口温度：280℃。

电离源：EI，电子能量：70eV。离子源温度：230℃，四极杆温度：150℃。溶剂延迟时间：4min。质量扫描方式：全扫描模式（SCAN）与选择离子监测模式（SIM）同时进行，SCAN 扫描范围（质荷比 m/z）：35～650amu，SIM 监测离子（m/z）：239，401，561，563；定量离子（m/z）为 239。

7.3.2 结果与讨论

7.3.2.1 提取溶剂选择

考察了正己烷、甲醇、丙酮、二氯甲烷、正己烷—异丙醇（1＋1）、二氯甲烷—丙酮（1＋1）不同提取溶剂的试验情况。结果表明：以二氯甲烷—丙酮（1＋1）提取效率最高。因此试验选择二氯甲烷—丙酮（1＋1）作为提取剂。

7.3.2.2 提取时间选择

考察了 5、10、20、30、40、60min 不同超声提取时间对测定的影响。结果表明，即使黏度很大的涂料，超声 10min 也足以将涂料中的 HBCD 提取出来，超声时间更长并不会使检测结果变得更高；但若超声时间过短，有部分黏度特别大的涂料不易溶解或分散，使得结果偏低。因此试验选择超声提取时间为 10min。

7.3.2.3 净化小柱选择

考察了 C18、硅胶、中性氧化铝等 3 种常用固相萃取柱对同一样品提取液的净化效果。结果表明：经过 C18 柱和硅胶柱后的测定值十分接近，而中性氧化铝柱的测定值明显偏低；但与 C18 柱相比，硅胶柱的净化效果明显好得多，杂质峰更少。因此选择硅胶柱作为净化柱。

7.3.2.4 洗脱溶剂选择

考察了正己烷、甲醇、丙酮、二氯甲烷、正己烷—异丙醇（1＋1）、二氯甲烷—丙酮（1＋1）等溶剂的洗脱效果，结果表明：以丙酮、二氯甲烷、二氯甲烷—丙酮（1＋1）溶液为洗脱溶剂时的洗脱效率都很高。但是这三者相比较，用丙酮洗脱下来的杂质明显少于后二者，因此试验选择丙酮作为洗脱液。

7.3.2.5 色谱柱的选择

分别使用 DB-5MS（0.25mm×30m×0.25μm）和 DB-5MS（0.25mm×15m×0.1μm）两种不规格的石英毛细管柱，对同一浓度 HBCD 标准溶液进行测定，结果发现：HBCD 在 DB-5MS（0.25mm×30m×0.25μm）柱上出峰响应值很弱，而在 DB-5MS（0.25mm×15m×0.1μm）柱上响应值很高，表明选择柱长较短、固定相液膜较薄的色谱柱有利于提高 HBCD 的响应值，这与同样是沸点高、高温下易脱溴而分解的十溴二苯醚的气相色谱行为较为类似。试验选择 DB-5MS (0.25mm×15m×0.1μm)毛细管柱。

在 DB-5MS 毛细管柱上分别检测 α-HBCD、β-HBCD、γ-HBCD 3 种异构体的标准溶液,发现无论是保留时间,还是响应因子,都几乎完全一样。再将这三种异构体按比例配制成混合溶液后上机检测,结果发现混合后的总峰面积,与这三种异构体按各自所占质量分数进行加权后计算得到的峰面积完全相同,这说明 DB-5MS 柱对 α-HBCD、β-HBCD、γ-HBCD 三种异构体无论是保留时间,还是峰面积,均没有选择性,因此可以利用 DB-5MS 柱检测 HBCD 的总量。

用经过优化后的 GC/MS 检测条件,得到的标准溶液总离子流图见图 7.3。

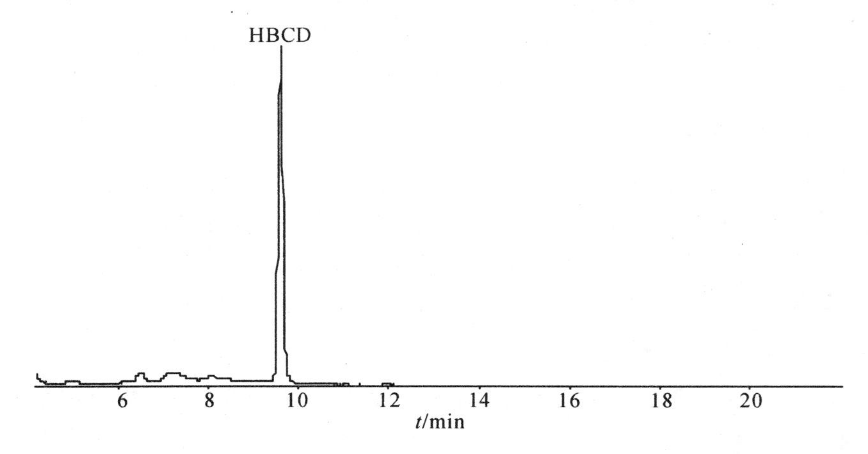

图 7.3　HBCD 标准溶液的总离子流图

对某环氧树脂涂料样品进行测定,得到的总离子流图见图 7.4。

7.3.2.6　标准曲线与测定下限

按试验方法对 HBCD 标准工作溶液系列进行测定,HBCD 的质量浓度在 1～50 mg/L范围内与峰面积呈线性关系,线性回归方程为 $y=4.63\times10^4x-8.78\times10^3$,相关系数为 0.9985。换算成实际样品,定性检出限(以 3 倍信噪比计)为 2 mg/kg,定量测定下限(以 10 倍信噪比计)为 10 mg/kg,可满足应对欧盟 REACH 指令和挪威 PoHS 指令的检测需求。

7.3.2.7　精密度与回收试验

按试验方法对含 HBCD 的两个涂料样品分别进行 3 个不同水平的加标回收试验,每个加标样平行测定 8 次,平均回收率和相对标准偏差(RSD)见表 7.12。平均回收率为 82.6%～106%,RSD 为 2.8%～5.3%,可见该方法具

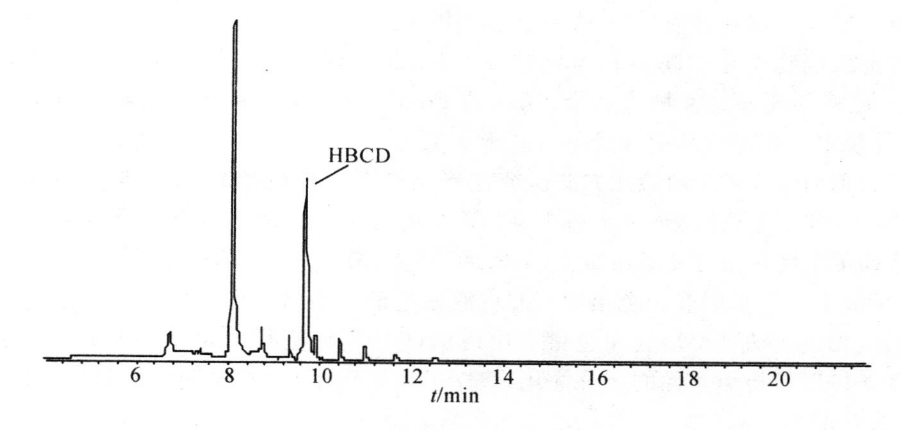

图7.4 某涂料样品的总离子流图

有较好的精密度和回收率。

表7.12 回收试验结果($n=8$)

样品名称	测定值 ρ/(mg/L)	添加量 ρ/(mg/L)	测定总量 ρ/(mg/L)	回收率 /%	RSD($n=8$) /%
环氧阻燃涂料	37.4	5	41.6	84.0	4.6
		20	58.0	103	3.8
		50	83.8	92.8	2.8
酚醛防火涂料	25.8	5	29.9	82.0	5.3
		20	44.7	94.5	3.7
		50	78.8	106	3.4

7.3.3 结论

本节利用GC-MS法测定涂料中的六溴环十二烷，方法操作简便，分析迅速，灵敏度高，重现性好，结果准确可靠，能够满足检测工作的实际需要。

7.4 车用涂料中四溴双酚A的测定

四溴双酚A(TBBPA)是一种高效阻燃剂，广泛用作反应型阻燃剂添加到各种塑料制品、橡胶及涂料等中，现已成为世界上仅次于十溴二苯醚的第二大用量的阻燃剂。但研究发现TBBPA对生物体具有持久性、蓄积性的毒害作用，长期接触会妨碍大脑和骨骼发育；而且含 TBBPA 的废弃物在被焚化处理时，会释放出极易致癌物溴化二噁英和溴化呋喃。《东北大西洋海洋环境保护条例》OSPAR 已将其列入危害物质名录，挪威的 PoHS 指令也已将其列入限用物质清单，并规定其在消费品中含量不得高于 0.1%。

目前对 TBBPA 的检测方法研究主要集中在对环境样品、生物样品及塑料制品中 TBBPA 的检测，对涂料中 TBBPA 的检测方法尚未见有公开报道。由于 TBBPA 具有相对分子质量大(543.9)、沸点高(316 ℃)且高温下易分解等特点，目前主要是采用液相色谱法(LC)、液相色谱—质谱联用法(LC-MS)或衍生化后气相色谱法(GC)、气相色谱—质谱法(GC-MS)进行测定。本节通过对前处理条件以及检测条件的充分优化，建立了无须衍生化、直接测定涂料中 TBBPA 含量的 GC-MS 法。

7.4.1 实验部分

7.4.1.1 实验试剂

四溴双酚 A：标准品，Dr. E 公司；二氯甲烷、丙酮、正己烷：色谱纯，Tedia 公司。

硅胶 SPE 小柱：3 mL/500 mg，Waters 公司。

7.4.1.2 实验仪器

气相色谱—质谱联用仪，7890A/5975C 型，Agilent 公司；超声波清洗器，HU7240B 型，上海民仪电子有限公司；平行蒸发仪(带定量浓缩瓶)，Turbo Vap Ⅱ型，Caliper Lifesciences 公司。

7.4.1.3 实验方法

1. 样品处理

准确称取已搅拌均匀的涂料样品 0.5 g(精确至 1 mg)，置于 10 mL 具塞比色管内，加入 10 mL 二氯甲烷+丙酮(1+1)混合溶剂，常温下超声提取 10 min，摇匀。用 5 mL 正己烷活化硅胶 SPE 小柱，弃去活化液。上样，将提取液全部转移至小柱上，并用 30 mL 丙酮分 5～6 次冲洗比色管，用冲洗液继续洗脱小柱，将洗脱液合并收集至定量浓缩瓶内，用平行蒸发定量浓缩仪浓缩。当液面降至接近瓶底部 1 mL 刻度线处时，取下浓缩瓶，用 3 mL 丙酮冲洗浓缩瓶内壁，继续浓缩直至 1 mL(对于 TBBPA 含量较高的样品，可适当稀释，使 TBBPA 浓度在线性范围内)，用 GC-MS 仪测定。随同试样进行空白试验。

2. 标准工作溶液

将四溴双酚 A 标准品用丙酮溶解并逐级稀释，配成质量浓度分别为 1、2、5、

10、20、50 mg/L 的标准工作溶液。

3. GC-MS 分析

色谱柱：DB-5MS 毛细管柱，15m（柱长）×0.25mm（内径）×0.1μm（膜厚）。柱温：初始温度 100℃，保持 1min；以 15℃/min 升至 320℃，保持 5min。进样口温度：260℃。进样量：1μL，不分流。载气：氦气；流速：1 mL/min。色谱—质谱接口温度：320℃。

电离源：EI，电子能量：70eV。离子源温度：230℃，四极杆温度：150℃。溶剂延迟时间：4min。质量扫描方式：全扫描模式（SCAN）与选择离子监测模式（SIM）同时进行，扫描范围（m/z）：35～650，定性离子（m/z）：293、527、529、544，定量离子（m/z）：529。

7.4.2　结果与讨论

7.4.2.1　检测条件的优化

1. 提取溶剂的选择

TBBPA 可溶于甲醇、丙酮、二氯甲烷等有机溶剂，考虑到本节所研究的对象涂料分为水性涂料和溶剂型涂料，分别以正己烷、甲醇、丙酮、二氯甲烷、正己烷＋丙酮（1＋1）、二氯甲烷＋丙酮（1＋1）共 6 种常用提取溶剂分别对同一水性涂料样品和同一溶剂型涂料样品进行超声萃取。从表 7.13 可见：只有二氯甲烷＋丙酮（1＋1）能同时兼顾水性涂料和溶剂型涂料样品，使样品充分溶解或分散，且由于 TBBPA 在丙酮中的溶解度最大，提取效率较高，综合考虑，选择二氯甲烷＋丙酮（1＋1）作为提取溶剂。

表 7.13　提取溶剂对提取效率的影响

序号	提取溶剂	某溶剂型涂料		某水性涂料	
		溶解或分散情况	TBBPA 测定值/(mg/kg)	溶解或分散情况	TBBPA 测定值/(mg/kg)
1	正己烷	部分分散	33.6	结块	5.47
2	甲醇	结块	13.5	分散	14.8
3	丙酮	部分分散	32.3	分散	15.9
4	二氯甲烷	分散	41.9	部分分散	11.9
5	（正己烷＋丙酮）(1＋1)	部分分散	34.2	部分分散	12.7
6	（二氯甲烷＋丙酮）(1＋1)	分散	42.1	分散	16.8

2. 提取时间的选择

将超声提取时间分别设定为5、10、20、30、40、60min，检测结果表明，超声时间过短，黏度较大的涂料不易溶解或分散，会使得检测结果偏低。而超声10min时大多数涂料已完全溶解或分散，且随超声时间的增加，TBBPA检测结果无明显变化(见表7.14)，为缩短检测时间，选择超声提取时间为10min。

表7.14 提取溶剂对提取效率的影响

序号	提取溶剂	某溶剂型涂料		某水性涂料	
		溶解或分散情况	TBBPA测定值/(mg/kg)	溶解或分散情况	TBBPA测定值/(mg/kg)
1	5	分散	31.3	部分分散	12.4
2	10	分散	42.1	分散	16.8
3	20	分散	42.6	分散	16.4
4	30	分散	41.8	分散	17.3
5	40	分散	40.3	分散	16.5
6	60	分散	41.7	分散	16.2

3. 净化小柱的选择

分别以C18、硅胶、中性氧化铝等3种常用SPE小柱对同一空白样加标后的提取液进行净化。结果显示：经过C18柱和硅胶柱后的回收率相对较高，均超过95%，而中性氧化铝柱的回收率仅为70%；再比较硅胶柱与C18柱的净化效果，发现经硅胶柱的净化后的样液色谱图上杂质峰更少，因此选择硅胶柱作为净化柱。

4. 洗脱溶剂的选择

分别比较正己烷、甲醇、丙酮、二氯甲烷、正己烷＋异丙醇(1＋1)、二氯甲烷＋丙酮(1＋1)等溶剂的洗脱效果，结果发现用丙酮、二氯甲烷、二氯甲烷＋丙酮(1＋1)的回收率均超过95%，而其他三种溶剂的回收率都低于80%；再比较丙酮、二氯甲烷、二氯甲烷＋丙酮(1＋1)的净化效果，发现用丙酮洗脱下来的洗脱液色谱图中杂质峰最少，因此选择丙酮作为洗脱液。

5. 色谱柱的选择

分别使用30m(柱长)×0.25mm(内径)×0.25μm(膜厚)和15m(柱长)×0.25mm(内径)×0.1μm(膜厚)两种不同规格的DB-5MS柱，对同一浓度TBBPA标准溶液进行测定，结果发现：TBBPA在15m柱上的响应值明显高于在

30m柱上的响应值，表明选择柱长较短、固定相液膜较薄的色谱柱，可较大程度地减少TBBPA在色谱柱中的分解，从而提高TBBPA的响应值，这与十溴二苯醚高沸点、高温下易脱溴而分解的气相色谱行为较为类似。因此选择柱长为15m、膜厚为0.1μm的短柱，提高检测的灵敏度以及检测结果的准确性。

6. 进样口温度的选择

比较同一标准溶液在进样口温度分别为200、220、240、250、260、270、280和300℃时的响应值，发现随着进样口温度的升高，响应值逐渐增大，但当温度超过260℃后，温度继续升高时响应值会逐渐下降。因此选择260℃为进样口温度。

响应值随进样口温度变化的曲线如图7.5所示。

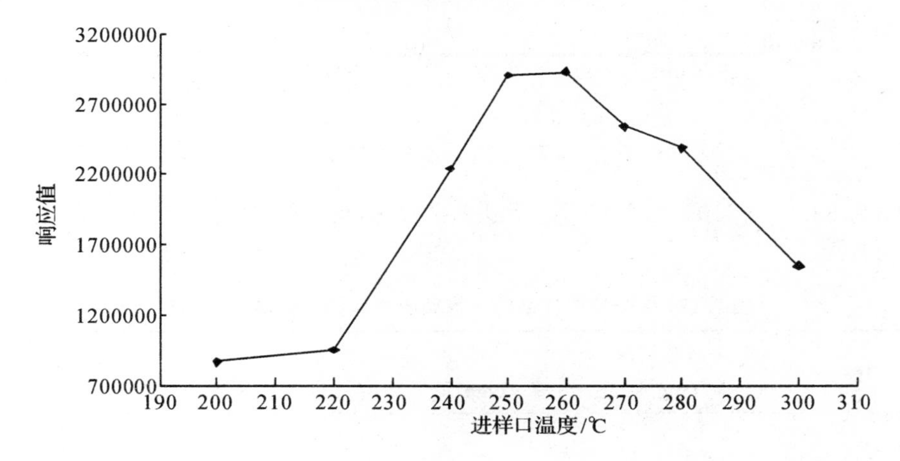

图7.5　进样口温度对TBBPA响应值的影响

用经过优化后的GC/MS检测条件，得到的标准溶液(浓度为50 mg/L)总离子流(TIC)图见图7.6。

7.4.2.2　线性关系与测定下限

对标准工作溶液进行分析，以TBBPA的浓度x(mg/L)为横坐标，响应值y为纵坐标绘制标准曲线，在1～50 mg/L范围内线性关系良好，线性回归方程为$y=3.32\times10^4x-5.44\times10^3$，回归系数$R=0.9993$。换算成实际样品，定性检出下限(S/N≥3)为0.5 mg/kg，定量测定下限(S/N≥10)为2 mg/kg，完全满足应对挪威PoHS指令的检测需求。

7.4.2.3　精密度与回收率

对含TBBPA的两个涂料样品分别进行3个不同水平的加标回收试验，每个加标样平行测定8次，平均回收率和相对标准偏差(RSD)见表7.15。平均回

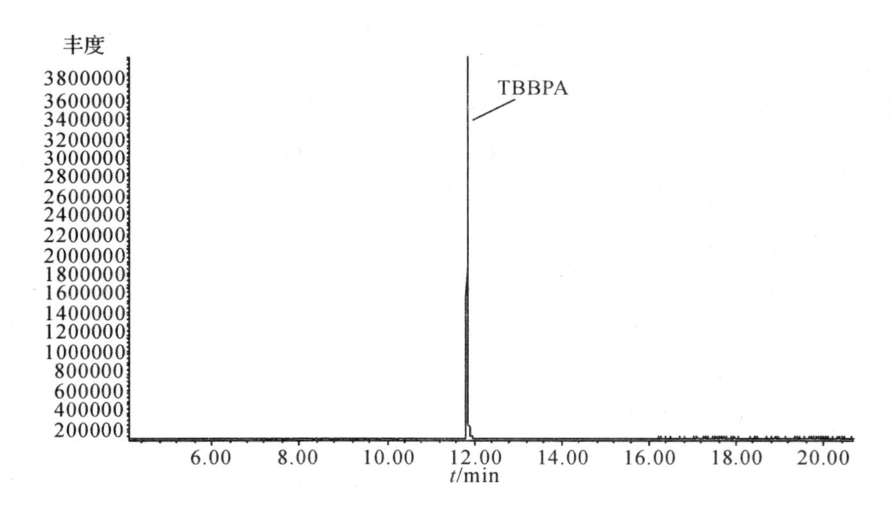

图 7.6　TBBPA 标准溶液的 TIC 图

收率为 83.2%～104%，RSD 为 2.6%～4.7%，可见该方法具有较好的精密度和回收率。

表 7.15　2 个涂料样品的平均回收率和相对标准偏差结果

样品	底物浓度/(mg/kg)	添加量/(mg/kg)	平均回收率/%	RSD(n=8)/%
溶剂型涂料	41.3	5	83.2	4.7
		20	93.1	3.4
		50	96.4	3.9
水性涂料	16.8	5	89.9	4.1
		20	104	2.6
		50	91.3	3.8

7.4.2.4　实际样品的测定

本节对溶剂型涂料和水性涂料各 20 个样品进行了测定，结果发现部分涂料中含有 TBBPA，其中溶剂型涂料中含量为 22.8～64.1 mg/kg，水性涂料中含量为 7.81～28.8 mg/kg。

对某含 TBBPA 16.8 mg/kg 的涂料样品进行测定，得到的总离子流图见图 7.7。

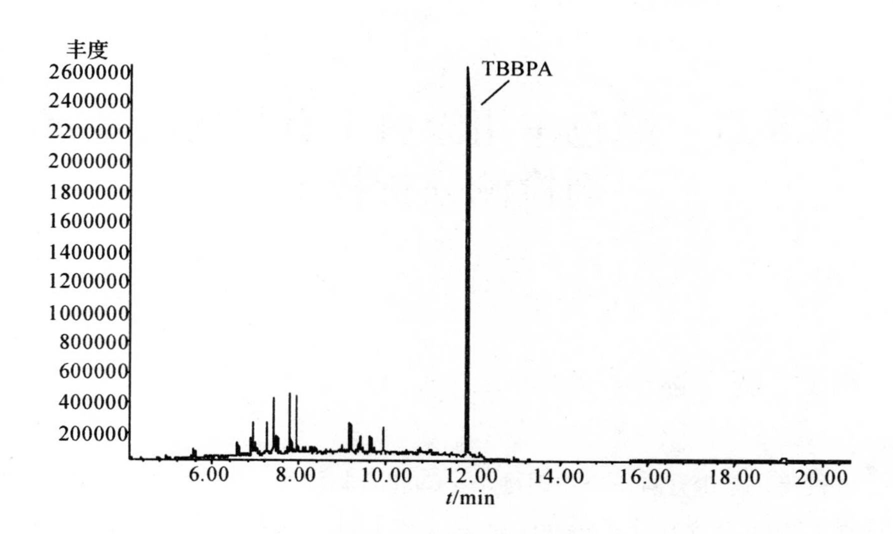

图 7.7　某涂料样品的 TIC 图

7.4.3　结论

本部分建立了用于测定水性涂料和溶剂型涂料中四溴双酚 A 的 GC-MS 法，该方法操作简便，适用性强，分析时间短，灵敏度高，重现性好，结果准确可靠，能够满足检测工作的实际需要。

第8章　绿色车用涂料中有机锡类稳定剂检测分析技术

8.1　概　述

有机锡是至少含有1个锡碳键(Sn-C)化合物的统称,通式为R_nSnX_{4-n},其中R代表甲基、正丁基或正辛基和配位体,n从1到4(代表4种不同的有机锡化合物,即单、二、三和四烷基或芳香基有机锡化合物),X指阴离子(F—,Cl—,OH—等),基团的影响作用不大,除非其本身具有生物杀伤性或毒性。通式中$n=3$的有机锡化合物最毒,有人认为其毒性在于破坏线粒体的功能,具有和某些蛋白质键合的生物活性,因此在合成有机锡稳定剂的过程中必须注意确保控制三烷基锡的含量最小;$n=1$和$n=2$的毒性居次,四有机锡化合物毒性很低或无毒。目前,许多国家制定相关法规限制有机锡的使用。欧盟的“危险品指令”(EU Dangerous Substances Directive)对含有机锡化合物的产品有明确规定,浓度大于或等于0.25%(以锡的浓度计),标明“有害”;大于或等于1%时,标明“有毒”。世界卫生组织规定在任何最终产品上不允许有可被检测出的有机锡化合物存在。Oeko-Tex标准100的2005年新版规定,三丁基锡(TBT)、二丁基锡(DBT)在纺织品上的限量值为1.0 mg/kg,在婴幼儿用品上要求尤为严格,不得超过0.5 mg/kg。日本的家用产品中有害物质控制法规定,纺织品中三丁基锡化合物与三苯基锡化合物不准检出。有机锡类热稳定剂具有优良的热稳定性、耐候性、初期着色性、互溶性和透明性等性能,因而,是目前用途最广、效果最好的一类热稳定剂,全球年消费量达44000吨。RoHS指令已将其列入环境管理物质,指令2002/62/EC对有机锡作了限制。国际知名的PHILIPS公司对TBT、TPT、TPTO的限量为0.1%。

本章分别采用红外光谱法(FT-IR)和电感耦合等离子体质谱法(ICP-MS)对车用涂料中的有机锡进行定性筛选,气相色谱法(GC)、气相色谱—质谱联用法(GC-MS)和液相色谱—质谱联用法(HPLC-MS)对车用涂料中的有机锡进行定量测定。研究的11种有机锡具体信息见表8.1。

表 8.1　11 种有机锡的具体信息

序号	有机锡名称（简称）	英文名称（缩写）	CAS No.	化学分子式	分子量	应用的检测方法
1	二丙基二氯化锡（二丙基锡）	Di-n-propyltin dichoride（DPrT）	867-36-7	$(C_3H_7)_2SnCl_2$	332.06	FT-IR
2	三丙基氯化锡（三丙基锡）	Tri-n-propyltin choride（TPrT）	2279-76-7	$(C_3H_7)_3SnCl$	311.56	FT-IR
3	四丙基锡	Tetra-n-propyltin（TePrT）	2176-98-9	$(C_3H_7)_4Sn$	291.06	FT-IR
4	一丁基三氯化锡（一丁基锡）	Butyltin trichloride（MBT）	1118-46-3	$C_4H_9SnCl_3$	282.17	FT-IR
5	二丁基二氯化锡（二丁基锡）	Dibutyltin dichloride（DBT）	683-18-1	$(C_4H_9)_2SnCl_2$	303.83	FT-IR
6	三丁基氯化锡（三丁基锡）	Tributyltin chloride（TBT）	1461-22-9	$(C_4H_9)_3SnCl$	325.49	FT-IR
7	四丁基锡	Tetrabutyltin（TeBT）	1461-25-2	$(C_4H_9)_4Sn$	347.17	FT-IR
8	二辛基二氯化锡（二辛基锡）	Dioctyltin dichloride（DOT）	3542-36-7	$(C_8H_{17})_2SnCl_2$	415.77	ICP-AES
9	二苯基二氯化锡（二苯基锡）	Diphenyltin dichloride（DPhT）	1135-99-5	$(C_6H_5)_2SnCl_2$	343.82	FT-IR
10	三苯基氯化锡（三苯基锡）	Triphenyltin chloride（TPhT）	639-58-7	$(C_6H_5)_3SnCl$	385.46	FT-IR、ICP-AE
11	四苯基锡	Tetraphenyltin（TePhT）	595-90-4	$(C_6H_5)_4Sn$	427.13	FT-IR

8.2　绿色车用涂料中有机锡的快速筛选分析技术

8.2.1　红外光谱法(FT-IR)

8.2.1.1　实验部分

1. 试剂

除特殊规定外均使用优级纯试剂。

溴化钾(KBr)，光谱纯；正己烷，分析纯。

2. 仪器及设备

傅立叶变换红外光谱仪，波数范围：400 cm^{-1}～4000 cm^{-1}，最小分辨率：0.3 cm^{-1}；

电子天平，精确到 0.1 mg；

玛瑙研钵；

红外压片机；

旋转蒸发仪；

红外线快速干燥箱；

鼓风干燥箱，可控温(0～120℃)；

玻璃干燥器；

目不锈钢筛；

破碎设备：低温破碎机、研磨机、电锯或电钻；

超声波清洗器。

3. 有机锡标准物质

有机锡标准品：见表 8.1，纯度≥96%。

4. 样品来源与处理

将光谱纯级的 KBr 用玛瑙研钵充分研磨，过 200 目不锈钢筛，收集筛下颗粒，置于鼓风烘箱 120 ℃中烘超过 4 h，存放于玻璃干燥器中。

将车用涂料样品粉碎后置于红外线快速干燥箱内快速烘干。称取 2 g 样品粉末于锥形瓶中，分两次分别加入 10 mL 正己烷，置于超声波清洗器中每次超声萃取 10 min，合并两次收集的提取液。将提取液置于旋转蒸发仪中浓缩至约 0.5 mL，待测。

5. 分析步骤

(1)测定条件

干涉仪动镜移动速度：0.6329 cm/s；

光栅孔径：100%；

分辨率：4 cm^{-1}；

扫描次数：32。

(2)有机锡标准物质的红外光谱采集

称取相关标准物质(2～5 mg)，和经预处理的 KBr 粉末(100～120 mg)放在玛瑙研钵中充分研磨均匀，直至混合物无明显样品颗粒为止。以上操作应在红外线快速干燥箱内完成。将混合物用红外压片机进行压片。将所得的 KBr 片置于红外光谱仪样品舱中，以洁净的 KBr 薄片为背景，采集 4000～400 cm^{-1}（波长 2.5～25 μm）间吸收光谱，见图 8.1～8.10。

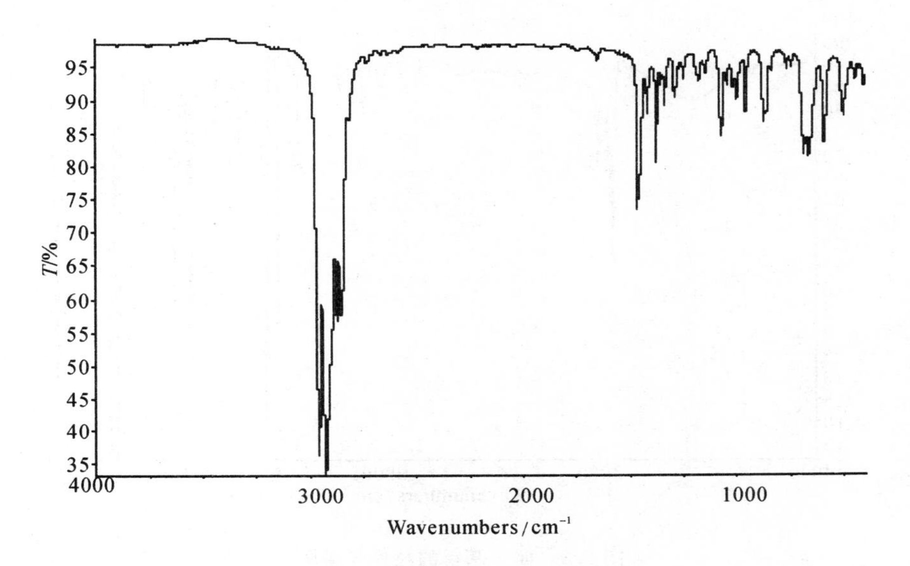

图 8.1　四丁基锡的红外光谱图

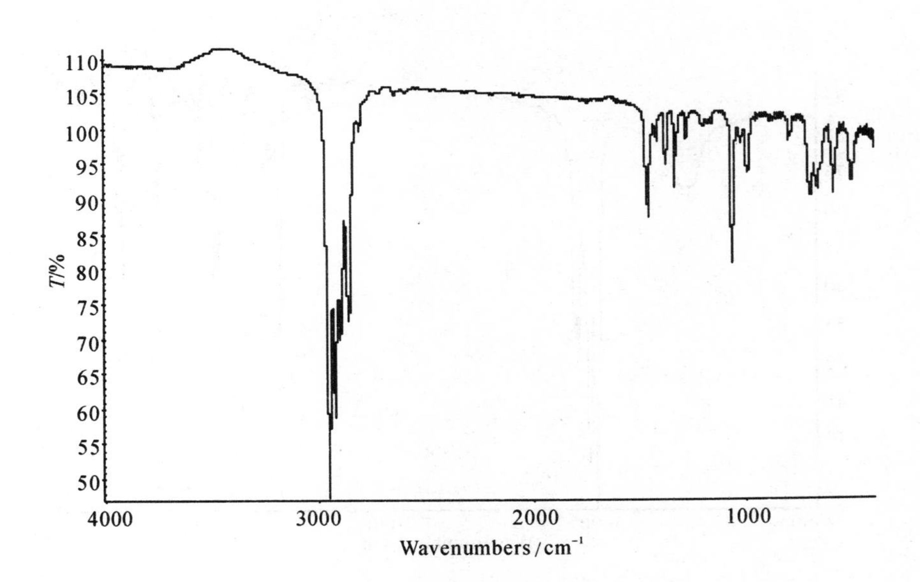

图 8.2　四丙基锡的红外光谱图

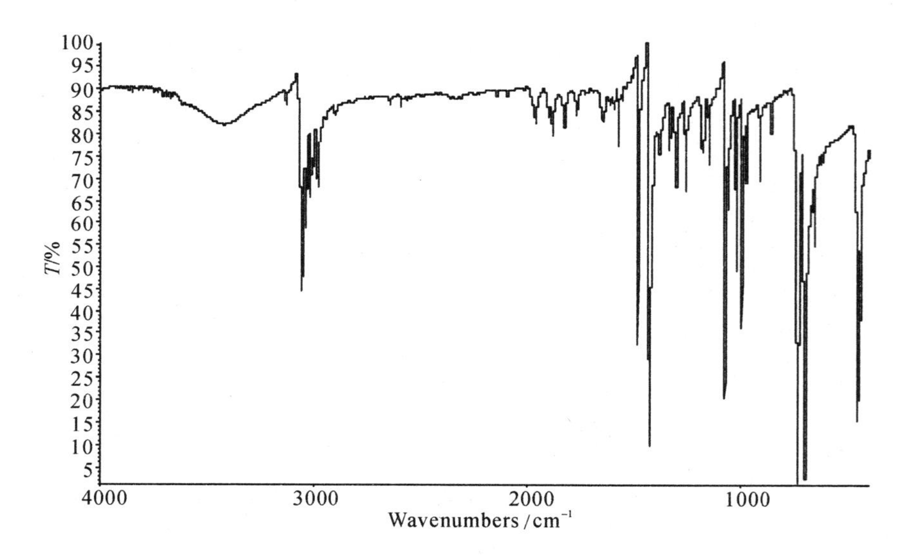

图 8.3　四苯基锡的红外光谱图

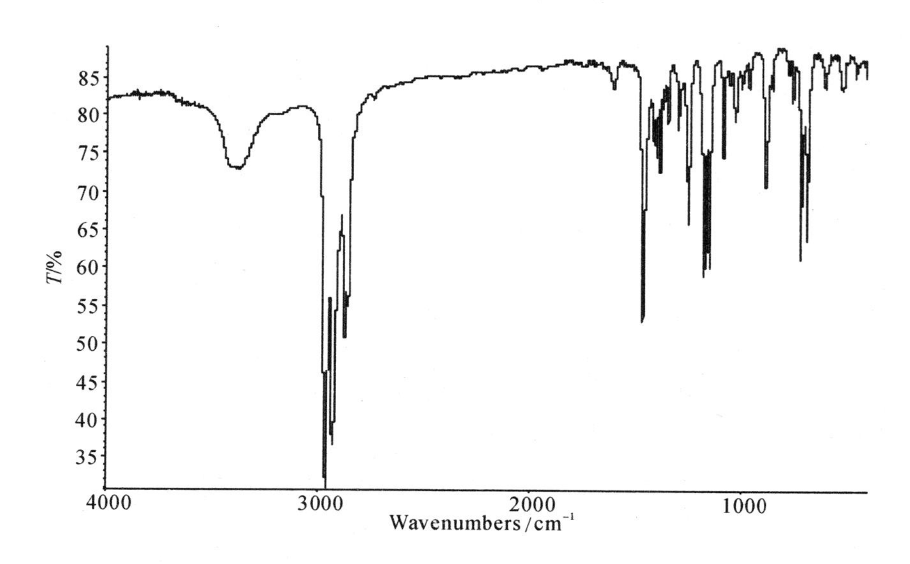

图 8.4　一丁基三氯化锡的红外光谱图

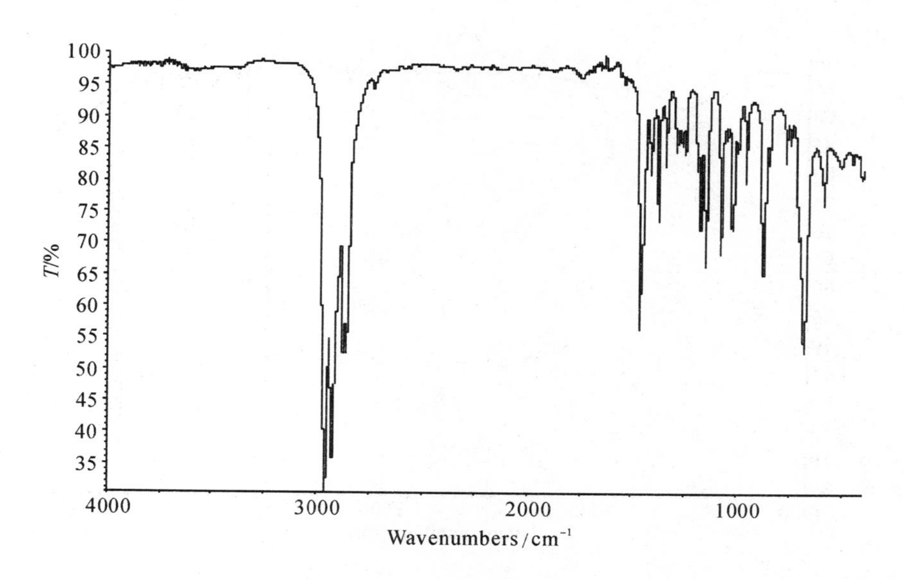

图 8.5　二丁基二氯化锡的红外光谱图

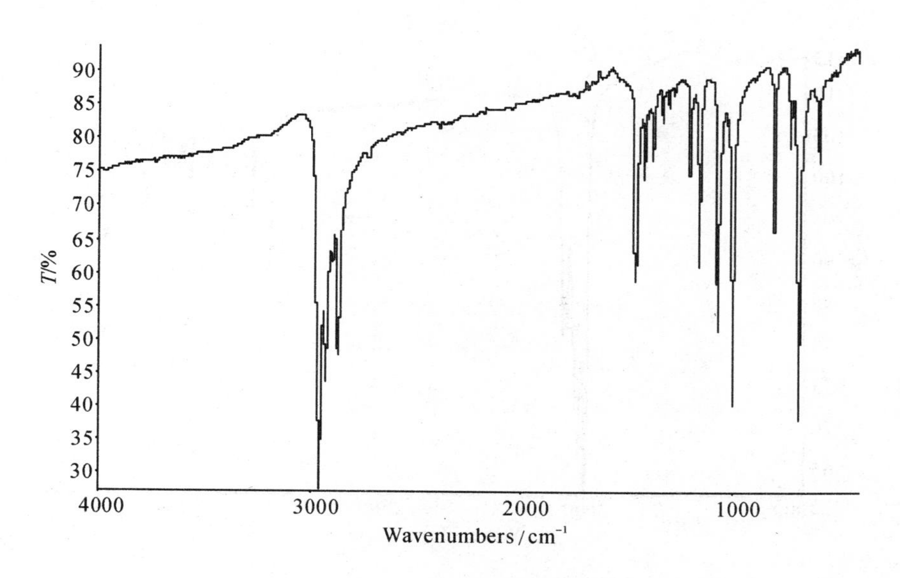

图 8.6　二丙基二氯化锡的红外光谱图

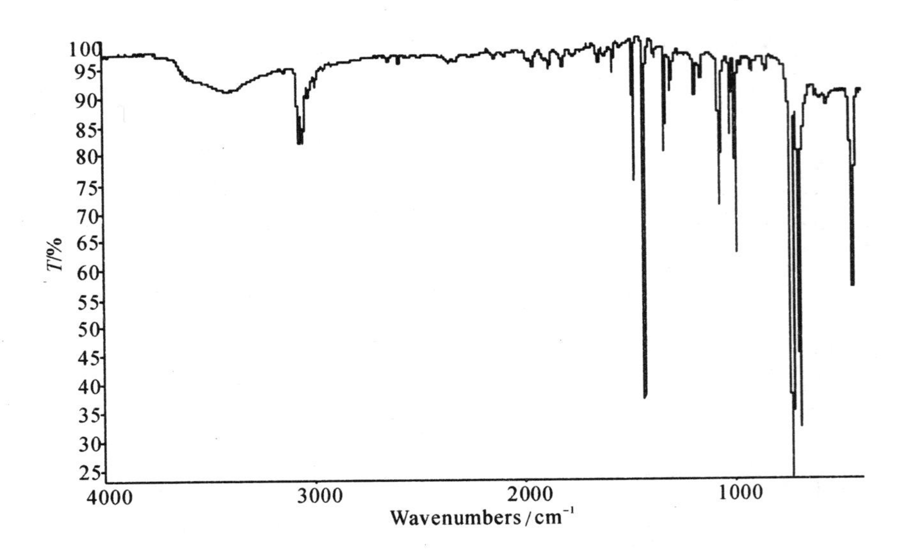

图 8.7　二苯基二氯化锡的红外光谱图

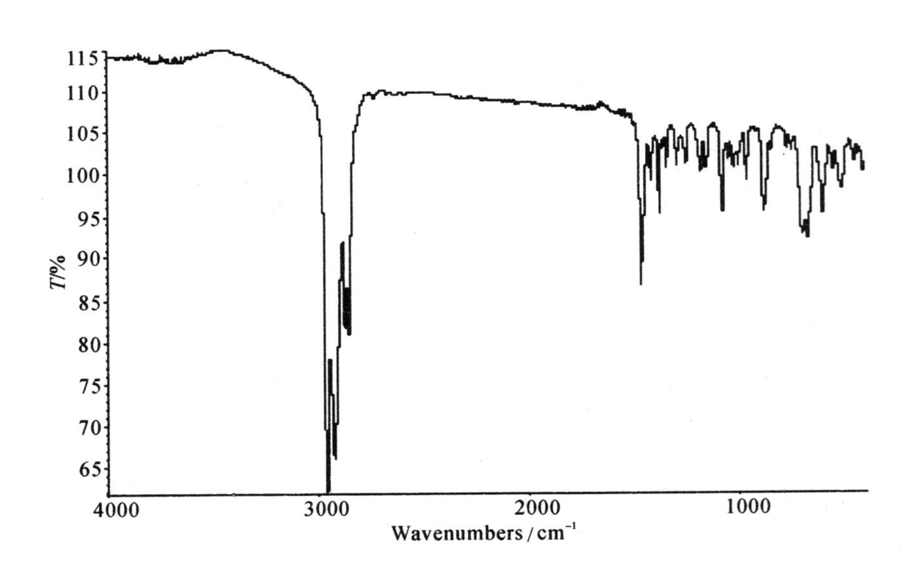

图 8.8　三丁基氯化锡的红外光谱图

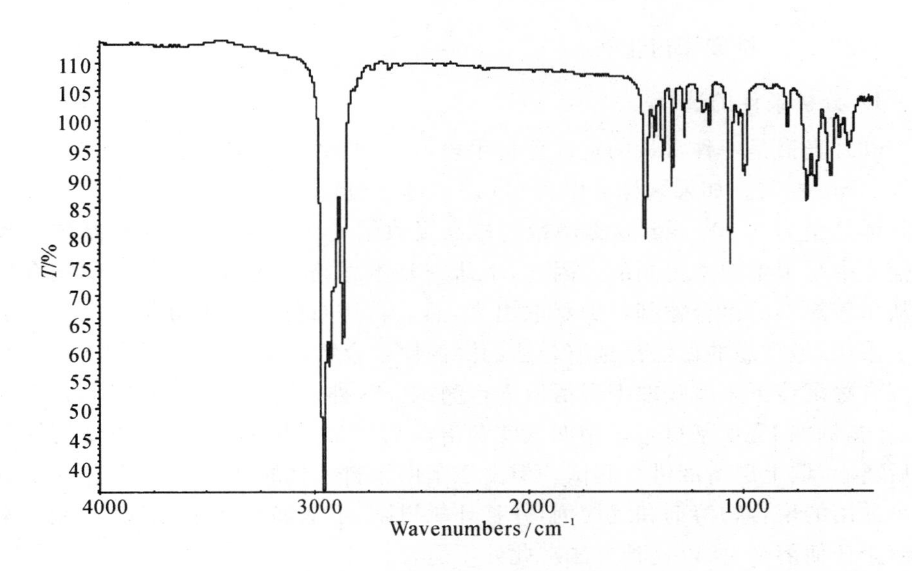

图 8.9　三丙基氯化锡的红外光谱图

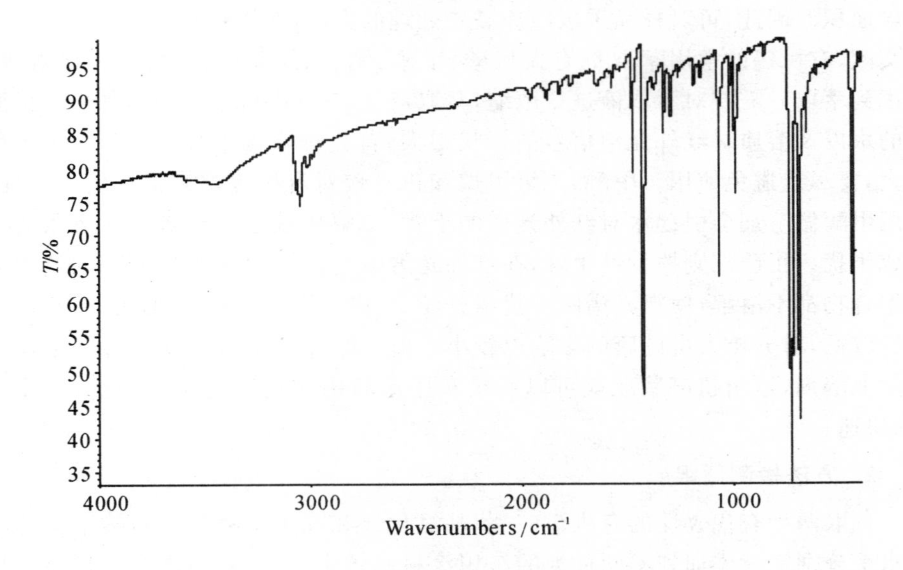

图 8.10　三苯基氯化锡的红外光谱图

(3)样品红外光谱采集

将样品提取液滴加到 KBr 薄片上，置于鼓风烘箱 40 ℃下烘 2 min 待正己烷挥发干净后置于样品舱中，以洁净的 KBr 薄片为背景，采集 4000～400 cm^{-1}(波长 2.5～25 μm)间的红外光谱。

8.2.1.2 结果和讨论

1. 分析条件的选择

红外光谱是一种常量的定性分析手段，常用的KBr压片法样品的加入量通常为2 mg左右。如果该样品中含有0.1%的有机锡，则红外光谱仪中有机锡的实际样品量为0.002 mg，这么微量的样品吸收信号包含在2 mg涂料基体的吸收信号中是很难观察得到的。因此，本研究基本思路是选用合适的溶剂把有机锡从车用涂料的聚合物基材中萃取出来，然后再进行红外光谱分析。对于萃取方法来说，最理想的做法是选取合适的溶剂使聚合物完全溶解，然后加入沉淀剂使聚合物沉淀下来后吸取上层清液进行测试。这种方法对于特定的基材是较为合适的，例如PVC基材可以用四氢呋喃溶解后再加入甲醇使PVC重新沉淀下来后离心，取上层清液进行测试。但由于车用涂料基材的种类非常多，很难找到一种通用的聚合物溶剂和沉淀剂，并且环氧树脂、不饱和聚酯等热固性树脂根本不溶于任何溶剂，所以这种方法在此处不适合。

另外一种提高萃取效率的方法是使样品颗粒尽可能的小，增大其与溶剂的接触面积。因此，可对样品采取冷冻破碎处理的方法，使之颗粒度足够小。经查阅文献，有机锡的常用萃取剂有无机酸、甲苯、苯、二氯甲烷、甲醇和正己烷等。考虑到萃取后需要对萃取液进行浓缩，萃取液应该有较好的挥发性，加之无机酸中的水以及溶质对红外光谱信号的干扰很大，首先排除无机酸。苯和甲苯毒性较大，要尽量避免使用。甲醇、二氯甲烷和正己烷对有机锡都有很好的溶解性。使用甲醇做溶剂会引起水对红外光谱的干扰，二氯甲烷会使聚氯乙烯溶胀同样造成干扰。正己烷则挥发性很好，在红外光谱中不会留下溶剂残留峰；对绝大多数聚合物都不溶解，使得光谱图干扰组分较少，谱图简洁容易识别；另外，正己烷毒性较低，对分析人员健康的影响也较小。出于综合考虑，本研究采用正己烷作为萃取溶剂，运用超声萃取就可以满足车用涂料中有机锡的快速筛选，操作简便、快速。

2. 方法检测低限

选取两种有代表性的有机锡（三苯基氯化锡和三丁基氯化锡），按不同的浓度水平分别定量添加到不同种类的车用涂料基体中去，自制标准测试样品。将自制的标准样品置于低温冷冻破碎机中低温粉碎，置于红外线快速干燥箱内，快速烘干。称取2 g样品粉末于锥形瓶中，分两次分别加入10 mL正己烷，每次超声萃取10 min，合并两次收集的提取液。将提取液置于旋转蒸发仪中浓缩至约0.5 mL，然后将提取液全部滴加到KBr薄片上，置于鼓风烘箱40 ℃下烘2 min，待正己烷挥发干净后置于样品舱中，以洁净的KBr薄片为背景，采集4000～400

cm^{-1}(波长 2.5～25 μm)间的红外光谱。当有机锡的添加量为 0.02%时,即聚合物中含有 200 mg/kg 的有机锡的情况下,部分样品可以检出 C-Sn 键的吸收峰信号。对于有机锡含量在 500 mg/kg 或以上的车用涂料样品,所有样品都能检出有机锡。因此,本方法检测低限为 500 mg/kg(0.05%)。

8.2.2　电感耦合等离子体质谱法(ICP-MS)

8.2.2.1　实验部分

1. 试剂

硝酸(ρ=1.42 g/mL,65%),优级纯;盐酸(ρ=1.19 g/mL,37%),优级纯;硝酸(5+95);过氧化氢(H_2O_2):30%,优级纯;氟硼酸(HBF_4):分析纯;正己烷:优级纯;内标:铟 1 μg/mL;液氮。

2. 仪器及设备

Agilent 公司 7500 C 型电感耦合等离子体质谱仪(ICP-MS 配有 100 μL/min 同心流量雾化器、Shield Torch 屏蔽炬系统);

ETHOS TOUCH CONTROL 微波消解仪:具风冷或水冷降温功能;

Retsch ZM200 冷冻破碎仪;

天平:感量 0.1 mg;

超声波萃取仪;

电热板;

微量取液器。

3. 锡标准物质

(1)有机锡标准品:见表 8.1,纯度≥96%,Dr. Ehrenstorfer GmbH 生产。

(2)锡标准储备溶液:100 mg/L;1000 mg/L。

(3)标准工作溶液:根据需要将标准储备溶液逐级稀释成适合的浓度。

4. 样品来源与处理

称取冷冻破碎后的样品 100 mg(精确至 1 mg),置于聚四氟乙烯的容器中。在聚四氟乙烯的容器中加入 4 mL 浓硝酸和 4 mL 盐酸。然后将容器封闭,并按照预设的程序(见表 8.2)在微波消解仪里进行消解。容器冷却至室温后,打开容器,所得到的溶液转移至 25 mL 的容量瓶中,用水稀释至刻度,每个样品做两次平行测定,同时做试剂空白试验。

表 8.2 ETHOS TOUCH CONTROL 微波消解仪工作条件

升温程序	时间/min	温度/℃
升温 1	15	210
恒温 2	20	210
降温 3	——	室温

5. ICP-MS 分析测定条件

电感耦合等离子体质谱测定锡的工作条件见表 8.3。

表 8.3 ICP-MS 测试工作条件

仪器参数	参数值	仪器参数	参数值
射频功率	1300	雾化器	同心圆
采样深度	8.0 mm	采样锥类型和直径	镍锥,0.8 mm
等离子气	15 L/min	截取锥类型和直径	镍锥,0.4 mm
辅助气	0.2 L/min	采集模式	Spectrum
载气	1.2 L/min	点数/质量	3
S/C 温度	2 ℃	重复次数	3
样品提升速度	0.10 rps	检测方式	自动

8.2.2.2 结果与讨论

1. ICP-MS 法工作条件的优化与选择

(1)ICP-MS 仪器检定条件的选择

通过调谐优化得到 ICP-MS 的工作条件,见图 8.11。

(2)同位素和内标元素的选择

选择 In 115 作为锡所测元素的同位素的内标元素,见图 8.12。

(3)干扰及消除

ICP-MS 中的干扰分为两大类,即“质谱干扰”和“非质谱干扰”(或称“基体效应”)。基体效应又可以分成两类:(1)由溶液中溶解或未溶解的固体所产生的物理效应;(2)被测物的抑制和增强效应。

ICP-MS 的质谱干扰又可进一步分为:(a)同质异位素重叠干扰;(b)多原子或加合物离子干扰;(c)双电荷离子干扰等。本节中所测元素的干扰情况见表 8.4。

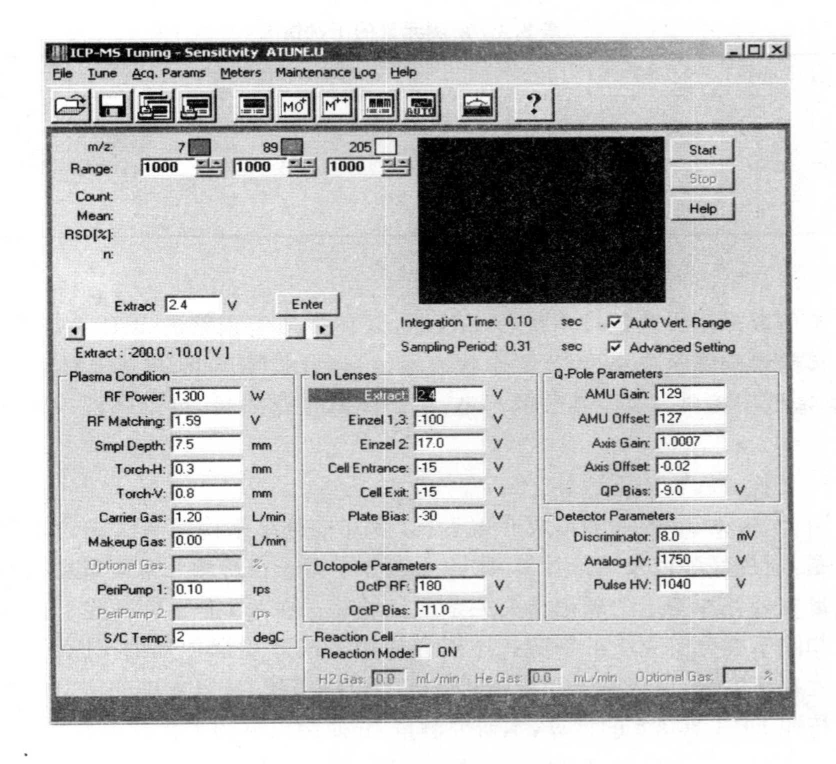

图 8.11　ICP-MS 调谐

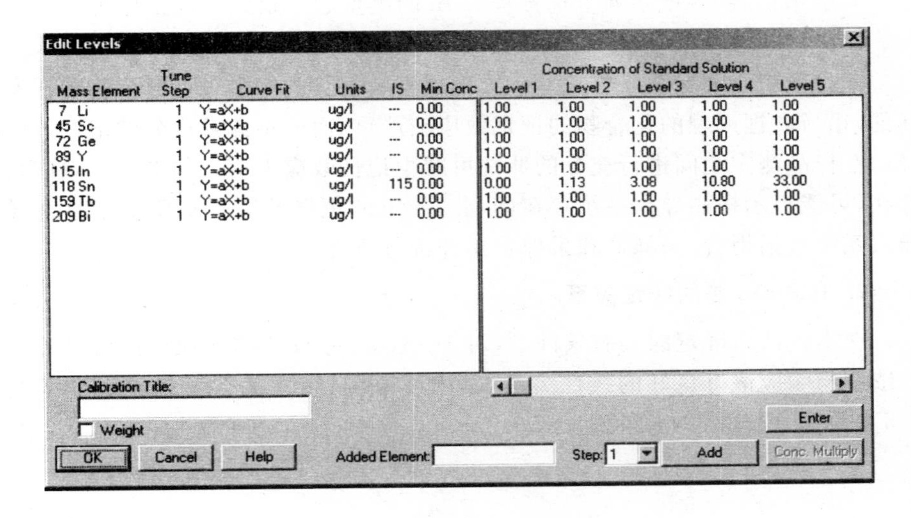

Mass Element	Tune Step	Curve Fit	Units	IS	Min Conc	Level 1	Level 2	Level 3	Level 4	Level 5
7 Li	1	Y=aX+b	ug/l	---	0.00	1.00	1.00	1.00	1.00	1.00
45 Sc	1	Y=aX+b	ug/l	---	0.00	1.00	1.00	1.00	1.00	1.00
72 Ge	1	Y=aX+b	ug/l	---	0.00	1.00	1.00	1.00	1.00	1.00
89 Y	1	Y=aX+b	ug/l	---	0.00	1.00	1.00	1.00	1.00	1.00
115 In	1	Y=aX+b	ug/l	---	0.00	1.00	1.00	1.00	1.00	1.00
118 Sn	1	Y=aX+b	ug/l	115	0.00	0.00	1.13	3.08	10.80	33.00
159 Tb	1	Y=aX+b	ug/l	---	0.00	1.00	1.00	1.00	1.00	1.00
209 Bi	1	Y=aX+b	ug/l	---	0.00	1.00	1.00	1.00	1.00	1.00

图 8.12　ICP-MS 内标元素的选择

表 8.4 所测元素的干扰情况

元素(质量数)	丰度	干扰(干扰比重)
Sn(118)	24.23%	MoO(0.019)、RuO(31.556)、PdO(1.019)、CoCo(100.00)、Ni-Ni(35.704)、SnH (7.681)、SeAr(23.764)、KrAr(0.389)、BrCl(11.948)、KrCl(8.714)

a. 屏蔽矩(Shield Torch)技术

本研究采用屏蔽矩技术进行了检测,以在类似于正常的 ICP 状态下工作,使基体的影响降至最小,ICP 工作状态稳定,且背景噪声低,样品基体可充分解电离,减低了接口与真空系统的污染,更高的离子化能量,可以分析一些难电离元素。

b. 干扰方程校正方法

由于 Sn 对 In 的检测形成严重干扰,使其检测结果误差较大。为了解决这一问题,通过经验以及理论计算,利用干扰分子离子在待测元素质量数处与在其他质量数处存在一定的理论相关关系或经验相关关系,推导出一些干扰校正方程来扣除干扰分子离子的影响。本研究使用美国环境保护局的 EPA 200.8 方法干扰校正方程,可以基本消除 Sn 对 In 测定的干扰,获得准确的测定结果。

按照 EPA 200.8 的计算,本研究测量 In 使用以下的干扰校正方程。

$$C(115)In = 1.000 \times C(115) - 0.016 \times C(118) \quad (8\text{-}1)$$

实验结果表明:该系列干扰方程对 In 的测量起了很好的校正作用。

c. 记忆效应

记忆效应主要是由于雾化室和玻璃用具及炬管的壁上过量分析物的挥发引起的,铅、镉、锂或碘的化合物的记忆效应较严重,而较难挥发成分的记忆效应较轻。在样品测定之间进行充分的冲洗可减少记忆效应干扰。如果记忆效应长期存在,可能提示样品导入系统存在问题。严重的记忆效应干扰要求把整个样品导入系统包括炬管、采样器和采样锥拆开进行清洗。

2. ICP-MS 法的线性关系

在本方法所确定的实验条件下,对 1～1000 μg/L 锡的标准溶液进行测定,其浓度与响应值有良好的线性关系,其浓度范围、线性关系及相关系数详见表 8.5 和图 8.13、图 8.14 和图 8.15。

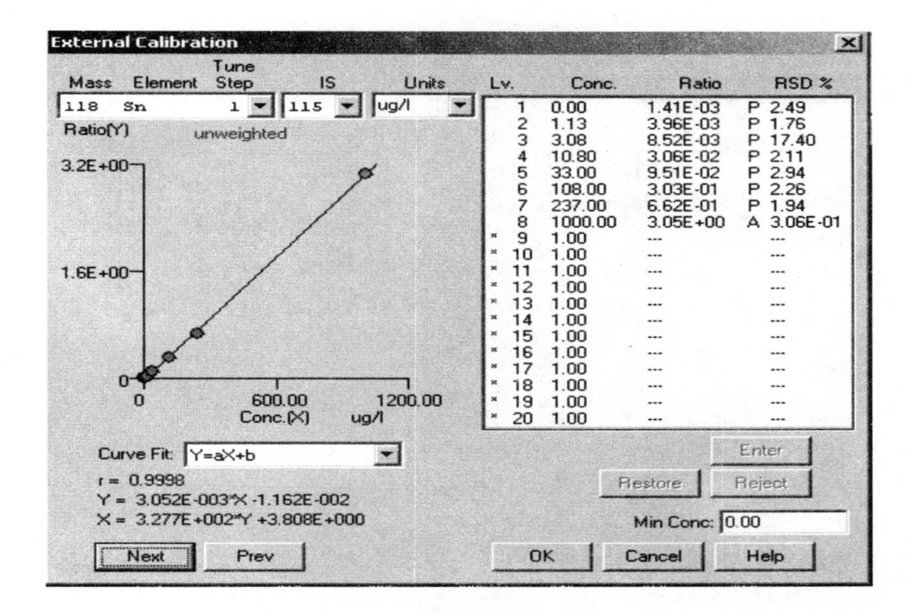

图 8.13　1～1000 μg/L Sn 的标准曲线

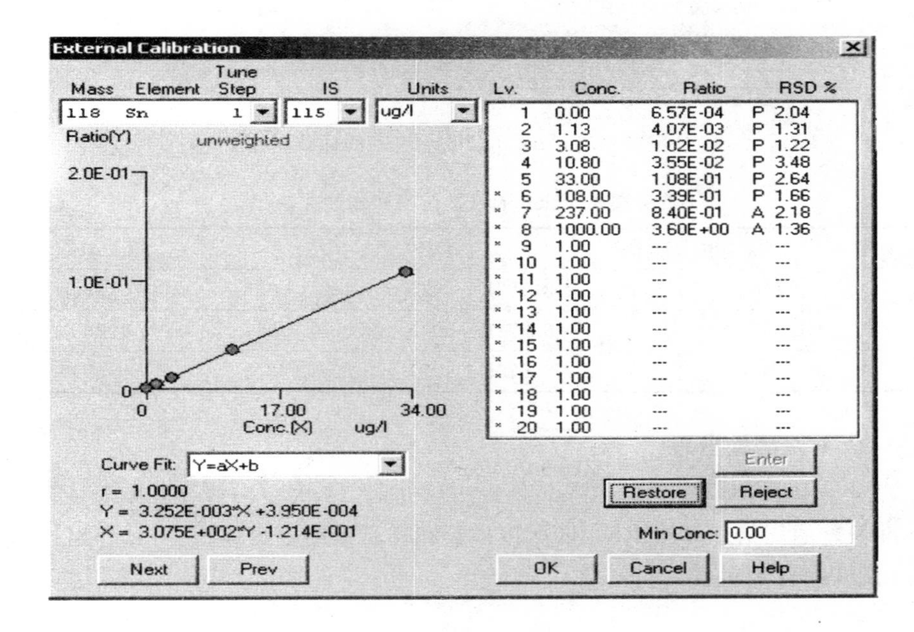

图 8.14　1～33 μg/L Sn 的标准曲线

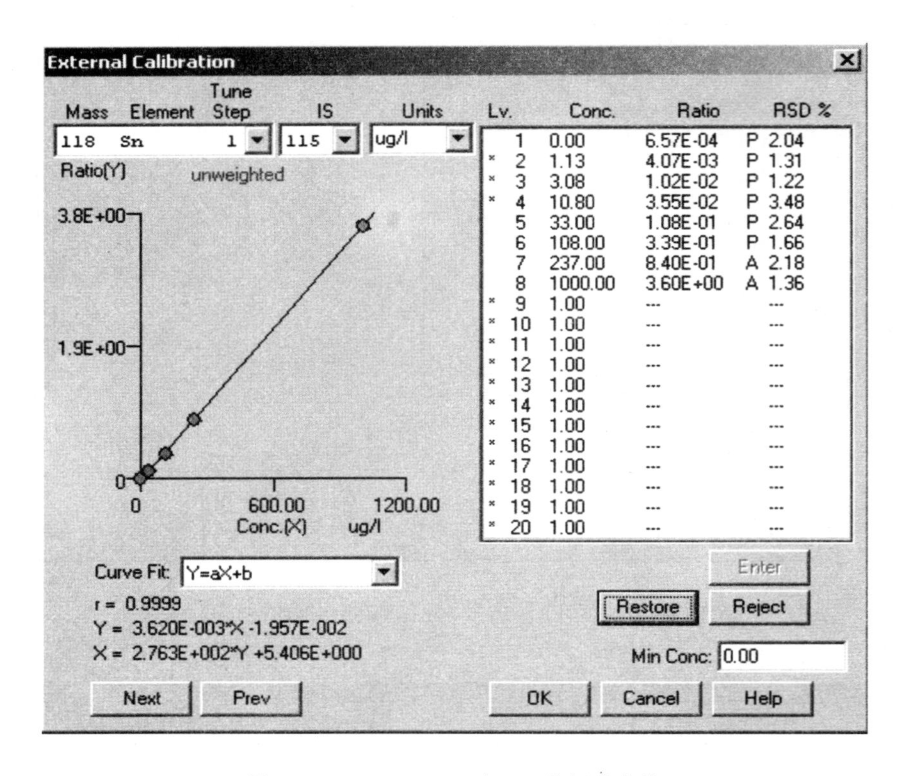

图 8.15 33～1000 μg/L Sn 的标准曲线

表 8.5 Sn 的线性范围和线性关系

线性浓度范围/(μg/L)	线性关系	相关系数 r
1～1000	$Y=3.052E-003X+1.162E-002$	0.9998
1～33	$Y=3.252E-003X+3.950E-004$	1.0000
33～1000	$Y=3.620E-003X+1.957E-002$	0.9999

3. 方法的检出限

对于 ICP-MS，按确定的样品处理方法进行 11 次空白测定，以其测定结果标准偏差的三倍计算检出限，依据称样量和样品最终定容体积，可计算出样品的检出限，见表 8.6。

表 8.6　ICP-MS 方法不同样品的检出限

测定次数	1	2	3	4	5	6	7
Sn 测定值/(mg/kg)	0.16	0.09	0.05	0.11	0.09	0.08	0.06
测定次数	8	9	10	11	SD	LOD	
Sn 测定值/(mg/kg)	0.12	0.06	0.07	0.05	0.033	0.1	

4. 回收率试验

分别称取已知锡含量的聚氯乙烯、聚氨酯材质的车用涂料样品各 3 份，线路板 A、线路板 B 样品各 3 份，加入已知浓度的有机锡标准溶液，计算回收率，结果见表 8.7。

表 8.7　ICP-MS 方法回收率试验数据

样品名称	本底样品 /(mg/kg)	相当于加锡的量 /μg	加标样品含量 /μg	减本底后含量 /μg	回收率 /%
聚氯乙烯涂料	8.32	1.0	1.80	0.968	96.8
		1.0	1.84	1.04	104
		1.0	1.784	0.921	92.1
聚氨酯涂料	6.24	0.5	1.143	0.491	98.2
		0.5	1.101	0.477	95.4
		0.5	1.065	0.459	91.8

取聚氯乙烯、聚氨酯材质的阳性样品各 2 份，分别重复测定 7 次，以此计算方法精密度，结果见表 8.8。

表 8.8　ICP-MS 方法精密度试验数据

测定结果 /(mg/kg)	1	2	3	4	5	6	7	SD /%	RSD /%
聚氯乙烯 A	8.32	8.36	8.25	8.16	8.18	8.39	8.30	0.09	1.1
聚氯乙烯 B	8.00	7.98	8.06	8.13	7.97	8.02	8.05	0.06	0.7
聚氨酯 C	6.24	6.18	5.99	6.08	6.45	6.29	5.96	0.17	2.8
聚氨酯 D	6.06	5.91	6.08	5.78	6.12	6.19	5.88	0.15	2.5

8.3 绿色车用涂料中有机锡的定量分析技术

8.3.1 实验部分

8.3.1.1 试剂

除另有说明外,在分析中仅使用确认为分析的纯试剂和蒸馏水或相当纯度的水。

液氮:工业级;甲醇:ACS/HPLC 纯;四氢呋喃:ACS/HPLC 纯;丙酮:HPLC 纯;乙酸乙酯:HPLC 纯;二氯甲烷;苯;四氯化碳;正己烷;无水硫酸钠:置干燥箱中,于 120 ℃干燥 4 h,冷却后,密闭保存;乙酸钠;冰乙酸;乙酸—乙酸钠缓冲溶液;四乙基硼化钠:纯度大于 98%;四乙基硼化钠溶液:浓度为 2%(质量分数),当天配制。

8.3.1.2 仪器及设备

QP2010 气相色谱仪:配有火焰光度检测器(FPD)(日本岛津公司);

气相色谱—质谱联用仪:7890 A 气相色谱仪,5975 C 质谱仪(带 EI 源),7683 自动进样器,化学工作站,NIST 质谱谱库,美国 Agilent 公司。配备 HP-5 非极性柱及 INNOWAX 极性柱(19091 N-133);

美国 Agilent 1100-1946 D 高效液相色谱—质谱连用(LC-MSD)仪及化学工作站;

超声波清洗器;

恒温水浴振荡器;

分析天平:感量 0.1 mg;

SPEX-6870 液氮冷冻研磨机;

Himac CR22G II 高速冷冻离心机(日立公司);

PH 510 酸度计(EUTECH 公司);

Milli-Q 纯水仪(Milli Pore 公司);

滤膜:0.22 μm;

实验室常用玻璃器皿:所有玻璃器皿在使用前需用体积分数为 5% 的硝酸浸泡 24 h,并用水淋洗干净,烘干或自然晾干待用。

8.3.1.3　有机锡标准物质

1. 有机锡标准品，见表8.1。

2. 标准储备溶液：标准储备溶液浓度以有机锡阳离子浓度计。准确称取相应质量的标准品，用甲醇定容于100 mL容量瓶，标准储备溶液浓度为1000 mg/L。具体配制方法见表8.9。标准储备溶液以棕色硅烷化反应瓶盛装，置于4 ℃冰箱中避光保存，使用有效期为6个月。

表8.9　有机锡标准储备溶液配制方法

化合物	有机锡阳离子浓度/(mg/L)	有机锡氯化物与阳离子换算系数	定容体积/mL	称样量/g	相当于有机锡阳离子质量/g
MMT	1000	135/240	100	0.1778	0.1000
DMT	1000	150/220	100	0.1467	0.1000
MBT	1000	177/282	100	0.1593	0.1000
DBT	1000	234/304	100	0.1299	0.1000
TBT	1000	291/326	100	0.1120	0.1000
MOT	1000	233/338	100	0.1451	0.1000
DOT	1000	346/416	100	0.1202	0.1000
TOT	1000	459/494	100	0.1076	0.1000
TPhT	1000	351/386	100	0.1100	0.1000

3. 标准工作溶液：根据需要将标准储备溶液逐级稀释成适用浓度。标准工作溶液应置于4℃冰箱中避光保存，使用有效期为1个月。

4. 基质标准工作溶液：根据需要分别用不同基质阴性样品提取液将标准储备溶液稀释成适用浓度的基质标准工作溶液。

8.3.1.4　样品来源与处理

将车用涂料样品先剪成3 mm×3 mm以下的小块，再用液氮冷冻研磨机粉碎至粉末待用。

8.3.1.5　GC法和GC-MS法

1. 样品提取

见表8.10。

表 8.10　GC 法和 GC-MS 法的样品提取

方法名称	样品提取方法
GC	称取约 1 g 粉碎后的试样，精确到 0.0001 g，置于 40 mL 棕色顶空管内，加入 10 mL 的正己烷，将试样充分浸润后，旋上瓶盖，放入超声波清洗器中，在 50 ℃的条件下，超声 60 min。超声结束后将顶空管置于冷水浴中冷却至室温，样液作衍生化用。
GC-MS	准确称取 0.5 g 样品，加入 15 mL 四氢呋喃，超声至样品溶解完全，转移至 25 mL 容量瓶中定容。

2. 衍生化

见表 8.11。

表 8.11　GC 法和 GC-MS 法的衍生化

方法名称	衍生化方法
GC	在顶空管内添加 10 mL 乙酸—乙酸钠缓冲溶液，摇匀，并加入 2 mL 四乙基硼化钠溶液(2%)，剧烈振荡 5 min 后，在恒温水浴振荡器上震摇 30 min。将反应液转移至分液漏斗中，经充分振荡后，去除水相，从分液漏斗中分离出 1 mL 正己烷，转移至具塞试管中，加入适量无水硫酸钠脱水。此溶液供 GC-FPD 分析。 准确吸取适量的有机锡标准工作溶液至棕色定量管内，准确加入 10 mL 正己烷，此溶液作为标准添加溶液，随同样液衍生化。
GC-MS	准确移取 1 mL 样品溶液于 10 mL 比色管中，加入 5 mL 乙酸缓冲溶液(pH 4.0)、2 mL 四乙基硼化钠溶液(2%)，超声 30 min，加入 2 mL 正己烷，再超声 5 min，静置分层，提取上层有机相清液，经无水硫酸钠脱水、滤膜过滤后注入进样小瓶中待测。

8.3.1.6　HPLC-MS 法

样品经液氮冷冻研磨机磨碎并充分混匀，称取 0.5 g(精确至 0.1 mg)样品于具塞锥形瓶中，加入 25 mL 四氢呋喃，超声 30 min 使样品溶解完全(视样品溶解难易程度可适当延长与缩短超声时间)，取 1 mL 样品溶液于离心管中，加入 2 mL甲醇，混匀，在离心机上 8000 r/min，4℃条件下离心 15 min，取上清液过 0.22 μm 滤膜，用液相色谱质谱联用仪测定。

8.3.1.7　测定条件

1. 气相色谱测定条件

(1)色谱柱:30 m×0.32 mm(内径)×0.25 μm(膜厚),DB-5石英毛细管柱或相当者;

(2)色谱柱温度:70℃(1 min)　15℃/min　190℃　20℃/min　270℃(8 min);

(3)进样口温度:280 ℃;

(4)检测器温度:290 ℃;

(5)载气:氮气,纯度≥99.999%,柱流量1.0 mL/min;

(6)工作气流量:空气120 mL/min;氢气100 mL/min;

(7)锡滤光片:610 nm;

(8)进样方式:不分流进样;

(9)进样量:2 μL。

2. 气相色谱—质谱测定条件

(1)INNOWAX色谱柱:30 m×0.25 mm(i.d.)×0.25 μm,或相当者;

(2)进样口温度:240 ℃;

(3)进样口压力:3.8 psi;

(4)载气流速1.5 mL/min;

(5)不分流进样,进样量1 μL;

(6)色谱柱温度为:35 ℃(1 min)10 ℃/min 150 ℃ 20 ℃/min 240℃(13 min);

(7)溶剂延迟:2 min;

(8)SCAN全扫描模式或SIM选择离子模式,扫描范围40～500 amu。以SIM选择离子模式,同时检测9种有机锡化合物,并根据工作曲线定量分析,选择离子条件见表8.12,标准溶液气相色谱图见图8.16。

表8.12　SIM选择离子条件

分组	化合物	保留时间/min	特征离子/amu	定量离子/amu
1	DMT	2.972	135;151;179;193	179
2	MMT	3.799	135;165;193;207	193
3	MBT	7.103	149;179;207;235	179
4	DBT	9.157	179;207;235;263	207

续表

分组	化合物	保留时间/min	特征离子/amu	定量离子/amu
5	TBT	10.958	177;207;263;291	207
6	MOT	12.097	121;149;179;291	179
7	DOT	16.153	149;179;263;375	263
8	TOT	18.627	233;263;375;459	263
9	TPhT	26.738	120;197;351	351

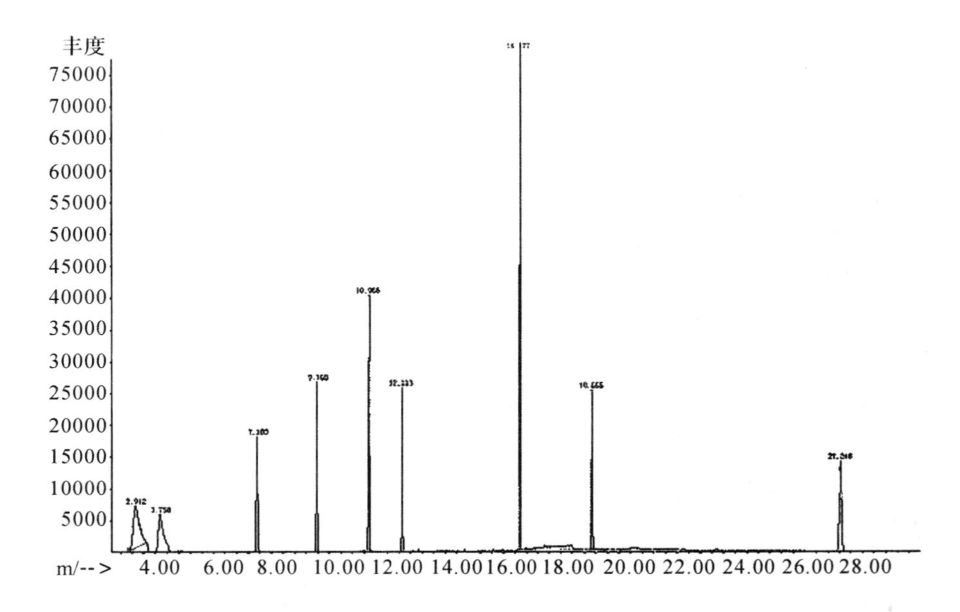

图 8.16　9 种有机锡标准品的气相色谱图

3. 液相色谱—质谱测定条件

(1)液相色谱条件

a. 色谱柱:ZORBAX 300-SCX 柱,250 mm×4.6 mm,5 μm(i.d.)或相当者;

b. 柱温:30 ℃;

c. 流动相:甲醇—20 mol/L 醋酸铵(含 0.1%冰乙酸)=80+20,等度洗脱;

d. 流速:1.0 mL/min;

e. 进样量:10 μL;

(2)质谱条件

a. 离子源:电喷雾离子源;

b. 电离方式:正离子模式;

c. 检测方式:选择离子监测(SIM);

d. 干燥气体流速:11 L/min;

e. 干燥气温度:320 ℃;

f. 雾化器压力:35 psi;

g. 毛细管电压:3500 V;

h. SIM 参数:见表 8.13。

表 8.13　有机锡选择离子检测条件

序号	有机锡化合物	保留时间/min	特征离子/amu	相对离子丰度/%	定量离子/amu	碎裂电压/V
1	TBT	11.4	291.2	100±20	291.2	130
			289.2	68.2±20		
			287.2	40.9±25		
2	TPhT	16.1	351.2	100±20	351.2	160
			349.2	75±20		
			347.1	43.2±25		
3	TOT	6.7	459.5	100±20	459.5	170
			457.4	72.7±20		
			455.4	40.9±25		

8.3.2　结果和讨论

8.3.2.1　提取和溶解条件的选择

1. GC 法和 GC-MS 法

(1)提取方法的选择

本方法选择两种不同材质的样品分别采用溶解沉淀法、索氏抽提法及超声萃取法进行加标试验,对测定结果进行比较。发现三种方法无显著性差异,但溶解沉淀法要先对样品进行材质分析,才能选用不同的溶剂进行溶解和沉淀。各种资料表明,并不是所有的聚合物均能够被有机溶剂溶解,且溶解以后也将聚合物中各种添加剂一并溶解出来,尤其是在 GC-FPD 上检测,干扰被测物,但其优点是提取有机锡比较彻底,又是在常温下操作,易于保证目标化合物的回收率。

综合考虑该方法的局限性和长处，决定在本标准中给予舍弃。至于索氏抽提由于耗时，溶液用量大，耗能多，操作麻烦，在精密度和准确度没有特别优势的情况下，不适合日常使用，转而采用简便、通用、易于操作的提取方法——超声萃取法。

称取约 1 g 粉碎后的试样，精确到 0.0001 g，置于 40 mL 棕色顶空管内，加入 10 mL 的正己烷，将试样充分浸润后，旋上瓶盖，放入超声波清洗器中，在 50 ℃的条件下，超声 60 min。超声结束后将顶空管置于冷水浴中冷却至室温，样液作衍生化用。

(2)超声萃取溶剂的选择

选择萃取溶剂要考虑溶剂从样品中溶解有机锡化合物的能力，采用两种不同的萃取溶剂正己烷和甲醇对车用涂料样品加标进行超声萃取，衍生化后进气相色谱进行分析，计算回收率，正己烷作为萃取溶剂得到的检测结果好于甲醇作为萃取溶剂得到的检测结果。

(3)超声萃取时间和温度的选择

选择不同的萃取时间为 30 min、60 min、90 min，不同的萃取温度选择为 40 ℃、50 ℃、60 ℃。样品中这四种有机锡化合物的加标回收率的检测结果如图 8.17和图 8.18 所示。选择萃取的温度和时间分别为 50 ℃和 60 min。

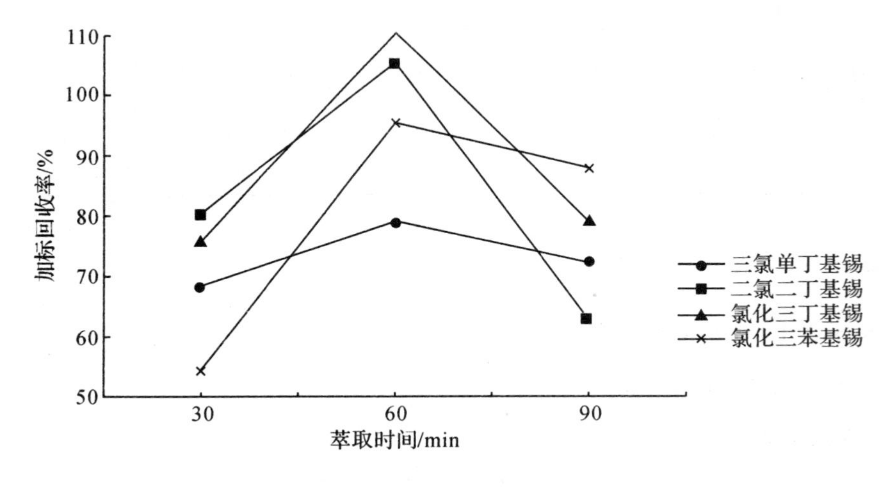

图 8.17　萃取时间

2. HPLC-MS 法

(1)样品溶解试剂的选择

选择丙酮、乙酸乙酯、二氯甲烷、苯、四氯化碳、四氢呋喃等溶剂对搜集到的

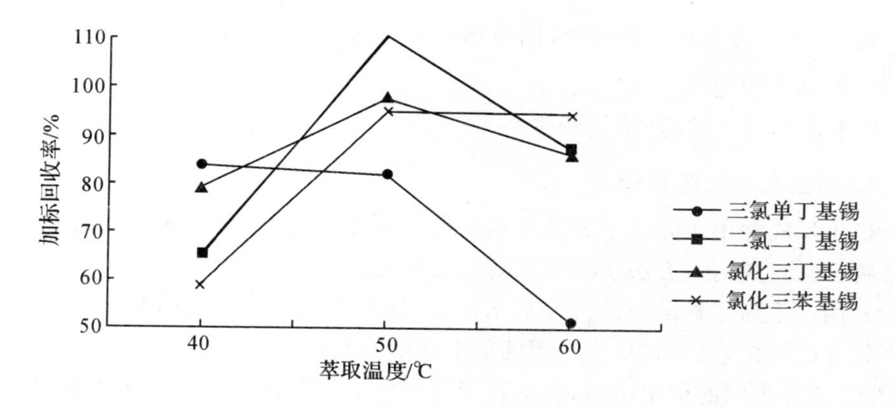

图 8.18　萃取温度

车用涂料进行了溶解试验，结果表明，选择四氢呋喃作为溶解剂，超声 30 min 溶解，对于较难溶解样品，适当延长超声溶解时间。

(2)沉淀溶剂及其比例的选择

选择甲醇进行了沉淀试验，称取 0.5 g 阴性 PVC 样品于具塞锥形瓶中，加入有机锡混合标准溶液，然后加入 25 mL 四氢呋喃，超声 30 min 使之充分溶解，平行取 4 份各 1 mL 样品溶液于离心管中，分别加入甲醇 1.0、1.5、2、3 和 4 mL，沉淀剂与样品溶液的体积比分别相当于 1、1.5、2、3、4，混匀，在离心机上 8000 r/min 离心 15 min，上清液经 0.22 μm 滤膜过滤后，在 HPLC-MS 上进行测定，计算回收率。结果表明，甲醇用量为 2 mL、3 mL、4 mL 时平均回收率均在 85% 以上。同时将离心后的混合溶液除去溶剂，烘干后称取各沉淀物的重量，沉淀剂体积与沉淀物重量的关系如图 8.19 所示，因此认为甲醇与样品四氢呋喃溶液以

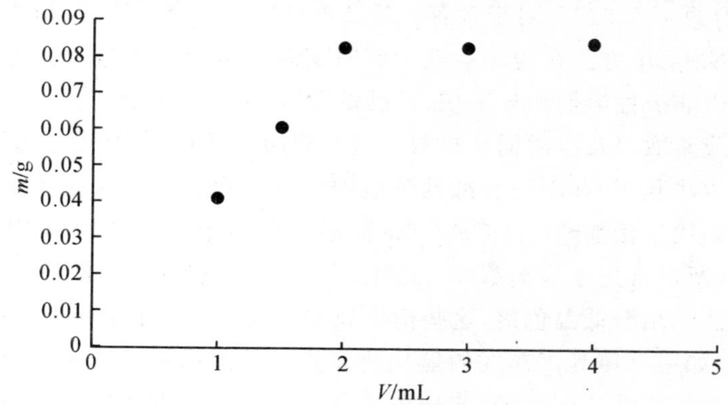

图 8.19　不同体积甲醇沉淀效果图

体积比 2∶1 时基本可沉淀完全，同时该体积比也不会影响回收率，因此选择该比例作为沉淀剂用量。

8.3.2.2 衍生化方法及条件

1. 衍生化方法的选择

衍生反应常用于能产生满足气相色谱分析要求的易挥发、热稳定的有机锡化合物。常见的衍生方法主要有烷基化或氢化。

利用一系列格林试剂进行烷基化反应，如甲基化、乙基化、丙基化、丁基化、戊基化和己基化，是一种最为常用的衍生技术。利用这一方法，可根据被分析物的种类，选择不同的衍生试剂，以适合于气相色谱分离，同时生成比较稳定、较难挥发的衍生物，以避免前处理过程中的挥发损失，然而这一方法操作比较烦琐、耗时，而且需要严格的无水条件与不带活泼氢离子的非极性溶剂。如果利用极性溶剂作为萃取试剂，则需要进行溶剂交换，而且要分离衍生的有机锡必须进行液液萃取。一般来说，格林反应的衍生化率与有机锡所带的卤离子、乙酸根等无关。文献报道的反应时间范围很宽，从几十秒到几个小时不等。反应方式有搅拌、旋转搅动、回流、超声、手摇或机械振荡等。由于甲基、乙基格林试剂进行衍生反应产生的有机锡化合物易挥发，在前处理过程中会大量损失，所以浓缩衍生有机锡时一般至近干。甲基衍生方法的另一限制是它不能用于衍生自然存在的甲基、丁基锡化合物，因为这样可能造成形态的混淆。

近年来，直接在水溶液中用四乙基硼化钠（$NaBEt_4$）进行乙基化衍生的方法得到了越来越多的应用。其他衍生试剂如四丙基硼化钠也有使用。这一方法可在缓冲溶液中进行，常用乙酸—乙酸钠、乙酸—乙酸铵与柠檬酸—氨缓冲体系，pH 可调节为约 4、5、6、9。对于含有大量共萃取物的复杂基体，其衍生化率低于格林反应。$NaBEt_4$ 方法在缓冲溶液中同时实现萃取与衍生过程。乙基化衍生物通常可以由非极性溶剂如异辛烷、正己烷萃取，但对于低沸点衍生物也可以通过顶空抽取或萃取以及冷阱捕获提取。这与利用 $NaBH_4$ 氢化衍生方法相似。

氢化衍生法利用 $NaBH_4$ 在酸性环境中将有机锡转化为相应的氢化物。对于水样常可采用直接加酸衍生（如乙酸、硝酸）；而对于固体样品，其基体可能抑制氢化反应，所以常先经溶剂萃取后衍生。由于氢化物稳定性差，所以氢化衍生常用在线方法。结合低温色谱，这些衍生技术不仅可测定丁基锡，还可测定高挥发性有机锡，如甲基锡等。在线的氢化物发生—低温捕集—石墨炉原子吸收方法可使样品操作步骤达到最少，这是快速分析有机锡的方法之一。另外样品也可同时衍生萃取，将生成的氢化物转移到有机溶剂如二氯甲烷中。还有人通过在气相色谱进样口装填与惰性 GC 填料混合的 $NaBH_4$，将进样与氢化结合起来，虽然这种方法可缩短分析时间，但它用于分析环境样品时重现性差。

综合上述分析，有机锡的衍生反应方式有三种：一种是利用硼氢化钠进行氢化反应，这种形式现在较少有人采用；一种是利用格氏试剂（RMgX，R 为烷基，Mg 为镁，X 为卤素）进行衍生反应，这种方式在衍生反应的过程中会产生有害气体，必须在通风柜中进行，且衍生反应完成后还要将多余的衍生试剂分解掉后才能进行有机相萃取，极为不便。另一种即是利用四乙基硼酸钠。这种方式在加入衍生试剂后可以直接进行萃取，不须分解过量的衍生试剂，衍生反应与有机相萃取可以同时进行，大大简化了反应过程。我们选用这种衍生反应方式进行衍生反应。

2. 衍生化条件的选择

(1)GC 法衍生化条件的选择

衍生化反应的不同 pH 值对衍生化过程的反应比较明显，pH 值低于 2 时四乙基硼化钠会生成硼氢化钠，pH 值过高有机锡化合物会加速分解。对有机锡标准溶液的衍生化过程未进行 pH 值控制，没有气相色谱峰出现。pH 值在 3～6 范围内对四种有机锡标准混合溶液 1 mL 在不同的 pH 值下进行衍生化反应，气相色谱的不同峰面积列于表 8.14。四种化合物选择 pH 值为 4.5 的缓冲溶液。

表 8.14　衍生化中不同 pH 值对峰面积的影响

化合物	峰面积		
	pH＝3.0	pH＝4.5	pH＝6.0
MBT	506544	559943	430901
DBT	318700	340313	280932
TBT	205186	228102	210025
TPhT	216785	282112	253256

(2)衍生化反应时间的选择

用四种有机锡标准混合溶液 1 mL，选择不同的衍生化反应时间，20 min、30 min及 40 min，按本方法确定的衍生化条件进行反应，不同的峰面积列于表 8.15。综合四种有机锡化合物的反应情况，选择衍生化反应时间为 30 min。

(3)GC-MS 法衍生条件的选择

影响衍生化反应效率的参数主要包括衍生时间、衍生化试剂用量及反应 pH 值，其中反应溶液酸度对衍生效率有显著影响，可以通过选择合适的缓冲溶液来实现反应体系的最佳酸度。pH 一般设置为 4～5，酸性过强将使部分四乙基硼化钠转化为硼氢化钠，因此而产生有机锡氢化物，但对于固体样品中有机锡的萃取应稍偏酸性。

表 8.15 不同衍生化时间对峰面积的影响

化合物	峰面积		
	t=20 min	t=30 min	t=40 min
MBT	430032	559943	560034
DBT	290324	340313	348976
TBT	203289	228102	239870
TPhT	234398	282112	290023

本方法以不同混合比例的乙酸—乙酸钠缓冲溶液来调节反应酸度，pH 值分别设置为 3.0、3.5、4.0、4.5、5.0、5.5、6.0，其他条件相同，优化试验结果见表 8.16。

表 8.16 衍生化酸度优化试验结果

化合物	峰面积						
	pH 3.0	pH 3.5	pH 4.0	pH 4.5	pH 5.0	pH 5.5	pH 6.0
MMT	339884	351538	374076	363901	350004	300230	465276
DMT	150424	178833	192115	181442	170407	163219	219901
MBT	82742	76703	116701	93761	97133	129051	357026
DBT	47678	45011	84783	68675	69918	50535	107306
TBT	57946	52540	114840	98962	85747	50520	71816
MOT	40812	35081	75011	63054	60161	43911	70997
DOT	69937	70704	130203	119813	120073	81120	112480
TOT	34957	38211	62362	61626	54741	37329	49503
TPhT	23360	26875	61312	33818	44755	36403	57905

由表 8.16 可见，9 种有机锡的最佳反应酸度不完全相同，综合考虑 9 种有机锡化合物，本方法最终选择峰面积响应较低的 TPhT、TOT、MOT、TBT 的最佳反应酸度为本方法衍生化酸度，即 pH 4.0。

除反应酸度之外，衍生时间也是影响衍生效率的主要因素之一。有机锡化合物稳定性差、易分解，衍生时间过长，将造成有机锡的损失；而反应时间不足则导致衍生不完全。但由于不同实验室间使用的前处理设备不同，衍生时间因超声波清洗器功率的不同而变化，因此最佳衍生时间的通用性相对较低。

本方法将衍生时间分别设置为 15、20 和 30 min，其他条件相同，优化实验结果见表 8.17。结果表明，本实验室中 9 种有机锡的最佳衍生时间均为 30 min。

表 8.17　衍生时间优化试验结果

化合物	峰面积		
	15min	20min	30min
MMT	529138	438814	695312
DMT	1029152	919448	1256337
MBT	374775	332715	522330
DBT	363736	321939	480946
TBT	484504	415892	623371
MOT	302334	255866	402525
DOT	636072	583702	919061
TOT	319885	290332	441747
TPhT	531641	407214	715768

(4)衍生试剂用量的选择

衍生化试剂浓度并不能显著影响衍生效率，一般要求衍生化试剂加入体积过量即可满足衍生需要，但从检测成本考虑，也不宜过多。

本方法确定衍生化试剂浓度为 2%，将衍生化试剂用量分别设置为 2、3.5 和 5 mL，其他条件相同，优化试验结果见表 8.18。结果表明，2 mL 衍生化试剂(2%)即可完全衍生 9 种有机锡化合物。

表 8.18　衍生化试剂用量优化试验结果

化合物	峰面积		
	2 mL	3.5 mL	5 mL
MMT	695312	420460	330873
DMT	1256337	837837	634778
MBT	522330	399851	372027
DBT	480946	370910	332639
TBT	623371	454667	393848
MOT	402525	306495	262531
DOT	919061	628832	552372
TOT	441747	292206	271521
TPhT	715768	558363	522239

根据上述衍生化条件优化试验结果，确认本方法的最佳衍生化条件为：准确移取 1 mL 样品溶液于 10 mL 比色管中，在 pH=4.0 的酸度下，加入 2 mL 四乙基硼化钠溶液（2%），超声反应 30 min，加入 2 mL 正己烷，超声萃取 5 min。

8.3.2.3 色谱质谱条件的选择

1. 气相色谱条件的选择

（1）色谱柱的选择

考虑到衍生化后的物质还稍稍具有极性，选用 DB-5 石英毛细管柱或相当者：30 m×0.32 mm（内径）×0.25 μm（膜厚），程序升温可以拉开溶液峰及样品中可能一同萃取出来的杂质峰的保留时间。利用毛细管不分流进样及其溶剂效应技术提高有机锡的检测灵敏度。

（2）测定方式的选择

GC-FPD 检测法在测定某些有机金属化合物具有特效，已成为有机金属化合物如有机锡等形态分析的最灵敏的方法之一。这种方法仪器成本低、灵敏、快速、容易操作，选择性好。

因此本方法将利用气相色谱—火焰光度检测器灵敏度高、选择性好和抗干扰的特点，对有机锡进行测定，方法简便、快速、准确。

（3）进样口和检测器温度优化

进样口和检测器温度根据仪器公司（日本岛津公司）推荐的值为色谱柱最高温度加 20 ℃，即进样口温度为 290 ℃，检测器温度也为 290 ℃。考虑到检测器温度过高将影响锡滤光片的寿命，因此采用 290 ℃较为合适。在其他测定条件相同的情况下，用有机锡标准溶液对进样口温度进行优化。由测定结果发现，随着进样口温度的升高，峰面积逐渐增大，在 270～290 ℃时达到最大，290 ℃以后，随着进样口温度的升高，峰面积又逐渐减小。因此，选择 280 ℃为最佳进样口温度。

（4）气相色谱测定的分析条件选择

本法选用 DB-5（30 m×0.32 mm×0.25 μm）毛细管柱，在选定的色谱条件下，对有机锡的混标做色谱图，由图 8.20 可见各组分能够较好地分离。

色谱柱：30 m×0.32 mm（内径）×0.25 μm（膜厚），DB-5 石英毛细管柱或相当者；

色谱柱温度：70 ℃（1 min），15 ℃/min，190 ℃，20 ℃/min，270℃（8 min）；

进样口温度：280 ℃；

检测器温度：290 ℃；

载气：氮气，纯度≥99.999%，柱流量 1.0 mL/min；

工作气流量：空气 120 mL/min；氢气 100 mL/min；

锡滤光片：610 nm；

进样方式：不分流进样；进样量：2 μL。

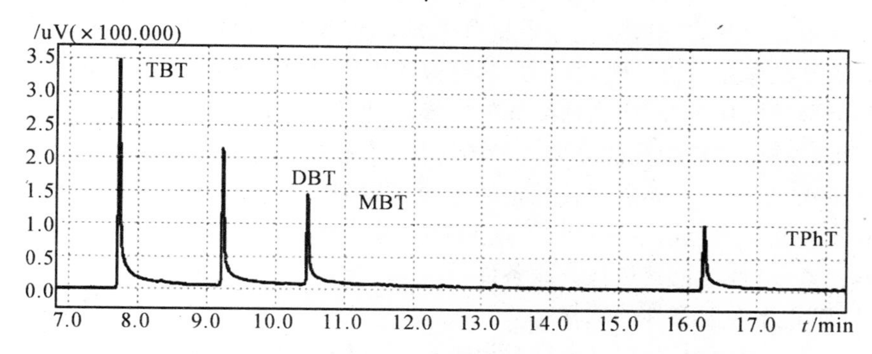

图 8.20 有机锡标准品衍生物的 GC-FPD 气相色谱图

根据有机锡的各个化合物的色谱图保留时间进行定性，各个化合物的保留时间见表 8.19。

表 8.19 有机锡的气相色谱分析保留时间

峰号	化学名称	保留时间
1	MBT	7.724
2	DBT	9.228
3	TBT	10.469
4	TPhT	16.226

(5)火焰光度检测器条件选择

FPD 检测器和 FID 检测器的燃烧原理相同，喷嘴的结构不完全一样。在实际测定过程中，不同的空气和氢气的流量影响有机锡的检测灵敏度。根据文献推荐选择的流量不一定适合仪器。经过反复的比较和选择，由仪器公司推荐的流量较为合适，即空气流速为 120 mL/min，氢气流速为 100 mL/min。

2. 气相色谱—质谱条件的选择

(1)色谱柱的选择

在大多数现有有机锡化合物的气相色谱检测文献中，一般均使用 DB-5、HP-5 等非极性柱，为进一步验证不同色谱柱的分离效果，使本方法更具有广泛适用性，本方法对比了 DB-5 非极性柱与 INNOWAX 极性柱，结果表明两者的分离效果相近，在适当的条件下极性柱同样可以达到较好的分离效果，与非极性柱相比，只有各有机锡化合物的流出顺序有所不同。

非极性柱的保留作用主要是色散力，其出峰顺序一般符合沸点规律，低沸点组分流出时间短，高沸点组分流出时间长，因沸点与分子量基本成正比，因此非极性柱中各烃基锡一般按照分子量由小到大的顺序依次流出。

极性柱作用力主要为定向力，诱导力和色散力处于次要地位，其出峰顺序主要按照极性顺序分离，弱极性组分先出峰，强极性组分后出峰。

极性柱与非极性柱的分离效果的对比，确保各类实验室均能依据本方法检测有机锡化合物，且无须因目标物的不同而频繁更换色谱柱。因使用非极性柱分离各烃基锡的色谱条件已有大量文献报道，因此本方法在以下实验中均使用极性色谱柱，并讨论其最佳分离条件。

(2)程序升温条件的选择

在各烃基锡中，除甲基锡外其他 7 种长链烃均易于分离，且响应较好，后续升温程序只需满足各有机锡衍生物适当分离即可。但一甲基锡、二甲基锡因其沸点低、挥发性强，低温下分离效果好，流出时间与溶剂相近，响应较低。因此，对初始温度进行优化试验，以得到最佳分离效率。

对比不同初始温度的色谱图可以发现，甲基锡在 30 ℃时响应最好，随着温度的升高，色谱峰逐渐扩展、检测灵敏度下降。但如选择初始温度为 30 ℃，南方实验室在夏季可能会出现初始温度低于室温的情况，如未配备低温色谱，则很难将温度准确控制在 30 ℃。权衡实验室初始温度控制及色谱峰灵敏度，最终选择初始温度为 35 ℃，35 ℃时 SCAN 扫描结果相对较差，SIM 选择离子模式下响应基本满足检测要求。最佳程序升温条件为：初始温度 35 ℃，保留 1 min，以 10 ℃/min的速率升温至 150 ℃，再以 20 ℃/min 的速率升温至 240 ℃，保留 13 min。

(3)载气流速的选择

不同载气流速对有机锡的流出时间、分离效果均有很大影响。分别选择载气流速为 0.8、1.0 和 1.5 mL/min，流速对比气相色谱图见图 8.21。由图中可见，流速越大、化合物的流出时间越短。流速在 1.5 mL/min 时分离峰丰度最大、峰形最好，因此选择载气流速为 1.5 mL/min。

(4)质谱定性分析

锡有 24 种同位素，其中 10 种为稳定同位素，分别为 Sn112(0.95%)、Sn114(0.65%)、Sn115(0.34%)、Sn116(14.24%)、Sn117(7.57%)、Sn118(24.01%)、Sn119(8.58%)、Sn120(32.97%)、Sn122(4.71%)、Sn124(5.96%)。有机锡的质谱图为非常有特征的簇状峰，这对有机锡的定性分析非常重要。通过有机锡的特征质谱图，结合对比标准物质保留时间及 NIST 质谱谱库，即可确定有机锡

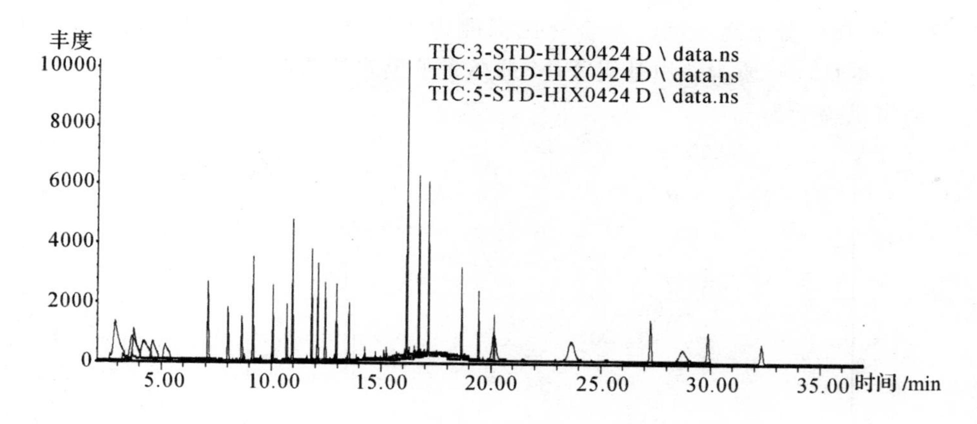

图 8.21　载气流速对比

(3～1.5 mL/min;4～1.0 mL/min;5～0.8 mL/min)

的形态,同时确认 SIM 选择离子模式的监测离子。

气相色谱—质谱分析的是乙基化的有机锡化合物,标准物质中的氯在衍生化反应过程中被乙基取代。乙基的化学式为 $CH_3CH_2^-$,质量数为 29。

甲基的化学式为 CH_3^-,质量数为 15。从图 8.22 可以看出,121 为 $[Sn+H]^+$;135 与 Sn120 质量数相差 15,为 1 个甲基与 Sn 连接的碎片峰;151 与 Sn122 质量数相差 29,为 1 个乙基与 Sn 连接的碎片峰;165 与 Sn120 质量数相差 45,为 1 个甲基、1 个乙基与 Sn 连接的碎片峰;179 与 $[Sn+H]^+$ 质量数相差 58,为 2 个乙基与 Sn 连接的碎片峰;193 与 Sn120 质量数相差 73,为 1 个甲基、2 个乙基与 Sn 连接的碎片峰;207 与 Sn119 质量数相差 88,为 2 个甲基、2 个乙基

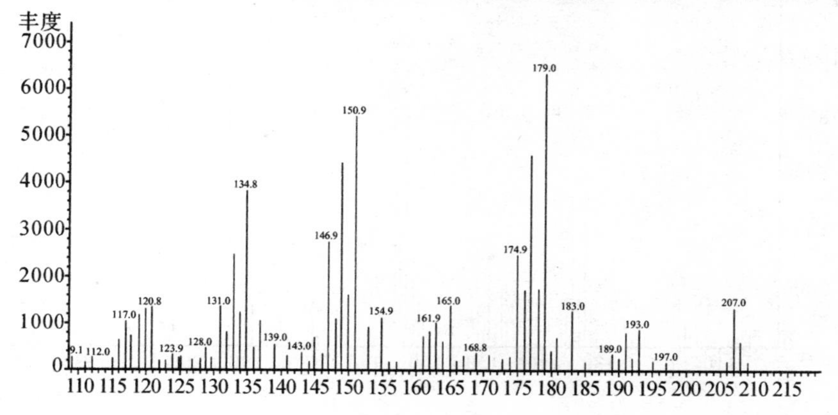

图 8.22　DMT 特征质谱图(2.972min)

与 Sn 连接的分子离子峰。结合对比标准物质保留时间及 NIST 质谱谱库(图 8.23),确认此物质为一甲基锡,SIM 选择离子模式的监测离子为 135/151/179/193;定量离子为 179。

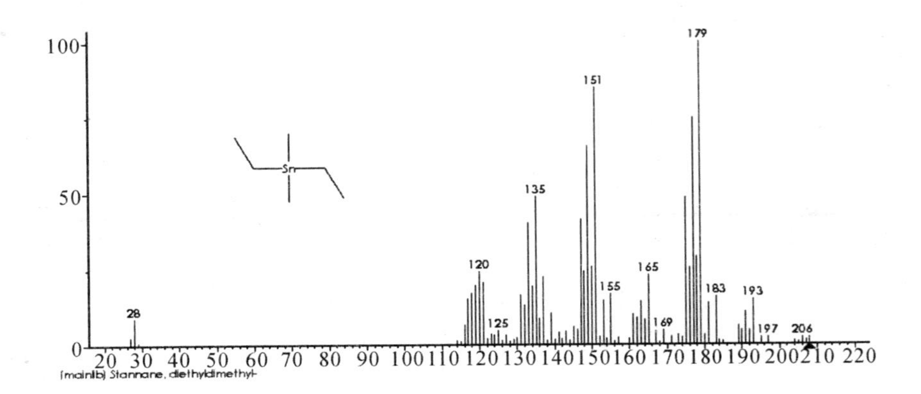

图 8.23 DMT-NIST 标准谱库

在 DMT 特征质谱图的基础上,从图 8.24 可以看出,与 DMT 离子碎片基本相同,不同的是含有最大碎片峰 222,与 Sn120 质量数相差 102,为 1 个甲基、3 个乙基与 Sn 连接的分子离子峰。结合对比标准物质保留时间及 NIST 质谱谱库(图 8.25),确认此物质一甲基锡,SIM 选择离子模式的监测离子为 135/165/193/207;定量离子为 193。

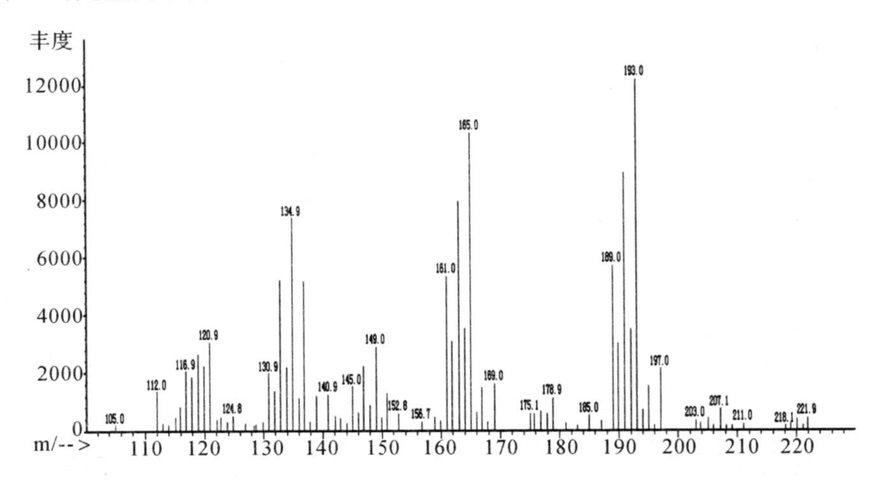

图 8.24 MMT 特征质谱图(3.799min)

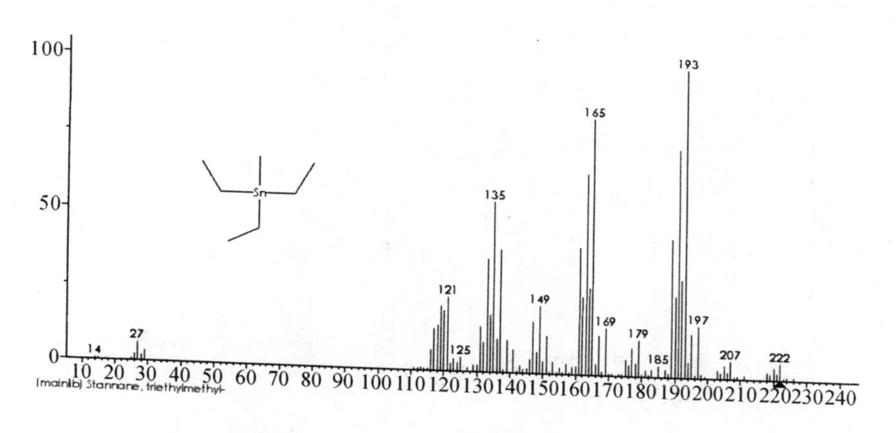

图 8.25　MMT-NIST 标准谱库

丁基的化学式为 $CH_3(CH_2)_3^-$，质量数为 57。从图 8.26 可以看出，121 为 $[Sn+H]^+$；149 与 Sn122 质量数相差 29，为 1 个乙基与 Sn 连接的碎片峰；179 与 Sn122 质量数相差 57，为 1 个丁基与 Sn 连接的碎片峰；207 与 $[Sn120+H]^+$ 质量数相差 86，为 1 个丁基、1 个乙基与 Sn 连接的碎片峰；235 与 Sn120 质量数相差 115，为 1 个丁基、2 个乙基与 Sn 连接的碎片峰；未发现 2 个丁基与 Sn 连接的碎片。结合对比标准物质保留时间及 NIST 质谱谱库（图 8.27），确认此物质为一丁基锡，SIM 选择离子模式的监测离子为 149/179/207/235；定量离子为 179。

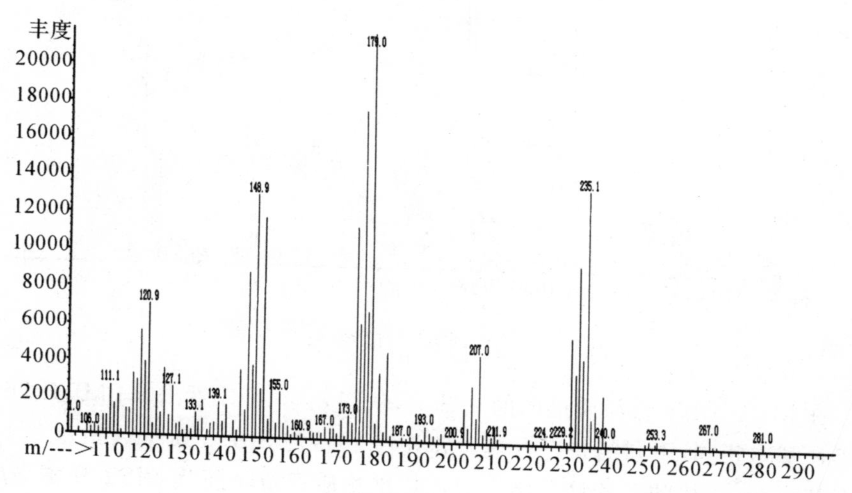

图 8.26　MBT 特征质谱图（7.103min）

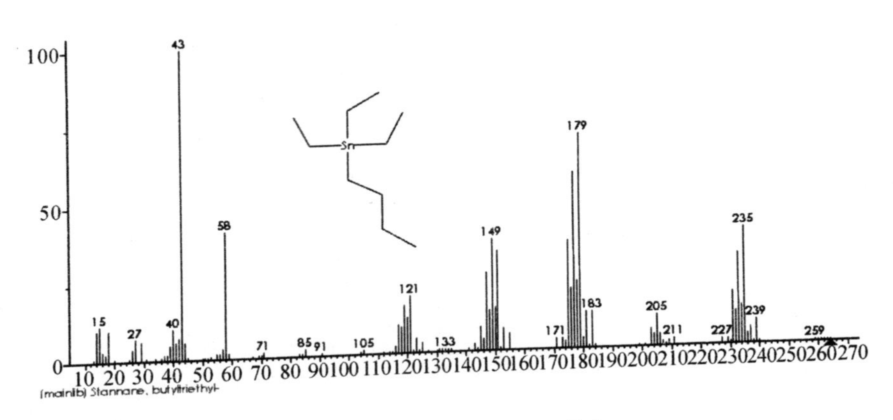

图 8.27　MBT-NIST 标准谱库

在 MBT 特征质谱图的基础上，从图 8.28 可以看出，与 MBT 离子碎片基本相同，不同的是含有最大碎片峰 263，与 Sn120 质量数相差 143，为 2 个丁基、1 个乙基与 Sn 连接的碎片峰。结合对比标准物质保留时间及 NIST 质谱谱库(图 8.29)，确认此物质为二丁基锡，SIM 选择离子模式的监测离子为 179/207/235/263；定量离子为 207。

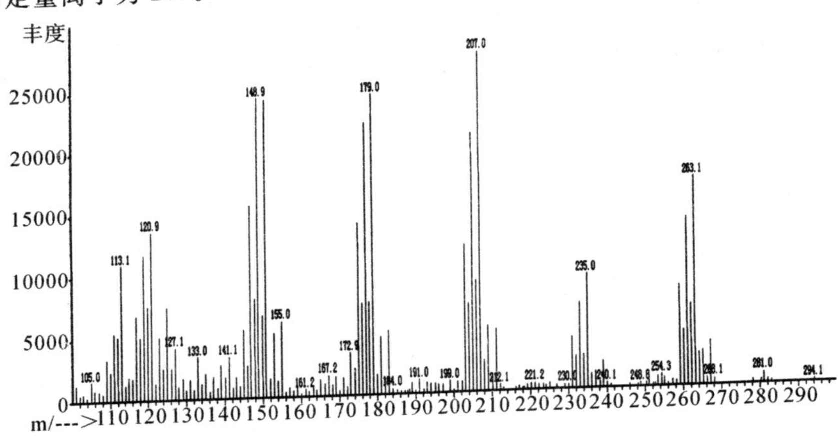

图 8.28　DBT 特征质谱图(9.157min)

在 MBT、DBT 特征质谱图的基础上，从图 8.30 可以看出，与 MBT、DBT 离子碎片基本相同，不同的是含有最大碎片峰 291，与 Sn120 质量数相差 171，为 3 个丁基与 Sn 连接的碎片峰。结合对比标准物质保留时间及 NIST 质谱谱库(图 8.31)，确认此物质为三丁基锡，SIM 选择离子模式的监测离子为 177/207/263/291；定量离子为 207。

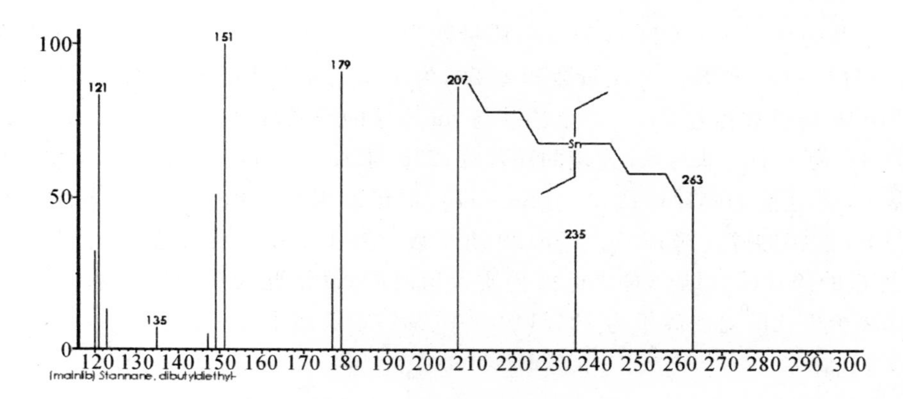

图 8.29　DBT-NIST 标准谱库

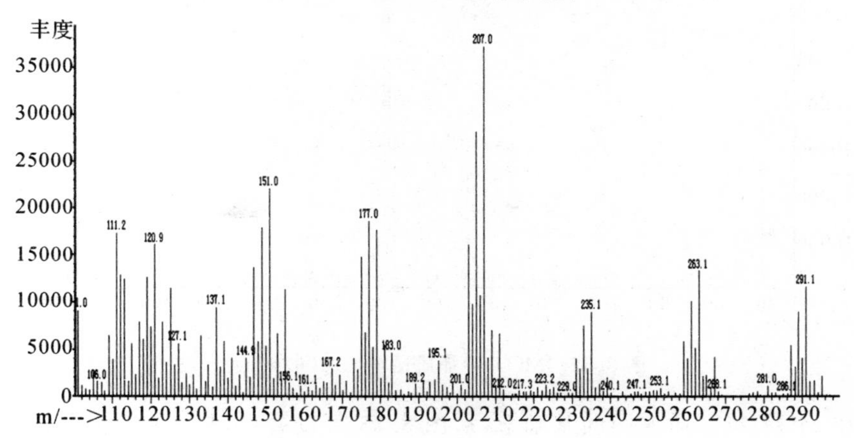

图 8.30　TBT 特征质谱图(10.958min)

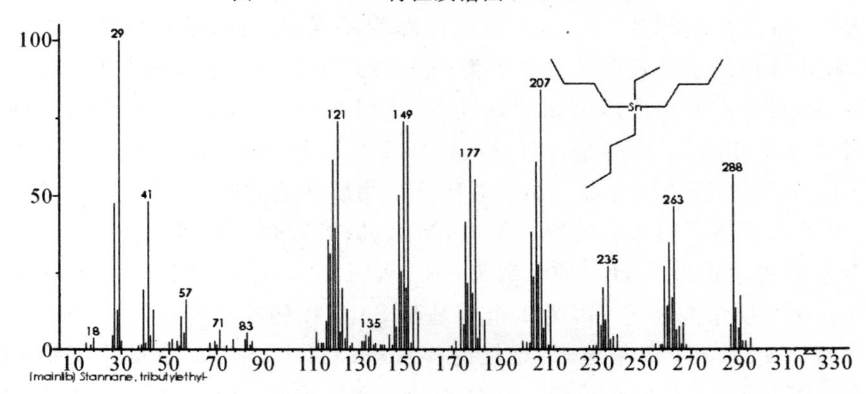

图 8.31　TBT-NIST 标准谱库

辛基的化学式为$CH_3(CH_2)_7^-$，质量数为113。从图8.32可以看出，121为$[Sn+H]^+$；151与Sn122质量数相差29，为1个乙基与Sn连接的碎片峰；177与Sn119质量数相差58，为2个乙基与Sn连接的碎片峰；207与Sn120质量数相差87，为3个乙基与Sn连接的碎片峰；235与Sn122质量数相差113，为1个辛基与Sn连接的碎片峰；263与$[Sn+H]^+$质量数相差142，为1个辛基、1个乙基与Sn连接的碎片峰；291与Sn120质量数相差171，为1个辛基、1个乙基与Sn连接的碎片峰。结合对比标准物质保留时间，确认此物质为一辛基锡，SIM选择离子模式的监测离子为121/149/179/291；定量离子为179。

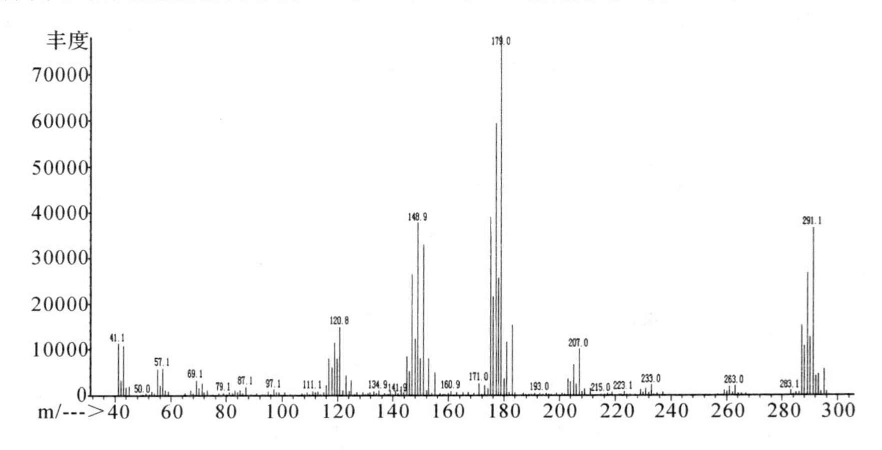

图8.32　MOT特征质谱图(12.097min)

在MOT特征质谱图的基础上，从图8.33可以看出，与MOT离子碎片基本相同，不同的是含有最大碎片峰375，与Sn120质量数相差255，为2个辛基、1个乙基与Sn连接的碎片峰。结合对比标准物质保留时间，确认此物质为二辛基锡，SIM选择离子模式的监测离子为149/179/263/375；定量离子为263。

在MOT、DOT特征质谱图的基础上，从图8.34可以看出，与MOT、DOT离子碎片基本相同，不同的是含有最大碎片峰459，与Sn120质量数相差339，为3个辛基与Sn连接的碎片峰。结合对比标准物质保留时间，确认此物质为三辛基锡，SIM选择离子模式的监测离子为233/263/375/459；定量离子为263。

苯基的化学式为$C_6H_5^-$，质量数为77。从图8.35可以看出，120为Sn120；197与Sn120质量数相差77，为1个苯基与Sn连接的碎片峰；273与Sn119质量数相差154，为2个苯基与Sn连接的碎片峰；351与Sn120质量数相差231，为3个苯基与Sn连接的碎片峰。结合对比标准物质保留时间，确认此物质为三苯基锡，SIM选择离子模式的监测离子为120/197/351；定量离子为351。

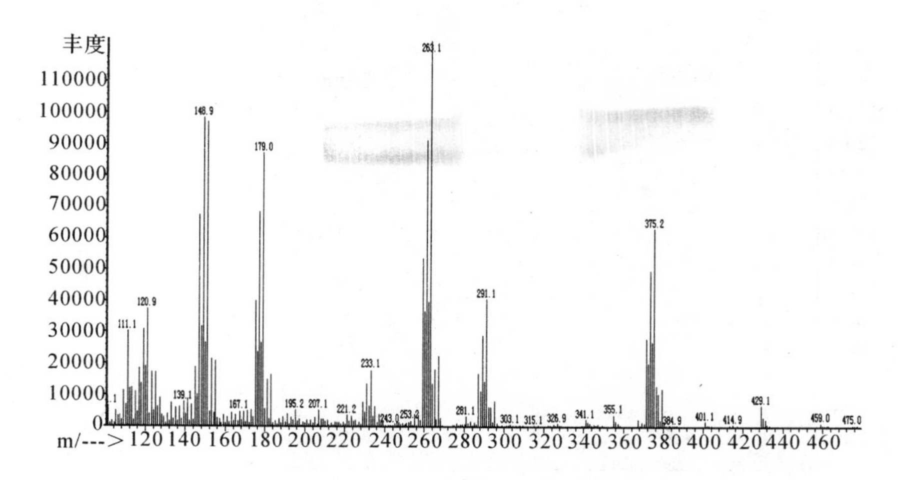

图 8.33　DOT 特征质谱图(16.153min)

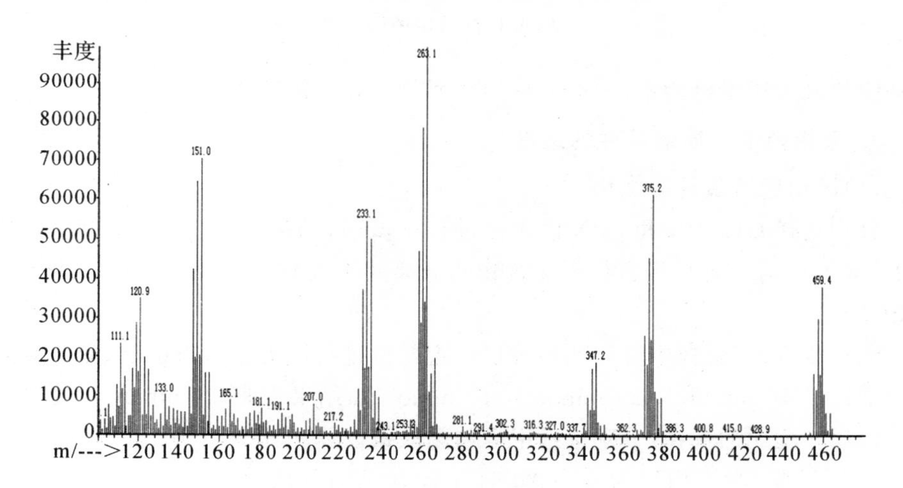

图 8.34　TOT 特征质谱图(18.627min)

整体分析 9 种有机锡特征质谱图发现，苯基锡丰度最高的 Sn 同位素峰为质量数 120，与《银矿地质普查》标准一致。甲基锡、丁基锡和辛基锡的 Sn 同位素峰丰度最高的为质量数 121，尽管 Sn 的 10 种稳定同位素中并无 121 同位素，但已有文献提出，推测质量数 121 为$[Sn120+H]^+$。

在所有有机锡的质谱图上，除 MMT、DMT 外，最大质量数的簇状峰均不是该有机锡的分子离子峰，主要原因在于乙基化的有机锡为 Sn 连接四个烃基，长链烃基锡受到空间排阻作用，空间结构属于热力学不稳定结构，因此，分子进入离子源后，在高能电子流轰击下，最先断裂一个烃基而形成三烃基锡，因此长链

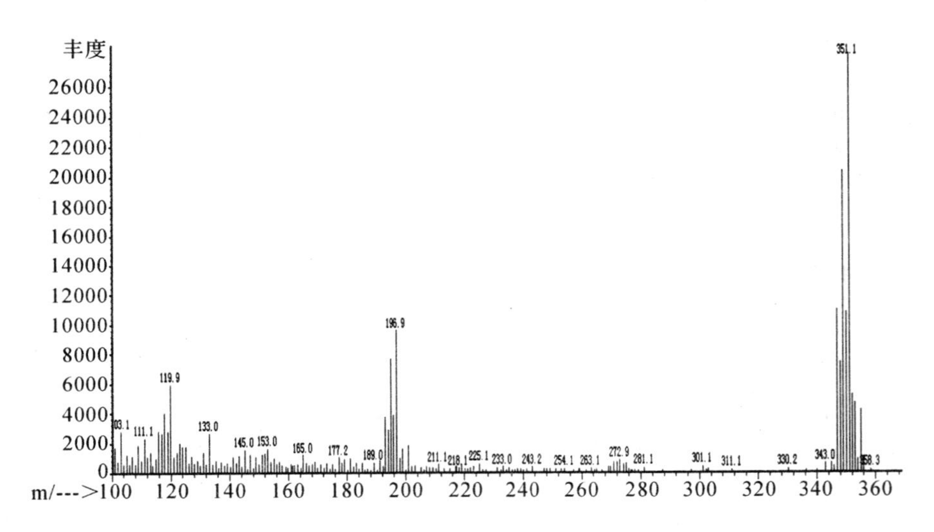

图 8.35　TPhT 特征质谱图(26.738min)

烃基锡的最大质量峰均不是分子离子峰,而是三烃基锡碎片峰。

3. 液相色谱—质谱条件的选择

(1)液相色谱条件的优化

分别选择 C18、CR 和 SCX 色谱柱进行了试验,结果表明,在同样流动相条件下,SCX 柱对 3 种目标有机锡化合物的分离效果最好,且灵敏度较高,因此选择 SCX 柱。

流动相选择:选择甲醇和醋酸铵以一定比例进行了等度分析试验,醋酸铵浓度分别选择 50 mmol/L、20 mmol/L、10 mmol/L,结果表明,20 mmol/L 效果最好。流动相配比的选择:分别选择甲醇与醋酸铵以体积比 90∶10、85∶15、80∶20 进行了试验,当体积比为 80∶20 时 3 种有机锡分离效果最佳。因此,采用 SCX 色谱柱,甲醇与 20 mmol/L 醋酸铵(含 0.01%冰乙酸)以体积比 80∶20 进行等度分析,流速选择 1.0 mL/min,3 种有机锡化合物的 SIM 色谱图见图 8.36。

(2)质谱条件的优化

在选定色谱条件下采用流动注射(FIA)进行质谱条件优化,结果最佳质谱参数为:干燥气体流速为 11 L/min;干燥气温度为 320 ℃;雾化器压力为 35 psi;毛细管电压为 3.5 kV,其中最为重要的参数是碎裂电压,3 种有机锡的质谱图均具有明显特征,呈现出一簇强烈分子离子峰,TBT 为 m/z 291.2 $[M120\text{-}Cl]^+$、289.2 $[M118\text{-}Cl]^+$、287.2 $[M116\text{-}Cl]^+$;TPhT 为 351.2 $[M120\text{-}Cl]^+$、

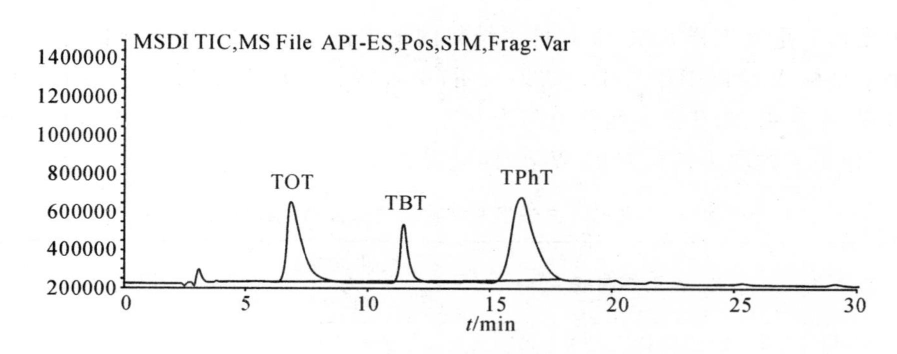

图 8.36　3 种有机锡化合物标准溶液的 SIM 总离子色谱图

349.2[M118-Cl]$^+$、347.1 [M116-Cl]$^+$；TOT 为 459.5 [M120-Cl]$^+$、457.4 [M118-Cl]$^+$、455.4 [M116-Cl]$^+$；该分子离子峰特征与锡的 10 种稳定同位素的分布情况相一致，10 种稳定同位素的分布情况为：Sn112(0.95%)、Sn114(0.65%)、Sn115(0.34%)、Sn116(14.24%)、Sn117(7.57%)、Sn118(24.01%)、Sn119(8.58%)、Sn120(32.97%)、Sn122(4.71%)、Sn124(5.96%)。根据色谱峰保留时间和 SIM 离子定性，每种有机锡选择 3 个监测离子，每个离子丰度比值与标准物质监测离子丰度比匹配。同时与标准物质保留时间一致而被定性确证。

8.3.2.4　线性关系

1. GC 法的线性关系

在本方法所确定的实验条件下，对有机锡标准溶液在一定浓度范围内测定，其浓度与响应值有良好的线性关系，相关系数 r 在 0.9991 以上，见表 8.20。

表 8.20　GC 方法下 4 种有机锡化合物的线性关系

序号	化合物名称	线性浓度范围/(mg/L)	相关系数 r
1	MBT	0.1～1.0	0.9999
2	DBT	0.1～1.0	0.9996
3	TBT	0.1～1.0	0.9993
4	TPhT	0.1～1.0	0.9991

2. GC-MS 法的线性关系

移取一定量的标准储备溶液，用甲醇稀释至浓度分别为 0.05、0.1、0.5、1.0、10、50、100 mg/L 的标准工作溶液系列，按照选定的分析条件进行测定，每一浓度水平重复进样 5 次，取其检测结果的平均值，以峰面积为纵坐标 Y、以浓度为横坐标 X 绘制工作曲线。结果表明，甲基锡的线性范围为 1～100 mg/L，丁基锡、辛基锡、苯基锡的线性范围为 0.5～100 mg/L，浓度与峰面积有良好的线性，相关系数均达到 0.9991 以上，详见表 8.21。

表 8.21　GC-MS 方法下 9 种有机锡化合物的线性关系

化合物	工作曲线	线性范围 /(mg/L)	相关系数
MMT	Y=2.342E+3X+139	1～100	0.9993
DMT	Y=2.160E+3X+3236	1～100	0.9991
MBT	Y=3.015E+3X+1268	0.5～100	0.9999
DBT	Y=2.083E+3X+1196	0.5～100	0.9994
TBT	Y=3.173E+3X+1243	0.5～100	0.9996
MOT	Y=3.130E+3X+1565	0.5～100	0.9996
DOT	Y=4.855E+3X+3132	0.5～100	0.9992
TOT	Y=2.600E+3X+1419	0.5～100	0.9994
TPhT	Y=3.771E+3X−1558	0.5～100	0.9999

3. HPLC-MS 法的线性关系

一般 LC-MS 分析会存在基质效应，或者增强，或者抑制。鉴于基质效应的存在，采用基质标准定量。根据需要分别用阴性样品提取液将标准储备溶液稀释成适用浓度的基质标准工作溶液，基质标准工作溶液浓度分别为：TBT 和 TPhT 为 0.1、0.5、1.0、5.0、10.0 μg/mL；TOT 为 0.05、0.25、0.5、2.5、5.0 μg/mL。用各标准使用溶液分别进行高效液相色谱—质谱联用分析，以峰面积对浓度制作标准工作曲线，相关系数 $r^2 \geq 0.9992$。

8.3.2.5　测定低限

1. GC 法

本方法测定低限是采用实际样品加标方式进行实测，本方法有机锡各化合物的检测低限均为 0.1 mg/kg。

2. GC-MS 法

以不含有机锡的涂料样品为样品基质，添加标准溶液，测得恰能产生色谱峰面积大于三倍噪音时 9 种有机锡标准物质含量，方法检出限(LOD)以信噪比大于等于 3 计，方法定量限(LOQ)以信噪比大于等于 10 计。由实验结果可知，材料类别对方法检出限及定量限无明显影响；甲基锡的LOD为50 mg/kg，LOQ为100 mg/kg；丁基锡、辛基锡、苯基锡的LOD为5 mg/kg，LOQ为10 mg/kg。

3. HPLC-MS法

采用实际样品加标的方式实测，本方法对3种有机锡的测定低限分别为：TBT为0.005 %；TPhT为0.005 %；TOT为0.0025%。

8.3.2.6 回收率试验

1. GC法的回收率试验

根据优化的前处理条件和仪器条件，对阴性样品加标测定回收率和精密度，试验结果列于表8.22。

表8.22 有机锡超声萃取回收率和精密度试验结果

化合物名称	添加水平/ng	实测值/ng							X±S/ng	CV/%	平均回收率/%
		1	2	3	4	5	6	7			
TBT	600	471.7	480.7	459.4	495.8	490.7	476.0	488.4	480.4±12.5	2.6	80.1
	1000	828.5	853.7	816.9	814.2	802.8	894.8	814.0	832.1±32.0	3.8	83.2
DBT	600	536.5	549.4	529.1	550.3	542.1	569	541.3	545.4±12.7	2.3	90.9
	1000	958.6	1005.2	974.1	999.8	962.7	1002.3	954.5	979.6±22.2	2.3	98.0
MBT	600	560.3	570.7	544.4	556.1	584.6	541.4	571.1	561.2±15.5	2.8	93.5
	1000	954.1	1000.4	988.6	1017.6	985.5	968.3	1012.0	989.5±22.9	2.3	99.0
TPhT	600	579.2	606.2	595.1	572.2	545.0	585.0	590.7	581.9±19.6	3.4	97.0
	1000	981.6	956.4	1010.7	943.9	995.1	975.4	932.0	970.728.2	2.9	97.1

结果表明，超声萃取的回收率为80.1%～99.0%，相对标准偏差均小于10%，方法具有较好的准确性和精密度。

2. GC-MS法的回收率试验

选择阴性样品进行回收率实验。准确称取0.5 g样品，添加9种有机锡标准品，进行0.5%、0.1%、0.01%三个浓度水平的标准添加回收实验，9中有机锡化合物的回收率为85.94%～107.15%，相对标准偏差均小于10%，证明本方法具有较好的准确度及精密度。

3. HPLC-MS法的回收率试验

选择阴性样品进行添加回收实验，添加水平分别为0.05%、0.5%和1.0%（其中TOT的添加水平分别为0.025%、0.25%和0.5%），按照样品处理方法进行提取净化，测定有机锡含量，计算回收率，每个水平进行6次重复试验。加标回收率为80.0%～100.4%，相对标准偏差RSD为1.6%～11.5%（$n=6$），该方法具有良好的稳定性和重现性。

8.3.3 结论

本部分通过超声萃取、溶解沉淀等样品处理方法，建立了车用涂料中有机锡的气相色谱分析法（GC）、气相色谱—质谱分析法（GC-MS）和液相色谱—质谱分析法（HPLC-MS）。气相分析方法通过优化萃取方法、衍生化条件等首次将低沸点、易挥发的甲基锡列入检测范围，方法选择性突出，灵敏度高，定性定量可靠准确。液相色谱—质谱分析方法不需要衍生化，具有很高的灵敏度与精密度，重复性好，回收率高。

参考文献

[1] 李红莉，高虹，徐晓琳，等．有机锡化合物在中国环境行为的研究状况[J]．环境科学动态，2003(02)：15－17．

[2] 胡勇杰．纺织品中有机锡化合物含量的测定[J]．中国纤检，2007(03)：19－22．

[3] 陈自力，王瑾，陈小珍．聚氯乙烯塑料包装材料中 9 种有机锡化合物的同时测定[J]．食品工业科技，2010(09)：363－366．

[4] 肖海清，王超，朱丽，等．气相色谱—质谱法测定塑料产品中的三丁基锡和三苯基锡[J]．检验检疫学刊．2009(04)：4－7．

[5] 李英，李彬，刘丽，等．气相色谱—质谱法同时测定聚氯乙烯塑料制品中的 10 种有机锡化合物[J]．色谱，2009(01)：69－73．

[6] 于振花，张杰，王小如．高效液相色谱—电感耦合等离子体质谱联用测定沉积物中的多种有机锡[J]．分析化学，2011(04)：544－547．

[7] 张鹏，刘丽琴，李春霞．气相色谱—质谱法测定非织造卫生用纺织品中的三丁基锡[J]．产业用纺织品，2012(09)：41－44．

[8] 丘红梅，邓利，张慧敏，等．微波消解/ICP-MS 法测定海产品中总锡[J]．实用预防医学，2007(03)：616－616．

[9] 万益群，马雅倩，毛雪金，等．气相色谱—质谱法测定酒样中多种有机锡化合物[J]．南昌大学学报(理科版)，2011(04)：348－352．

[10] 李艳明，胡勇杰，刘金华，等．气相色谱—质谱法测定纺织助剂中的有机锡[J]．色谱，2011(04)：353－357．

[11] 牛增元，袁玲玲，叶曦雯，等．固相萃取—气相色谱/质谱法同时测定涂

料中的 8 种有机锡[J]. 分析科学学报,2008(06):667－672.
[12] 程立军,姜晓黎,梁鸣. 纺织品中有机锡化合物的检测[J]. 印染,2005(22):37－39.
[13] 徐琴,牛增元,叶曦雯,等. 液相色谱—质谱法对电子电气产品塑料部件中有机锡的测定[J]. 分析测试学报,2009(11):1270－1274.
[14] 沈海涛,马冰洁,高筱萍,等. 气相色谱—质谱法测定水产品中的有机锡[J]. 中国卫生检验杂志,2008(01):69－70.
[15] 柳英霞,李娟,鄢爱平,等. 食品中有机锡化合物分析方法研究进展[J]. 食品科学,2010(19):435－442.
[16] 姜琴,孙霞,施鹏飞. 海产品或海水中有机锡检测方法研究进展[J]. 化学试剂,2009(09):693－696.

第9章　绿色车用涂料中重金属分析技术

9.1　概　述

在汽车制造所用的材料中,汽车涂料是造成环境污染的重要因素之一。在汽车漆中往往会加入一些有颜色的颜料或填料来改变汽车的颜色,提高外观的精美度,这其中就有许多含 Pb、Cd、Cr、Hg 等重金属元素的颜填料被使用。这些有毒有害重金属元素需要喷涂、浸涂在汽车的钢架、车身上,所以在施工过程中往往会通过呼吸器官、皮肤等侵入人体,造成人体的生理危害。另外汽车在报废以后,漆膜中所含的这些重金属元素也会随之进入环境,造成水或者土壤的重金属污染,进而危害环境。

一般的重金属是指金属密度大于 5 g/cm^3 的金属元素。在目前元素周期表所列的元素种类中,大概有 45 种元素是属于重金属元素的。在这些元素中,有许多是常见的元素,比如 Cu、Pb、Zn、Co、Fe、Ni、Mn、Cd、Hg、W、Mo、Au、Ag 等。这些重金属元素大多数会对人类和其他的生物产生生理危害,其中 Pb、Cd、Cr、Hg 对人类的危害又是相当巨大的。重金属元素属于生物生命活动所必需的元素非常的少,只有 Mn、Cu、Zn 等少数几种。汽车涂料由于配制和性能需求等原因,需要控制的重金属元素主要有 Pb、Cd、Cr、Hg。

重金属的危害为人共知,然而其检测方法目前还基本上处在发展时期,探索研究合适的检测方法既能够完善重金属测试方法,同时也可以对制定减少重金属污染的危害措施起指导作用,保护整个地球人类的健康。

9.2　车用涂料的重金属主流分析技术

目前,对涂料样品中的重金属进行定量分析的方法主要分为化学分析法和仪器分析法。具体方法又可再分为化学滴定分析法、分光光度法、原子吸收光谱法、电感耦合等离子发射光谱法、原子荧光光谱法、极谱法、氢化物发生法、X 荧光光谱法等较为常见的几种。

9.2.1 滴定分析法

将已知浓度的试剂溶液滴加到待测物质溶液中，使其与待测组分发生反应，而加入的试剂量恰好为完成反应所必需的，根据加入试剂的准确体积计算出待测组分的含量，这样的分析方法称为滴定分析法，也称化学容量法。

9.2.2 分光光度法

分光光度法是通过测定被测物质在特定波长处或一定波长范围内光的吸光度或发光强度，对该物质进行定性和定量分析的方法。在进行比色分析或光度分析时，首先要把待测组分转变成有色化合物，然后进行比色或光度测定。将待测组分转变成有色化合物的反应叫显色反应。使用灵敏度高、选择性好、在测定波长处无明显吸收、可生成恒定有色化合物、化学性质稳定的显色剂来对待测离子进行显色反应以后，在分光光度计上进行比色。

9.2.3 原子荧光光谱法

原子荧光光谱法是在1964年以后发展起来的分析方法，兼有原子发射法和原子吸收法的特点。它是以原子在辐射能激发下发射的荧光强度进行定量分析的发射光谱分析法。所用仪器与原子吸收光谱法相近，气态自由原子吸收特征辐射后跃迁到较高能级，然后又跃迁回到基态或较低的能级，而同时发射出与原激发辐射波长相同或不同的辐射光即为原子荧光。

9.2.4 极谱法

极谱法属于电化学方法的一种，它是利用对试液进行电解时，在极谱仪上得到的电流—电压曲线(极谱图)来确定待测组分及其含量的方法，可分为控制电位极谱法和控制电流极谱法两大类。在控制电位极谱法中，电极电位是被控制的激发信号，电流是被测定的响应信号。在控制电流极谱法中，电流是被控制的激发信号，电极电位是被测定的响应信号。控制电位极谱法包括直流极谱法、交流极谱法、单扫描极谱法、方波极谱法、脉冲极谱法等。控制电流极谱法有示波极谱法。此外还有极谱催化波、溶出伏安法。极谱法可用来测定大多数金属离子、许多阴离子和有机化合物(如羰基、硝基、亚硝基化合物、过氧化物、环氧化物、硫醇和共轭双键化合物等)。此外，在电化学、界面化学、络合物化学和生物化学等方面都有着广泛的应用。

9.2.5 X射线荧光光谱分析法

样品的原子核受X射线、高能离子束、紫外光照射后，如果其能量与原子核的内层电子的能量达到同一数量级，则内层电子就会吸收能量发生跃迁，留下空穴，而高能态的外层电子则会跳回到空穴，其过剩的能量则以X射线的形式放出，所产生的X射线即为代表各元素特征的X射线荧光谱线。所以只要测出一系列X射线荧光谱线的波长，即能确定元素的种类；测得的谱线强度与标准样品比较，即可确定该元素的含量，即为X射线荧光光谱(XFS)分析法。

9.2.6 氢化物发生法

As、Sb、Bi、Ge、Sn、Pb、Se、Te等元素，在通常使用的火焰原子吸收光谱测定中，灵敏度很低，不能满足微量分析的要求，需采用氢化物原子化法来测定这些元素。其原理是用强还原剂(KBH_4或$NaBH_4$)在盐酸溶液中与待测元素作用，生成气态氢化物，然后将此氧化物送入石英吸收管中进行原子化，并测量其吸光度。装置可分为氢化物发生器和原子化装置两部分，特点是灵敏度高，选择性好，基体干扰和化学干扰都少，操作简便、快速。

9.2.7 原子吸收分光光度法

原子吸收分光光度法是基于蒸气相中待测元素的基态原子对其共振辐射的吸收强度来测定试样中该元素含量的一种仪器分析方法，其吸光度会在一定的范围内与蒸气相中被测元素的基态原子浓度成正比，以此测定试样中该元素的含量，广泛地应用于痕量和超痕量元素的测定。一般分为火焰原子吸收光谱法、石墨炉原子吸收光谱法。通常可对60多种金属元素及某些非金属元素进行定量测定，其检出限低、准确度好。从20世纪60年代后期起，原子吸收光谱法得到了空前的发展。

9.2.8 电感耦合等离子体原子发射光谱法

原子发射光谱分析习惯上简称为光谱分析，它是根据物质发射的光谱类别而判断物质组成的一门分析技术。因为在光谱分析中所使用的激发光源是火焰、电弧、电火花及等离子体等，而被分析物在激发光源作用下一般都离解为原子或离子，因此，被激发后发射的光谱是线状光谱。而不同的元素可以产生不同的光谱，所以可通过检测元素光谱中几根灵敏度较高的谱线的强度就可进行元素的定量分析。电感耦合等离子体原子发射光谱(ICP-AES)分析法由于目前的技术较成熟，并且与原子吸收光谱法相比，ICP-AES能够降低元素的检出限，并可进行多元素的分析，大大提高了样品的分析速度，因而是进行涂料中重金属含量测试的良好方法。

9.3　现有车用涂料重金属的分析方法

9.3.1　X射线荧光光谱仪(XRF)快速定性分析技术

9.3.1.1　测定原理

待测涂料样品先经X射线荧光光谱仪(XRF)定性筛选，根据元素特征谱峰确定待测试样中是否有被测元素。若试样中含有被测元素，则需其他分析手段进行定量测定。

9.3.1.2　仪器和设备

X射线荧光光谱仪：波长色散X射线荧光光谱仪(WDXRF)或者能量色散X射线荧光光谱仪(EDXRF)。

9.3.1.3　试验步骤

1. 按照X射线荧光光谱仪的说明书操作仪器，并按照仪器厂商的规定预热仪器直至仪器稳定。

2. 将待测样品搅拌均匀，按照产品明示的施工配比(稀释剂无须加入)混合样品，搅拌均匀后，将适量的试样放入仪器的样品室内。选择待测元素的特征分析线，定性鉴定试样中有无铅、铬、汞元素。如果试样中的铅、铬、汞元素的含量低于定性筛选的检测限，就无须进行其他步骤的测试，以定性筛选的检出限报出检验结果。

9.3.1.4　讨论

由于汽车涂料大多数以液体或者粉末的形式存在，因而进行X射线荧光光谱仪(XRF)定性筛选样品必须放在带有透明薄膜的一次性样品杯里进行测试，当操作薄膜时不要用手摸其表面以免污染。

由于汽车涂料的复杂性，X射线荧光光谱法快速筛选汽车涂料中的铅、铬、镉和汞不可避免地受到涂料中包括分析元素在内的其他多种元素谱线重叠的光谱以及基体效应的干扰。

1. 基体效应是X荧光分析中普遍存在的问题，是元素分析的主要误差来源。因此，如何消除或校正基体效应，始终是X荧光分析领域中的重要研究课题。对于痕量元素Pb、Cd、Cr、Hg，采用经验系数法和康普顿散射线内标法校正基体效应。如帕纳科公司 SuperQ 软件所用的综合数学校正公式为：

$$C_i = D_i - \sum L_{im} + E_i R_i (1 + \sum_{j=1}^{n} \alpha_{ij} \cdot Z_j + \sum_{j=1}^{n} \frac{\beta_{ij}}{1 + \delta_{ij} \cdot C_i} \cdot Z_j + \sum_{j=1}^{n} \sum_{k=1}^{n} \gamma_{ijk} \cdot Z_j \cdot Z_k) \tag{9-1}$$

式中：C_i——校准样品中分析元素 i 的含量（在未知样品分析中为基体校正后分析元素 i 的含量）；

D_i——分析元素 i 的校准曲线的截距；

L_{im}——干扰元素 m 对分析元素 i 的谱线重叠干扰校正系数；

Z_m——谱线重叠干扰元素；

E_i——分析元素 i 校准曲线的斜率；

R_i——分析元素 i 的计数率（或与内标的强度比值）；

Z_j、Z_k——共存元素的含量或计数率；

n——共存元素的数目；

α、β、δ、γ——校正基体效应的因子；

i——分析元素；

j 和 k——共存元素。

基体效应对分析元素检出限的影响，以汽车涂料中待分析元素 Pb 和 Cd 为例：

（1）若汽车涂料中 Cd 的检出限为 A，由于受基体效应的影响，当汽车涂料中含有≥2％的 Sb，但不含 Br 时，此时 Cd 的检出限为 A～$2A$ 之间；当汽车涂料中含有≥2％的 Br，但不含 Sb 时，此时 Cd 的检出限为≥$2A$。

（2）若汽车涂料中 Pb 的检出限为 B，由于受基体效应的影响，当汽车涂料中含有≥2％的 Sb，但不含 Br 时，此时 Pb 的检出限为 $2B$；当汽车涂料中含有≥2％的 Br，但不含 Sb 时，此时 Pb 的检出限为≥$3B$。

2. 谱线重叠干扰的校正，使用多个校准样品，由方程（9-1）通过线性回归求得。

分析元素特征谱线的干扰主要来自谱线的吸收效应和增强效应，特征谱线存在相互间谱线重叠干扰，以及来自样品中其他元素的谱线重叠干扰。

（1）Cd 的干扰元素可能有 Br、Pb、Sn、Ag 和 Sb；

（2）Pb 的干扰元素可能有 Br、As、Bi；

（3）Cr 的干扰元素可能有 Cl；

（4）Hg 的干扰元素可能有 Br、Pb、Fe 和 Ca。

图 9.1 为含有 Pb、Cd、Cr、Hg 等元素的阳性汽车涂料样品的 X 荧光谱图。

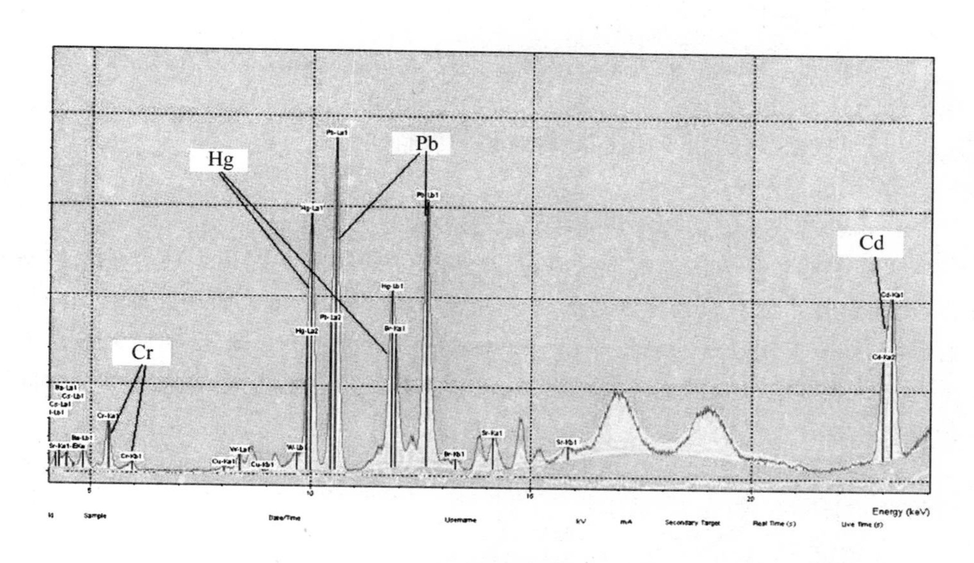

图9.1　阳性汽车涂料样品的X荧光谱图

9.3.2　绿色车用涂料中铅、镉、汞分析技术

9.3.2.1　测定原理

将经X射线荧光光谱仪(XRF)定性筛选的涂料干燥后的涂膜，采用适宜的方法除去所有的有机物质，然后采用合适的分析仪器(如原子吸收光谱仪或电感耦合等离子原子发射光谱仪等)测定处理后试验溶液中的铅含量。

9.3.2.2　化学试剂

在分析过程中，只能使用分析纯的试剂，并只能使用符合GB 6682-2008中规格的，纯度为三级的水。

硝酸；过氧化氢；碳酸镁；铅、镉、汞标准溶液：浓度为100 mg/L。

9.3.2.3　仪器和设备

原子吸收光谱仪器或者电感耦合等离子原子发射光谱仪；粉碎设备(粉碎机，剪刀等合适的粉碎设备)；电热板(温度可控)；微波消解仪；天平(精度0.1 mg)；坩埚；烧杯；滤膜；容量瓶；移液管；玻璃板。

9.3.2.4　试验步骤

1. 涂膜的制备

将待测样品制备适宜的涂膜。待涂膜完全干燥后，取下涂膜，在室温下粉碎。

2. 样品处理

对制备的试样进行两次平行测试。可以按下列消解样品的方法，实验室可以根据条件选用。

(1)干灰化法(适用于测定铅、镉含量的涂料样品)；

(2)湿酸消解法；

(3)微波消解法(适用于测定铅、镉、汞含量的涂料样品)。

采用上述各种方法消解样品时，可根据样品的实际状况确定适宜的消解条件，确保试样中的有机物全部被除去，而被测元素全部溶出。如果处理后的样品有残渣，残渣应用合适的测量手段(如X射线荧光光谱仪)测定，确保无被测元素存在。否则应改变消解条件，如加入较多的酸液和过氧化氢，并延长加热时间使被测元素完全溶出。

所得到的消解溶液应在当天完成测试，否则应用硝酸加以稳定，使保存的溶液浓度 $c(HNO_3)$ 约为1mol/L。

3. 测试

以感耦合等离子原子发射光谱仪为例说明测试过程。实验室也可以采用其他合适的分析仪器，并根据仪器制造商的相关说明进行操作和测试，但在实验报告中要注明采用的分析仪器。

如果两次测试结果(浓度值)的相对偏差大于10%，需按实验步骤(2)重新进行试验。也通过原子吸收光谱仪进行铅、镉、汞含量的测定。

图9.2～9.7所示是感耦合等离子原子发射光谱仪测定涂料中铅、镉、汞的谱图及相应的标准曲线。

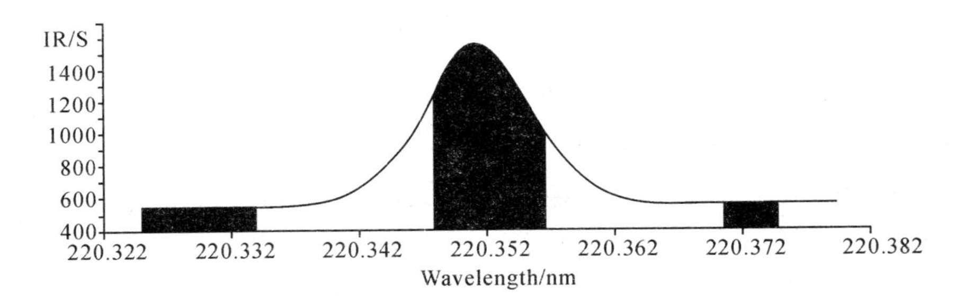

图9.2　汽车涂料中Pb元素的ICP-AES谱图

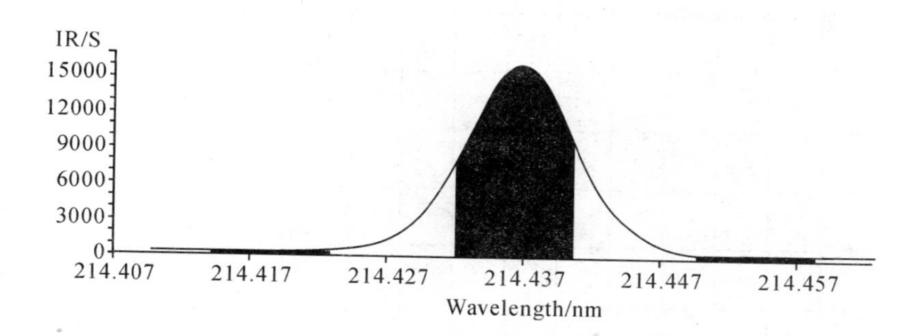

图 9.3 汽车涂料中 Cd 元素的 ICP-AES 谱图

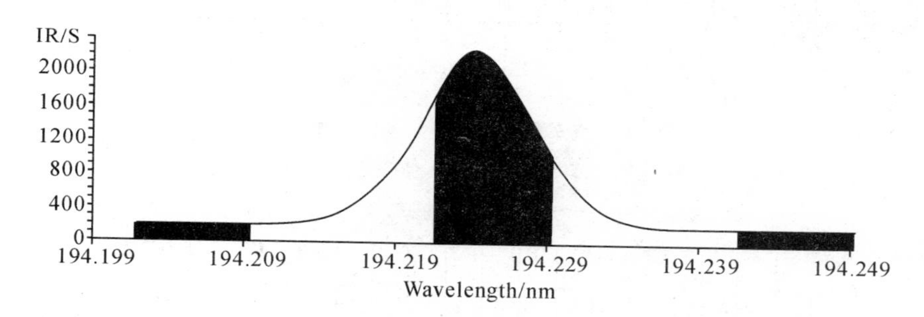

图 9.4 汽车涂料中 Hg 元素的 ICP-AES 谱图

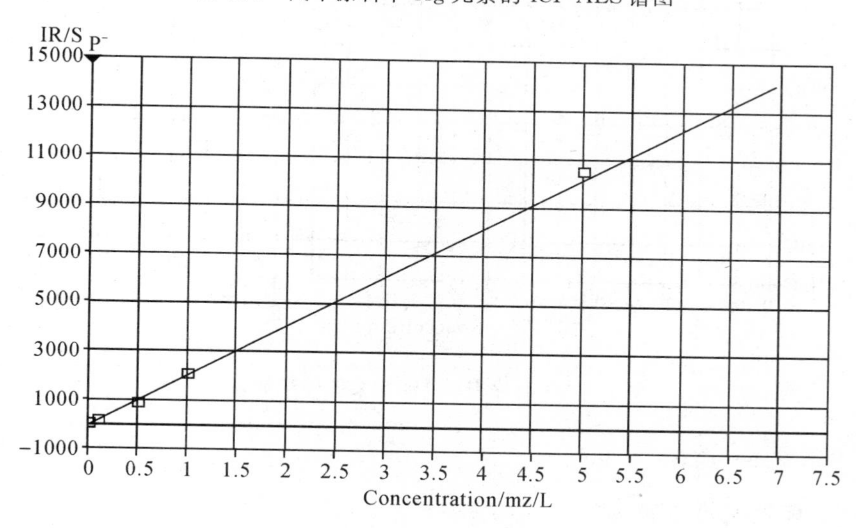

图 9.5 汽车涂料中 Pb 元素的标准曲线图

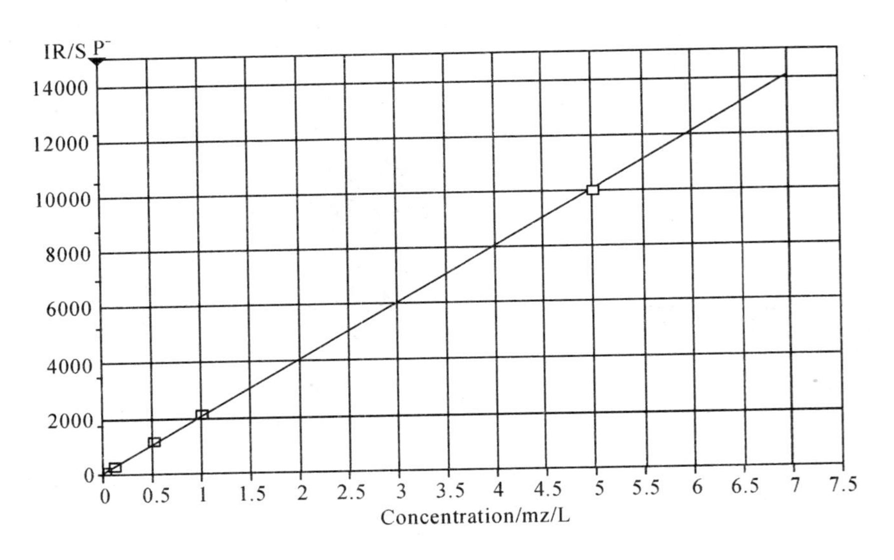

图 9.6 汽车涂料中 Cd 元素的标准曲线图

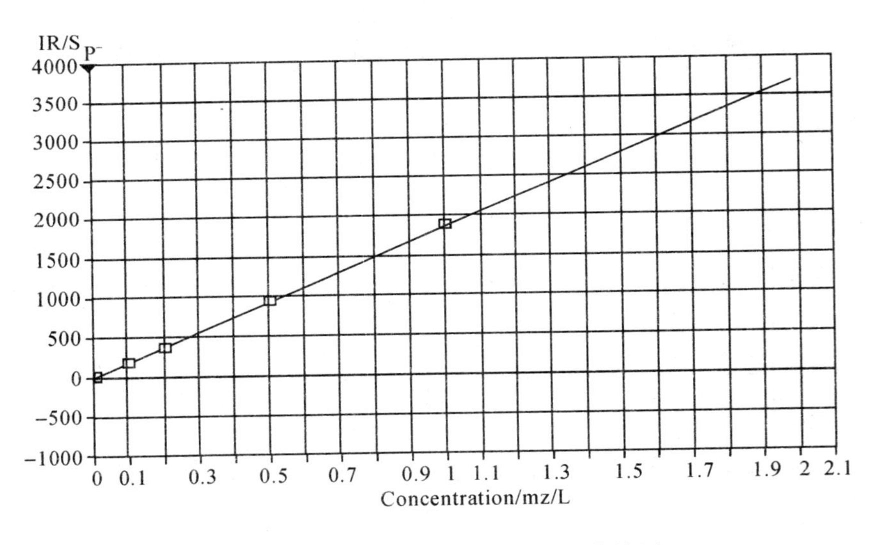

图 9.7 汽车涂料中 Hg 元素的标准曲线图

9.3.2.5 讨论

1. 前处理的影响

上述微量重金属的实验中，正确的样品前处理是控制试验误差的关键，由于现代仪器设备的高度发展，通常的仪器分析的精度已经可以达到误差小于 1%，甚至是 0.1%。高精度的仪器分析已不是实验误差的来源。而样品前处理方法的正确选择，则是一个非同小可、不可轻视的课题。样品前处理得不好，则分析方法再正确、仪器设备再先进也得不到正确的结果。因此，从事涂料中重金属测定的分析工作者应该重视样品的前处理。

(1)干灰化法作为一种经典的样品前处理方法，在涂料中得到了最广泛的运用，如：ASTM D 3335-85a (1999)；ASTM D 3618-85a (1999)；ASTM D 371 8-85a (1999)；ASTM D 3717-85a (1999)等。其原理也很简单，即将涂料样品蒸发之后，在 500 ℃(大多数情况下)灰化，使样品中含有的有机物分解挥发，仅留下矿物质灰分。该方法的优点是：样品大小无限制，不需经常监视，简单；缺点是样品消化时间长，且回收率比较低(如铅、镉、锌等)，挥发性金属会损失。干法灰化需要掌握好灰化温度和时间，最佳灰化温度和时间是确保样品灰化完全和防止元素挥发损失的关键条件，时间过短样品分解不完全，回收率低；时间过长则易带来元素的挥发损失。应注意易挥发元素的测定，如 Hg、As、Se 等不宜用高温灰化法。

(2)微波消解法作为一种样品前处理方法，可以使样品处理更加快速、准确、安全，该方法取自 US EPA 3052。近 10 年来，此技术在原子吸收光谱分析的样品前处理方面取得了广泛应用并具有广阔的发展前景。微波是一种频率在 300MHz～300 GHz 的电磁波。当微波通过试样时，极性分子随微波频率快速变换取向，如微波为 2450 MHz 时，分子每秒钟变换方向 2.45×10^{9} 次，分子来回转动，与周围分子相互碰撞摩擦，总能量增加，使试样温度急剧上升。同时，试液中的带电粒子(离子、水合离子等)在交变的电磁场中，受电场力的作用而来回迁移运动，也会与邻近分子撞击，使得试样温度升高。

微波消解法溶样即通过涂料样品与酸的混合物对微波能的吸收达到快速加热并消解样品的目的。该方法的优点是：加热速率快、效率高，尤其在密闭容器中，可以在数分钟之内达到很高的温度和压力，使样品快速溶解。此外，密闭容器微波消解能避免样品中存在的或在样品消解时形成的挥发性分子组分中痕量元素的损失，还能减少酸的使用量，从而显著降低空白值，保证测量结果的准确性。同时，微波消解易于实现自动化，可与其他分析仪器实行联机分析。但微波消解的条件探索和仪器的最佳设计等还有待于大量实践来确定。加热的快慢和消解的快慢，不仅与微波的功率有关，还与涂料样品的组成、浓度以及所用试剂即酸的种类和用量有关。要把一个涂料样品在短时间内消解完，应该选择合适的酸、合适的微波功率与消解时间。

(3)涂料的前处理也可使用湿酸消解法，如环境标志 HBC 12-2002 中重金属的测定就是采用该方法，即用酸与过氧化氢消解破坏有机物，常用的酸是硝酸。与干法灰化相比，湿酸消解法不容易损失金属元素，所需时间也较短，缺点是酸的用量大，造成较高的试剂空白。该方法设备简单，操作容易，准确度尚可，工作周期短，可大批量处理样品，但易沾污，精密度欠佳，试剂用量稍多。

(4)离子体低温灰化法是一种先进的前处理技术，其原理即利用高频电场作用产生激发态等离子体来消化样品中的有机体。与高温灰化相比，其优点在于可抑制无机成分的挥发，成分回收率比坩埚高温灰化法高，但由于等离子条件依赖于复杂的参数，因此测定重现率很低，且灰化速度慢，目前在原子吸收光谱分析中应用较少。但也能用于某些涂料样品的消解。具体方法为：将干燥后经准确称量的涂料样品放在石英烧杯中，引入氧化室，用等离子体低温灰化使呈白色粉末状为灰化终点，在干燥器内冷却后取出，然后缓慢滴加 5 mL 1∶1 盐酸或 1∶1硝酸溶解后，无损失地转移到 100 mL 容量瓶中，用去离子水定容至刻度待测；同时做试剂空白试验。

(5)硫酸灰化法取自 EN1122∶2001 标准，主要用于涂料样品中重金属镉的提取。EN1122∶2001 标准不能测铅的原因是由于要加浓硫酸，会生成硫酸铅，这样会导致测铅不准确，所以此方法只适用于测定重金属镉。该方法试剂用量少，空白值低，样品处理彻底，准确度满足一般要求，设备昂贵，操作烦琐，工作周期长，处理样品批量小，受设备限制，部分元素会损失。具体方法为：称取 0.5 g 涂料样品置入石英坩埚，加 2 mL 浓硫酸，玻璃棒搅拌使样品充分润湿，浸泡 1 h，然后置于通风橱内的电炉上，加热蒸干，将坩埚置马弗炉上，于 400±10 ℃热 4 h，至有机物全部灼烧尽停止加热，冷至室温。再加 1 mL 硝酸及少量去离子水，小心加热转入四氟坩埚，加 4～6 滴氢氟酸，置于通风橱内的电炉上，小心加热至近干。用 0.01 mol/L 硝酸溶解，转移定容 15 mL；同时做试剂空白试验。

2. 干扰消除

(1)原子吸收分析中的干扰

铅、镉、铬原子吸收分析中的干扰有很多，按其性质和发生的原因大致可分为四类：光谱干扰、物理干扰、化学干扰和电离干扰，对汽车涂料检测结果产生较大影响的主要是光谱干扰和化学干扰。为了得到正确的分析结果，了解干扰的来源并予以消除是非常重要的。

a. 化学干扰的消除

化学干扰是指试样溶液转化为自由基态原子的过程中，待测元素与其他组分之间的化学作用而引起的干扰效应，它主要影响待测元素化合物离解及其原子化。这种效应可以是正效应，提高原子吸收信号；也可以是负效应，降低原子吸收信号。它是一种选择性干扰，不仅取决于待测元素与共存元素的性质，而且还与喷雾器，燃烧器，火焰类型、状态、部位密切相关。

由于化学干扰的多样性和复杂性，故消除的方法也多种多样，但不可能代替我们针对特定的分析对象和条件进行干扰试验和研究消除干扰的方法，只能供实际应用以参考。

(a)提高火焰温度

这种方法往往能消除待测元素在原子化时遇到的化学干扰，即任何难离解的化合物在一定的高温下总是能离解成自由基态原子，许多低温火焰中出现的干扰，改用高温火焰，便能得到部分或完全消除。

(b)利用火焰气氛

对易形成氧化物并具有较大键能的元素，可以通过改变火焰的气氛，采用富燃性火焰，从而有利于元素的原子化，提高测定的灵敏度。

(c)加入释放剂

待测元素和干扰元素在火焰中形成稳定的化合物时，加入另一种物质使之与干扰元素反应，生成更稳定或更难挥发的化合物，从而使待测元素从干扰元素的化合物中释放出来，加入的这种物质就称为释放剂，常用的释放剂有 SrCl 和 $LaCl_2$ 等。采用加入释放剂以消除干扰的方法，必须注意的是：加入的释放剂到一定量时才能起释放剂的作用。加入量的多少，应通过实验来确定。

(d)加入保护剂

保护剂有三类。一类是保护剂与待测元素形成稳定的络合物的试剂，特别是多环螯合的试剂，将待测元素保护起来，防止干扰物质与其发生作用。第二类是保护剂与干扰元素生成稳定的络合物的试剂，由于把干扰元素控制起来，从而抑制了干扰。第三类是既能同待测元素、又能同干扰元素形成稳定的络合物，把它们控制起来，从而避免其相互作用，消除干扰。

许多实验表明，保护剂与释放剂联合使用，消除干扰的效果更为显著。例如，甘油和过氯酸是消除铝对镁的干扰的保护剂，而镧是一种释放剂，两者同时使用时获得了更好的消除干扰的效果。

(e)加入缓冲剂

在被测样品和标准样品中均加入过量的干扰元素，使干扰效应达到饱和点，这时干扰效应不再随干扰元素的量的变化而变化，或者变化很小，使干扰趋于稳定。这种方法的不足在于显著地降低了测定的灵敏度。

(f)标准加入法

对一些复杂、干扰因素不清的样品，要采用标准加入法。但它有一定的局限性，只能消除“与浓度无关的化学干扰”，而“与浓度有关的化学干扰”不能得到满意的结果。

b. 光谱干扰的消除

(a)吸收线重叠干扰

所选用的光谱通带内，除分析元素吸收的辐射之外，还有光源或原子化器的某些不需要辐射同时被检测出来的干扰。如 Co 253.649 nm，对 Hg 253.652 的干扰是典型的吸收线重叠，干扰的大小取决于吸收线重叠的程度，当两个元素吸收线的波长差等于或小于 0.03 nm 时，称为重叠干扰严重。

排除吸收线重叠干扰的方法：选用次灵敏线线、预先将干扰元素分离掉、利用扣背景方法。

(b)光谱通带内多条吸收线

如锰的主分析线为 279.5nm，邻近有 279.8nm、280.1nm 分析线，如：光谱带宽 0.7nm 时，那么几条线都通入(引起误差)。遇到这种情况，可选用窄的 SBW，或者适当改变狭缝宽度。这种情况在石墨炉原子吸收中尤为常见。

(c)发射的非吸收线(SBW 内)

这种干扰也会降低灵敏度，使工作曲线弯曲，产生原因：被测元素中含有多种元素，单色仪不能完全分离；多元素灯谱线分不开；空心阴极灯的材料不纯。

排除办法：选用窄的 SBW；选用能调制分离共振线的光源；选用优质的空心阴极灯。

(2)原子发射分析中的干扰

a. 共存元素的干扰

涂料样品的消解液中，Pb、Cd、Cr、Hg、Ca、Na、Fe、Si、Nb 等许多元素有可能共存，而这些共存元素之间有可能相互存在干扰，如 Nb 对分析线 Pb220.3 有光谱重叠干扰，Na 对分析线 Hg184.9 存在干扰，Fe、K 则干扰分析线 Cd226.5，因而对分析测试中有可能存在的这些问题必须特别重视。

对于光谱重叠干扰可采用干扰系数法来校正干扰元素对分析线造成的光谱重叠干扰，也可以采用不同的分析线，避免这种干扰。

b. 非光谱干扰的校正

消解液中的某些元素可能对待测元素产生抑制作用，很难通过元素匹配的方法来消除对这些测定的影响。为了消除非光谱干扰的影响，通常采用标准加入法进行测定。

c. 酸度效应

大量的试验表明，标准溶液的酸度在 0.02～0.40 mol/L 时，对 Pb、Cd、Cr 的测定没有影响，所以标准溶液的酸度不必与样品提取液的相匹配。但在消解样品时消解液酸度要严格控制，否则导致基线抬高，背景干扰加重，使 Pb、Cd、Cr 的测定结果误差偏高。

9.3.3　绿色车用涂料中的六价铬含量分析技术

9.3.3.1　碱液提取—比色测定方法

1. 测定原理

干燥后的涂膜,使用碱性消解液从试样中提取六价铬化合物。提取液中的六价铬在酸性溶液中与二苯碳酰二肼反应生成紫红色络合物,在波长540nm处用分光光度法测定试验溶液中的六价铬含量。

2. 试剂和材料

硝酸;硫酸;氢氧化钠;无水碳酸钠;磷酸氢二钾;磷酸二氢钾;二苯碳酰二肼;无水氯化镁;丙酮;100 mg/L六价铬标准储备液。

3. 仪器和设备

普通实验室仪器设备以及下列一些仪器设备:

分光光度计;粉碎设备(粉碎机,剪刀等);加热搅拌装置;酸度计;C18SPE固相萃取柱。

4. 试验步骤

(1)涂膜的制备

将待测样品制备适宜的涂膜。待涂膜完全干燥后,取下涂膜,在室温下粉碎。

(2)校准曲线的绘制

准确移取0、2、4、6、8和10 mL六价铬标准溶液于100 mL容量瓶中,加2.0 mL显色液于溶液中,加入一定量的水使溶液体积接近95 mL,混匀;滴加硝酸溶液调节溶液pH值至2±0.5,稀释至刻度,混匀;静置5～10 min以充分显色。

将系列标准溶液各移一份于吸收皿中,以0 mL六价铬标准溶液为空白,用分光光度计测定在540 nm处的吸光度。按吸光度值和标准溶液中六价铬的浓度绘制、拟合校准曲线。校准曲线的相关系数应≥0.995,否则应重新绘制。

(3)碱性萃取法萃取

称取2.5 g样品,精确至0.000 1 g。将样品放入萃取皿中。如样品中六价铬浓度过高或过低,可调整称取样品的质量。量取50 mL碱性萃取液加入到萃取皿中,再加入0.4 g的氯化镁和0.5 mL的磷酸盐缓冲溶液,充分摇匀,盖上表面皿。

加热样品溶液至90～95℃并恒温至少3 h,然后冷却到室温。过滤冲洗水,将滤液和冲洗水移至250 mL容器中,调节溶液的pH值至7.5±0.5。留取滤液，转移至 100 mL 容量瓶中，稀释至刻度。

取上述碱性萃取法萃取获得的试验溶液与标准溶液同时进行显色反应并测定。为了降低六价铬的化学活性，萃取物在测定前应置于温度 15～35 ℃、相对湿度 45%～75%的环境中，并应尽快测定。

如果回收率在大于 75%且小于 125%的范围内，样品检测结果和检出限不必修正。

两个平行试样的绝对差值不得超过其算术平均值的 20%，否则应重新测定。

9.3.3.2 有机溶剂溶解—碱液萃取—离子色谱法

1. 测定原理

干燥后的涂膜，通过特定的有机溶剂进行溶解后，再使用碱性消解液从试样中提取六价铬化合物，以离子色谱仪进行测定。

2. 试剂和材料

分析测试中仅使用确认为分析纯的试剂。

硝酸；四氢呋喃；氢氧化钠；无水碳酸钠；磷酸氢二钾；磷酸二氢钾；无水氯化镁；丙酮；100 mg/L 六价铬标准储备液。

3. 实验设备

离子色谱仪；粉碎设备（粉碎机，剪刀等）；加热搅拌装置；酸度计；消解器。

4. 分析步骤

(1)称取 2.5 g 样品（经 X 射线荧光光谱仪定性筛选），精确至 0.0001 g。将样品放入萃取皿中。如样品中六价铬浓度过高或过低，可调整称取样品的质量。

(2)加入四氢呋喃 10 mL。振荡溶解后，加入 5 mL 甲醇沉淀聚合物后，量取 50 mL 碱性萃取液加入到萃取皿中，再加入 0.4 g 的氯化镁和 0.5 mL 的磷酸盐缓冲溶液，盖上表面皿。

(3)加热样品溶液至 90～95℃并恒温至少 3 h，然后冷却到室温。在加热、恒温和冷却过程中要持续搅拌，充分摇匀后，静置，取上层清液 5 mL。

(4)测试。配制系列标准溶液中六价铬浓度分别为 0、0.1、0.2、0.3、0.4 和 0.5 μg/mL。将处理后的样品通过离子色谱仪进行测试。

9.3.3.3 讨论

1. 两种方法前处理的提取效果比较

对涂料样品，经定性筛选后，制备涂膜，使用碱性浸提液将样品中的水溶性和非水溶性的六价铬化合物浸取出来，提取液中的六价铬在酸性条件下与 1,5-

二苯碳酰二肼显色反应，利用分光光度计在 540nm 进行定量测定，随同标准样品做标准溶液回收率实验。

重铬酸钾和重铬酸铵测定结果见表 9.1。

表 9.1　重铬酸钾和重铬酸铵六价铬测试结果(IEC 62321)

六价铬含量钾盐/(mg/kg)	174.12	174.97	172.27	178.94
平均值/(mg/kg)	175.1			
加标回收率/%	93.58			
RSD/%	1.6			
总铬含量参考数值/(mg/kg)	360.7			
六价铬含量铵盐/(mg/kg)	245.89	244.00	242.57	240.18
平均值/(mg/kg)	243.2			
加标回收率/%	94.03			
RSD/%	1.0			
总铬含量参考数值/(mg/kg)	471.3			

从表 9.1 结果可见，对于六价铬的碱液提取—比色测定，方法结果的稳定性非常好，加标回收率也很理想，然而，当六价铬的结果与总铬的结果进行比对时发现，六价铬的回收率并不理想，大致只有 50%左右。实际样品加入的六价铬，在加工过程中没有强还原剂的存在，不存在六价铬的还原，以 ICP 测定提取液中的总铬，数据与比色的数据相当，证明在碱液六价铬是稳定的，然而六价铬的回收率始终不高，可以推断，碱液提取—比色的方法实际上是测定“可溶性”的六价铬，与样品中真实的六价铬的情况始终有着差别。通过条件实验证实，改变称样量与提取液的比例、延长提取时间，均对测试结果影响不大。

对于第二种前处理方法，汽车涂料属于有机聚合物体系，考虑采用有机溶剂溶解聚合物，将聚合物的链段完全打开，其间包裹的六价铬可完全释放出来，实验选择四氢呋喃作为溶剂进行溶解。聚合物体系在四氢呋喃(THF)中溶解性非常好，然而随着碱液的引入，聚合物无法溶于碱液当中，当碱液加入时，必然出现聚合物的沉淀。实验结果证实，在涂料样品的四氢呋喃溶液中，直接加入碱液，随着聚合物的沉淀，部分重铬酸盐被重新包裹在链段中，结果见图 9.8。

结果十分离散，因而选择采用甲醇先行将聚合物沉淀下来，而后碱液提取比色，重铬酸钾和重铬酸铵测定结果见表 9.2。

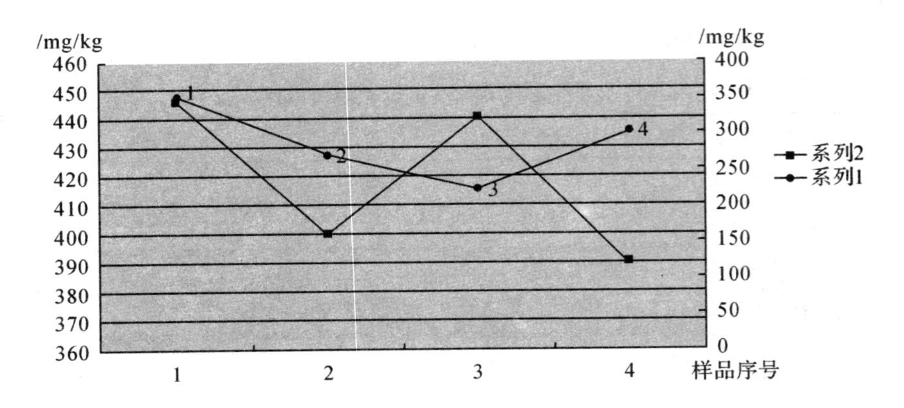

图 9.8　THF 溶解一直接测定六价铬结果(系列 1 为钾盐;系列 2 为铵盐)

表 9.2　重铬酸钾和重铬酸铵六价铬测试结果

六价铬含量钾盐/(mg/kg)	350.4	330.7	337.6	320.5
平均值/(mg/kg)	334.8			
RSD/%	3.7			
总铬含量参考数值/(mg/kg)	360.7			
六价铬含量铵盐/(mg/kg)	445.9	424.0	426.7	464.4
平均值/(mg/kg)	440.3			
RSD/%	4.3			
总铬含量参考数值/(mg/kg)	471.3			

从结果可见,六价铬的回收率大大提高,且结果重现性较好,测试结果与真实值更为接近。

碱液提取一比色的方法实际上是测定“可溶性”的六价铬,在实际高分子体系中重铬酸盐是分在高分子体系,被高分子链段所包裹,高分子链段大多不溶于水相溶液,在高温下,高分子链段仅仅是溶胀,提取液进入链段中将所包裹的重铬酸盐溶解出来,该过程的效率往往不高,所以第一种前处理方法的六价铬的回收率只有 50%~60%。而采用第二种前处理方法有机溶剂溶解一碱液萃取大大提高了六价铬的回收率。

2. 两种测试方法测定结果的比较(见表9.3)

表9.3 离子色谱法与IEC 62321测定结果比对

IEC 62321方法	六价铬含量钾盐/(mg/kg)	174.12	174.97	172.27
IC法	六价铬含量钾盐/(mg/kg)	175.2	170.3	168.2
IEC 62321方法	六价铬含量铵盐/(mg/kg)	245.89	244.00	242.57
IC法	六价铬含量钾盐/(mg/kg)	236.5	240.0	233.2

从表9.3中数据可见,两个方法的测试结果未有显著性差异。

IEC 62321的方法中,样品经碱液提取后,需经过繁杂的调整pH值而后显色的过程,实验操作琐耗时。对于碱液中的六价铬的测定,在碱液中六价铬以$Cr_2O_{72}^-$的形式存在。离子色谱法是利用离子交换的原理,使待测定的离子在流动相与固定相间的不同亲和力而得以分离,采用电导检测器测定,根据各成分的保留时间定性,利用色谱峰面积定量的分析方法,大大缩短了检测周期,比比色法更为方便快捷。同时,方法检测限可以达到ppb的分析水平。

3. 回收率的影响

由于这两种方法受较强的基体的影响,测定回收率是重要的,它能提供关于潜在的基质效应是否影响到试验结果的信息。

如果添加的六价铬未被检测出,表明涂料中可能含有还原剂。在这种情况下,如果根据测量所得的回收率大于90%,可以得出涂料不含六价铬(低于检测限)的结论。

回收率是方法是否有效或者基质效应是否影响结果的指标。通常回收率大于80%。

9.3.4 绿色车用涂料中重金属迁移量分析技术

9.3.4.1 测定原理

将经X射线荧光光谱仪(XRF)定性筛选的涂料干燥后的涂膜粉碎后,用模拟酸液在恒定温度下浸泡一段时间,采用合适的分析仪器(如原子吸收光谱仪或电感耦合等离子原子发射光谱仪等)测定处理后浸泡溶液中的重金属的含量。

9.3.4.2 化学试剂

盐酸(HCl);铅、镉、汞等重金属标准溶液:浓度为100 mg/L。

9.3.4.3 仪器和设备

原子吸收光谱仪器或者电感耦合等离子原子发射光谱仪;粉碎设备;振

荡器。

9.3.4.4 试验步骤

1. 涂膜的制备

将待测样品制备适宜的涂膜。待涂膜完全干燥后，取下涂膜，在室温下粉碎。

2. 样品测定

对制备的试样进行两次平行测试。

称取适量的样品，以稀盐酸为浸泡液，在适宜的温度下置于振荡器中振荡一定时间。取出，静置并冷却，过滤后，用火焰原子吸收光谱仪测定。

如果两次测试结果(浓度值)的相对偏差大于10%，需按实验步骤重新进行试验。

以上也是通过电感耦合等离子体原子发射光谱仪进行铅、镉、汞等重金属含量的测定。

9.3.4.5 讨论

在环境安全及人体健康关注日趋增加的时下，世界各国对涂料的生产、加工、使用及废置回收过程中对环境造成的污染越发重视起来，欧美等发达国家先后出台指令、法律和法规，对涂料的各生产环节、加工中使用的助剂和废弃物的处理制定了严格条例。各国对重金属的限制日渐增强，限制的阀值不断地降低：以美国 ASTM F963 标准最为典型，涂料中铅含量限制阀值从早年的 600 mg/kg，已降低至 90 mg/kg，并有进一步减低的举措；并且限制的重金属元素范围不断地扩大，以欧盟 EN 71-3:2013 标准为典型代表，其限制的金属元素迁移量从原版的 8 个(As、Ba、Cd、Cr、Hg、Pb、Sb 和 Se)，扩大到了 17 个(Al、Sb、Se、As、Ba、B、Cd、Cr(Cr^{3+}，Cr^{6+})、Co、Cu、Pb、Mn、Ni、Hg、Se、Sr、Sn 和 Zn)。

1. 分析谱线优化

待测元素的迁移量在涂料中的含量相差非常大，其允许用量从痕量跨越到常量，常量元素往往干扰痕量元素的测定，如图 9.9～9.11 所示为几个元素的干扰情况：Al3093 干扰着 Cd3092，Al2269 干扰着 Sn2268，Se2039 干扰着 Cr2039。

综合考虑待测元素的强度和元素间的干扰，选择表 9.4 所列波长为推荐分析波长。

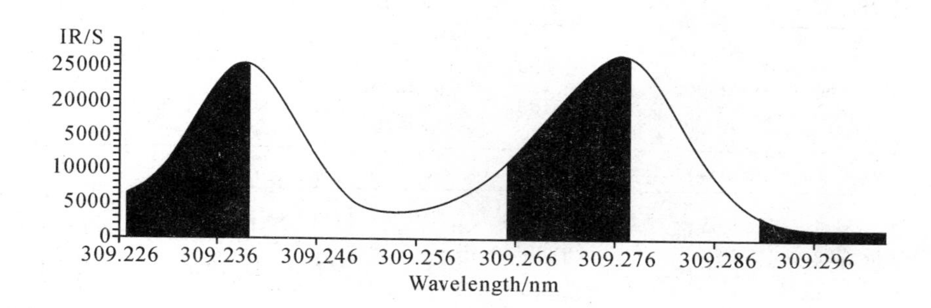

图 9.9　汽车涂料中 Al 元素的干扰图

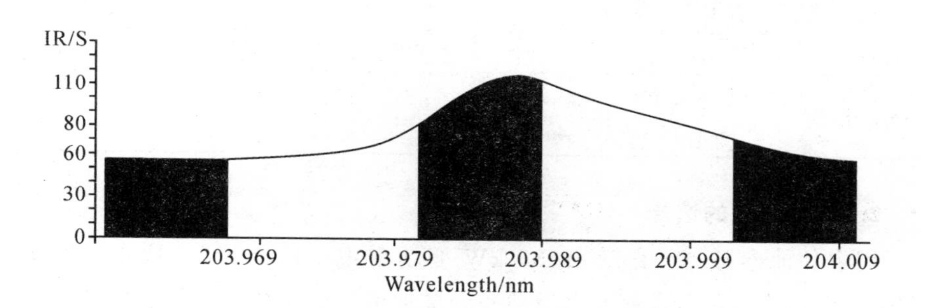

图 9.10　汽车涂料中 Se 元素的干扰图

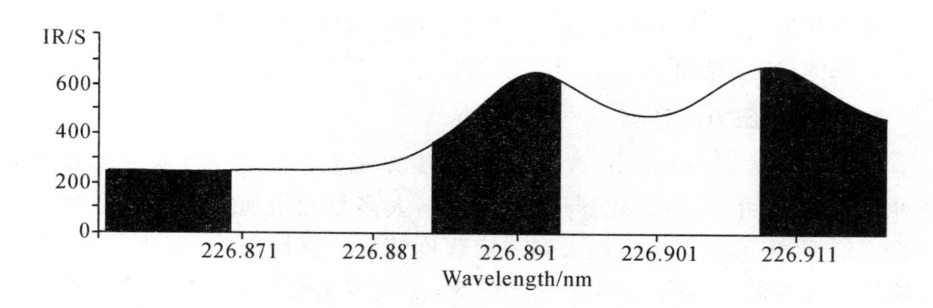

图 9.11　汽车涂料中 Sn 元素的干扰图

表 9.4 汽车涂料中待测元素的推荐波长

待测元素	Al	As	B	Ba	Cd
分析谱线	Al3082；Al3092；Al3961	As1890；As1937	B1826；B2089；B2497	Ba4554；Ba4934	Cd2144；Cd2265；Cd2288
待测元素	Co	Cr	Cu	Hg	Mn
分析谱线	Co2286；Co2388	Cr2677；Cr2835；Cr3578	Cu2247 Cu3247 Cu3273	Hg1849；Hg1942	Mn2576；Mn2593
待测元素	Ni	Pb	Sb	Se	Sn
分析谱线	Ni2216；Ni2316	Pb2169；Pb2203；Pb2833	Sb2175；Sb2068	Se1960；Se2039	Sn1899；Sn2268；Sn2839
待测元素	Sr	Zn			
分析谱线	Sr4077；Sr4215	Zn2025；Zn2138			

2. 高频功率的选择

固定其他参数，由 0.7～1.35 kW 变功率观察检测情况，从实验结果（见图 9.12、9.13）可知大多数元素随功率的增加谱线强度增加，但功率增大到一定程度信背比反而下降，功率太低，影响待测元素的激发，功率太大，能源消耗大，同时也易烧掉炬管。综合考虑选 1.15 kW 较合适。

3. 辅助气流量的影响

随着辅助气流量的增大，除了 Al 的强度略有增加外，各待测元素谱线强度均有下降的趋势（见图 9.14、9.15）。故选择氩辅助气流量为 0.5L/min 最有利。

4. 雾化器压力的影响

由 0.25～1.5 mL/min 改变雾化器压力观察检测情况，从实验结果（见图 9.16、9.17）可知，当雾化器压力较低时，大多数元素随雾化器压力的增加谱线强度增加，但雾化器压力增大到一定程度信背比反而下降，雾化器压力太低，影响待测元素的灵敏度，雾化器压力太大，影响雾化的效果。当雾化器压力达到 1.5min/L，RF 功率若不做相应调整，易导致等离子炬淬灭。综合考虑选 0.35 mL/min 较合适。

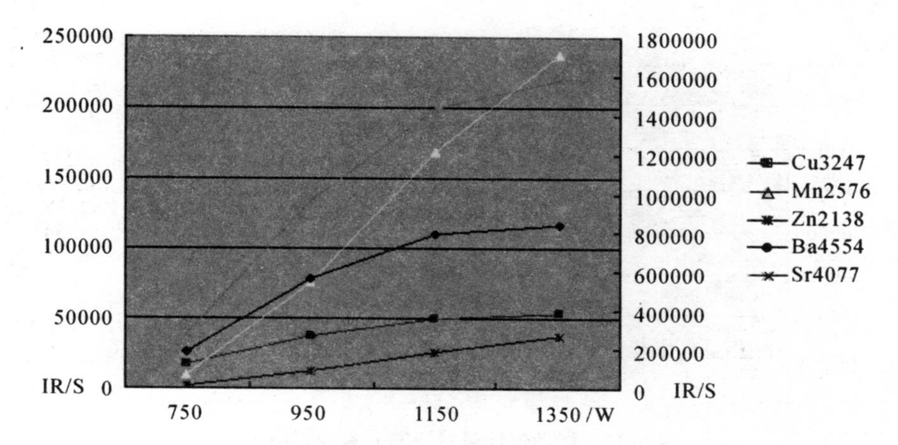

图 9.12　高频功率对待测元素的影响关系

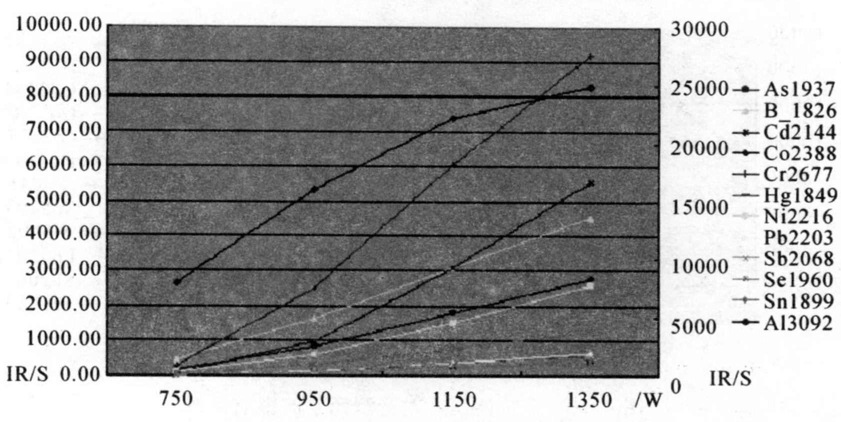

图 9.13　高频功率对待测元素的影响关系

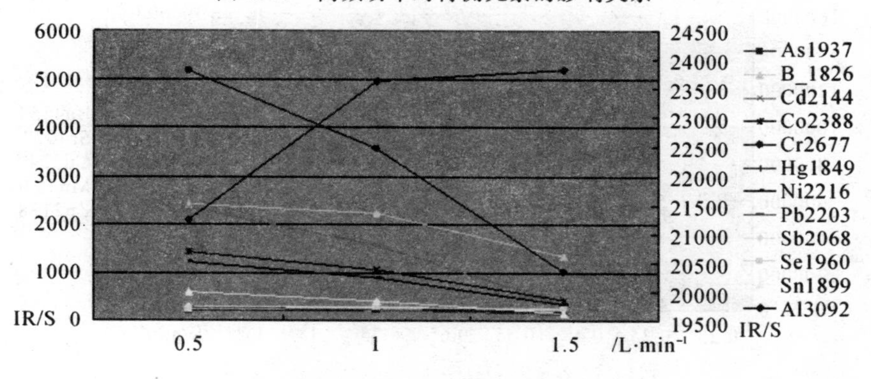

图 9.14　辅助气流量对待测元素的影响关系

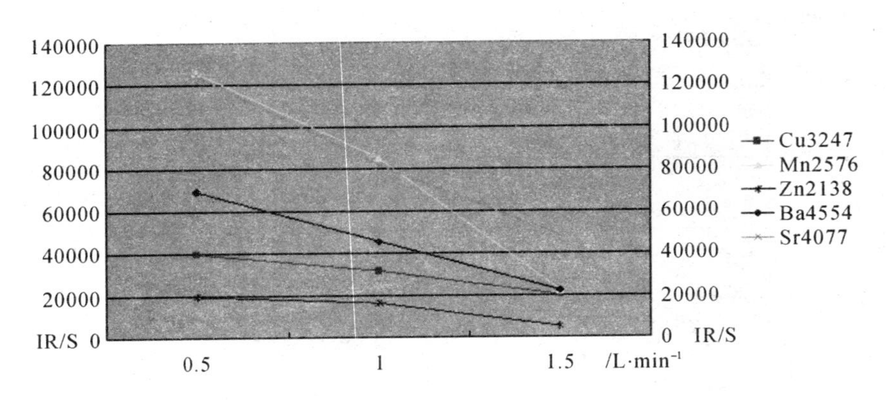

图 9.15 辅助气流量对待测元素的影响关系

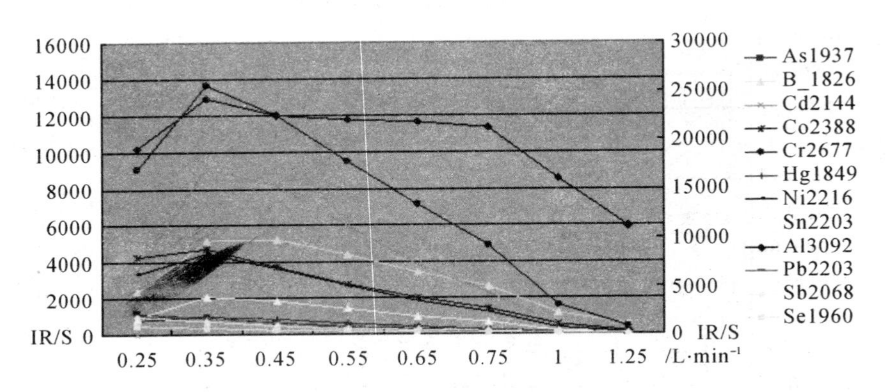

图 9.16 雾化器压力对待测元素的影响关系

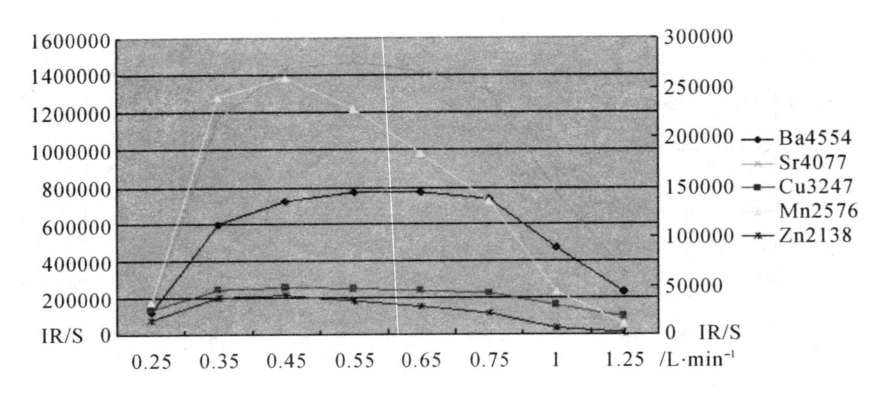

图 9.17 雾化器压力对待测元素的影响关系

5. 其他影响因素

迁移量测试中在对样品称量、仪器分析、标样都正确的情况下，样品尺寸、提取液的酸度、器皿尺寸(关系到样品流动性)、提取温度、加提取液后的pH值、振荡频率、滤纸等均对涂料中迁移量产生影响，其中酸效应是主要因素。

试验表明，标准溶液的酸度在0.02～0.40mol/L时，样品对Pb、Cd、Cr等元素测定没有影响，因而所使用标准溶液的酸度与样品提取液相匹配，但浸泡样品时，提取液的酸度必须严格控制，否则干扰加重，使Pb、Cd、Cr等元素的测定结果偏高。

9.3.5　结论

在对产品种类繁多的汽车涂料进行检测分析时，不可能在以上方法中千篇一律地去规定每一个细微的操作环节，同时在相关标准中没有具体规定到的操作步骤很多，因而需要试验人员在保证得到最好结果的前提下能采用最适合的方法。

参考文献

[1] 国家标准 GB24409-2009 汽车涂料中有害物质限量[S].

[2] 国家标准 GB/T 23994-2009 与人体接触的消费产品用涂料中特定有害元素限量[S].

[3] 美国标准 ASTM F963-2011 玩具安全的消费者安全标准规范[S].

[4] 国家标准 GB 18582-2008 室内装饰装修材料内墙涂料中有害物质限量[S].

[5] 国家标准 GB 24408-2009 建筑用外墙涂料中有害物质限量[S].

[6] 叶红齐，蒋伟滨，李建军等. 汽车涂料环保新国标浅析及应对措施[J]. 中国涂料，2012，27(1)：4－10.

[7] 黄宁，唐瑛. 汽车涂料环保标准解析与对策[J]. 涂料技术与文摘，2010，31(8)：15－19.

第10章　绿色车用涂料树脂成分分析技术

10.1　概　述

涂料是一种流动状态或粉末状态的有机物质，能均匀而牢固地覆盖在物体表面，并经干燥固化形成坚韧的连续状涂膜，对被涂物体起保护和装饰等作用，以增加其耐用性和美观性。

涂料的种类很多，分类比较复杂，根据标准，涂料分类的原则是以涂料基料中主要成膜物质为基础进行分类。若主要成膜物质是由两种以上的树脂混合而成，则按在涂膜中起主要作用的一种树脂为基础。结合我国目前涂料品种的具体情况，将涂料分为17大类。

1. 油脂漆类：主要成膜物质有天然动植物油、清油、合成干性油。

2. 天然树脂漆类：主要成膜物质有松香及其衍生物、虫胶、干酪素、动物胶、大漆及其衍生物。

3. 酚醛树脂漆类：主要成膜物质包括改性酚醛树脂、纯酚醛树脂。

4. 沥青漆类：主要成膜物质包括天然沥青、石油沥青、煤焦沥青。

5. 醇酸树脂漆类：主要成膜物质包括甘油醇酸树脂、季戊四醇醇酸树脂、其他改性醇酸树脂。

6. 氨基树脂漆类：主要成膜物质包括脲醛树脂、三聚氰胺甲醛树脂、聚酰亚胺树脂。

7. 硝基漆类：主要成膜物质包括硝基纤维素酯。

8. 纤维素漆类：主要成膜物质包括乙基纤维和苄基纤维、羟甲基纤维、醋酸纤维、醋酸丁酸纤维和其他纤维酯及醚类。

9. 过氯乙烯漆类：主要成膜物质包括过氯乙烯树脂、改性过氯乙烯树脂。

10. 乙烯漆类：主要成膜物质包括氯乙烯共聚树脂、聚醋酸乙烯及其共聚物、聚乙烯醇缩醛树脂、聚二乙烯乙炔树脂、含氟树脂。

11. 丙烯酸漆类：主要成膜物质包括丙烯酸酯酶树脂、丙烯酸共聚物及其改性树脂。

12. 聚酯漆类：主要成膜物质包括饱和聚酯树脂、不饱和聚酯树脂。

13. 环氧树脂漆类：主要成膜物质包括环氧树脂、改性环氧树脂。

14. 聚氨酯漆类：主要成膜物质包括聚氨基甲酸酯。

15. 元素有机漆类：主要成膜物质包括有机硅、有机钛、有机铝等元素有机聚合物。

16. 橡胶漆类：主要成膜物质包括天然橡胶及其衍生物、合成橡胶及其衍生物。

17. 其他漆类：未包括在以上所列的其他成膜物质，如无机材料等。

GB 18581 等标准适用范围对涂料的类型有详细的规定，如表 10.1 所示。

表 10.1　涂料相关国家标准适用类型

标准编号	适用于涂料的类型
GB 18581	硝基漆类、聚氨酯漆类和醇酸漆类
GB/T 23997	聚氨酯漆
GB/T 23998	硝基漆
GB/T 23999	聚酯树脂、醇酸树脂、丙烯酸树脂、异氰酸酯树脂

由于红外光谱仪因对大部分物质都具有高度的特征性，测定的样品可为固体、液体、气体，不受被测物状态的限制，有机、无机、高分子化合物等都可测定，分析操作简便、快速等特点，从而成为涂料组成分析的首选分析仪器。

红外光谱仪分析鉴定涂料组成，主要依靠对光谱与化学结构关系的理解、掌握和经验积累，与标准谱图对照，灵活运用基团特征吸收峰及其变迁规律，逐步推出正确的结构，以确定未知物的结构及名称。

红外光谱是电磁光谱的一部分，约在 0.78～1000μm 波长处。对结构鉴别最有用的光谱是 2.8～15.4μm(波数 4000～650cm^{-1})部分。

当一束红外光照射到被测试样上时，该物质分子将吸收以部分光能并转变为分子的振动能和转动能。借助于仪器将吸收值与相应的波数作图，即可获得该试样的红外吸收光谱图，光谱中每一个特征吸收谱带都包含了试样分子中基团和键的信息，不同物质有不同的红外光谱图。高分子鉴别就是利用这种原理，将未知高分子材料与已知高分子材料的标准红外光谱进行比较来区别其类别。

红外光谱技术分析样品的主要步骤为：样品处理、仪器操作、谱图解析。三者相互依存，互相关联。其中样品处理技术是前提，它的好坏影响到谱图的质量及解析的正确性。对组成简单的样品，如纯树脂、单一的化合物等，可直接用红外光谱仪鉴定。而大多数涂料都是组成复杂的混合物，首先应有效地分离各组成物。常用的分离方法有高速离心、溶解、沉淀、萃取、蒸馏与挥发、层析法等。

对于车用涂料成膜物质样品处理技术又可分为铸膜法、压片法等，见表10.2。

表 10.2 样品制样技术一览表

方法名称	所需装置和工具	应用范围	注意事项
溶液铸膜法	烧杯、玻璃棒、平板玻璃、红外加热灯	能溶解于某些易挥发性有机溶剂的聚合物	溶剂沸点不宜太高或太低，尽可能不用毒性较大的有机溶剂
压片法	液压机、模具、研钵、样品架、KBr 试剂或晶体	粉末高分子材料	制样在红外灯干燥箱内进行，KBr 和样品化合物应尽量研磨均匀

1. 铸膜法

a. 制样用具：烧杯、玻璃棒、平板玻璃、红外加热灯。

b. 制样方法：直接将涂料倾注在表面皿或玻璃板上（或滴在 KBr 窗片上），然后让溶剂挥发后，即制得样品薄膜。

c. 应用范围：主要用于溶剂易挥发、能成膜的涂料样品分析。

d. 使用要求：避免使用沸点高、极性强的溶剂，应选择较低沸点，能在低温下从薄膜中挥发、清除的溶剂。但也不能选用过低沸点的溶剂，否则会因溶剂挥发速度过快使制得的薄膜厚度不均匀。

尽量不使用对人体有害的溶剂，否则对操作者的健康和环境保护都不利。选择的溶剂不能与样品产生化学或其他相互作用，否则会引起聚集态结果的变化。

2. 压片法

压片法是粉末涂料样品红外光谱分析时最常用、最被优选的制样方法。

a. 制样用具：玛瑙研钵，不锈钢匙，溴化钾粉料，压模及其附件，液压机。

b. 制样方法：将固体样品先在玛瑙研钵中粉碎磨细，加入溴化钾粉料，继续研磨，直到磨细并混合均匀。将已磨好的物料加到压片专用的模具上，合上模具在液压机上加压到 9 吨/厘米^2 以上，并维持 2、3 min。取出压成片状的物料，装入样品架待测。模具如有抽气装置，则应在模具稍受压、密封圈起作用时接通抽气系统。

在上述压片制样过程中，必须注意物料在模具压芯中需均匀平整，否则不易获得透明均匀的压片。溴化钾粉料应事先磨细，过 200 目筛并烘干存放在干燥器中，另外，溴化钾在空气中特别是在不断研磨过程中都极易受潮，因此整个制样操作应在低湿度的环境中进行，加入溴化钾后的研磨更应在红外灯下进行。一种行之有效的方法是将模具及附件，包括压芯及样品圈，置于红外灯下预热升温，然后再加样操作。用完模具应用绸布擦拭干净并置于干燥器中保存以防生锈。

c. 样品用量：样品的用量随模具容量的大小而异，样品与溴化钾混合比例一般为(0.2～5)：100，即样品重量百分浓度为0.5%～2%。磨细样品与溴化钾混合均匀的物料总量应能满足所用压片模具所需最低限量，即压片厚度在0.5～1mm的用量。如用料量太少，则所得压片过薄，例如片厚0.5mm以下，在测谱时很易在谱图上留下干涉条纹，这种弱峰似的干涉条纹有时会充满指纹区域。去除和减轻压片制样中的干涉条纹，通常可取下列方法：

(a)故意制作表面不平整或不光洁的压片，其干涉条纹就不明显或不规则。

(b)故意将有干涉条纹的薄压片倾斜放置在光路中测试，可减少和去除干涉条纹。

(c)增加溴化钾用量，使压片厚度超过0.5mm。

在使用直径固定的压片模具时，增加溴化钾用量只使压片增厚，并不减低谱峰强度，但物料用量增加将使压片谱中水峰等物料残杂吸收增大。为去除这些残杂吸收，可采用相同厚度的空白压片补偿。在傅立叶变换红外光谱仪中，应使用空白压片采集本底光谱。

10.2　典型绿色车用涂料红外谱图

每一类涂料都具有各自特征的红外光谱图，所以用红外光谱仪鉴定这些样品的类属非常可靠。本部分选取了一些典型的车用涂料按上述方法进行前处理后测试其红外光谱图，图10.1至图10.14是一些主要类型的车用涂料的红外特征谱图，表10.3为不同类型车用涂料的红外特征吸收峰位。

表10.3　典型车用涂料的红外特征吸收峰位

涂料树脂类型	红外特征谱图/cm^{-1}
一、聚氨酯	3330,1717,1596,1533,755
二、醇酸树脂	1732,1580,1386,1268,1072
三、环氧树脂	3036,1608,1510,1244,829,775
四、异氰酸酯	2274,1713,563

续表

涂料树脂类型	红外特征谱图/cm^{-1}
五、环氧树脂	1607,1509,829,777
六、聚酯树脂	1731,1558,1241,1076,709
七、醋酸乙烯酯	1737,1245,1184,964
八、聚二甲基硅氧烷	1412,1261,1092,1017,798
九、聚甲基丙烯酸甲酯	1732,1272,1242,1192,1149
十、聚酯树脂	1732,1559,1242,1075,731
十一、有机硅树脂	1261,1095,1026,802
十二、硝基树脂	1728,1652,1453,1374,1279,1071
十三、酚醛树脂	3016,1610,1510,1237,1010,670
十四、四氟乙烯树脂	1240,1153

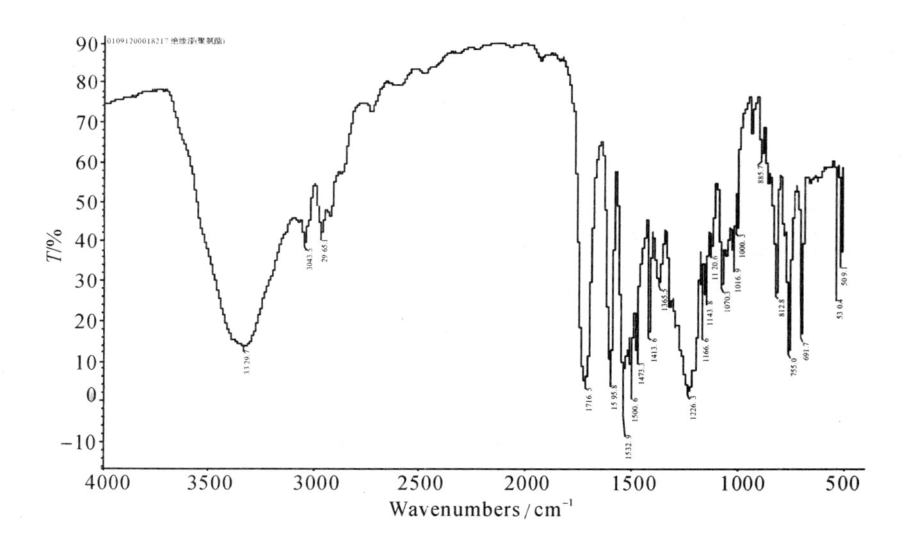

图 10.1　聚氨酯涂料的红外光谱图

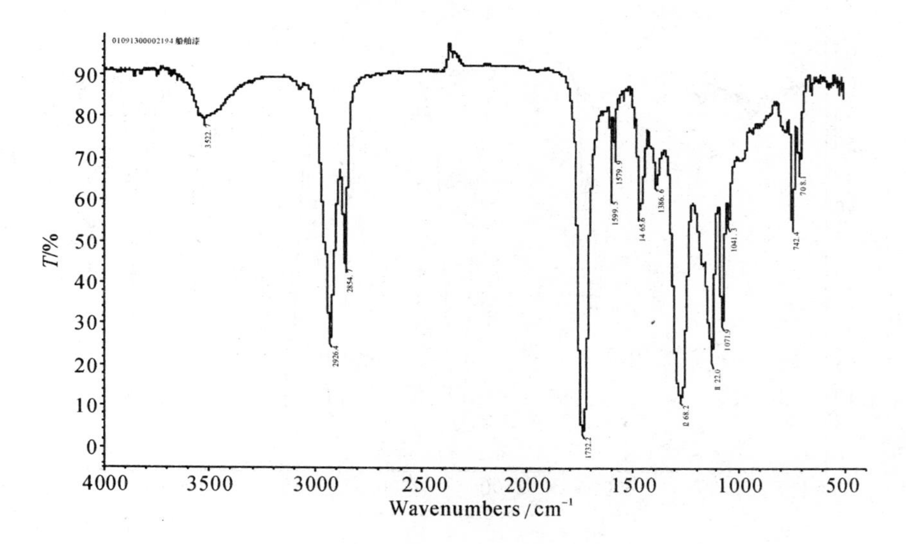

图 10.2　醇酸树脂涂料的红外光谱图

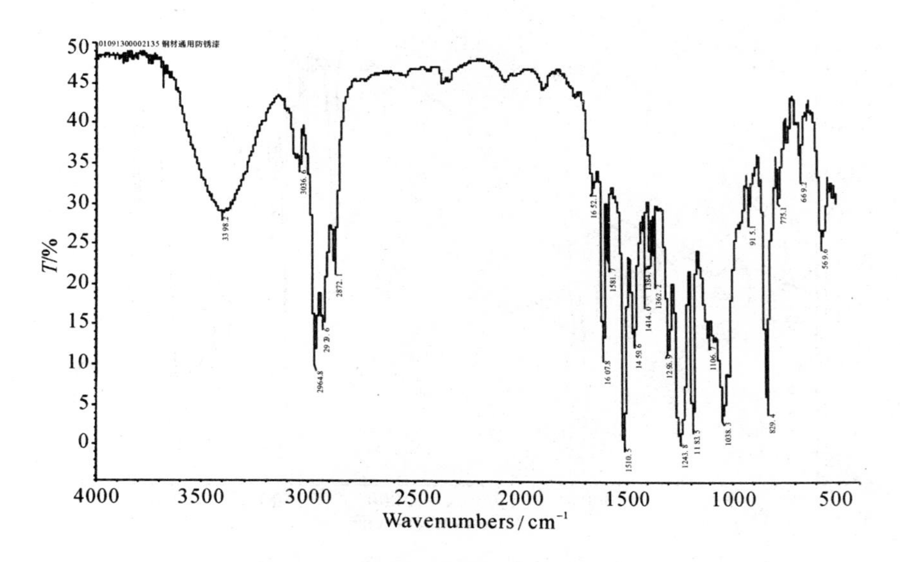

图 10.3　环氧树脂涂料的红外光谱图

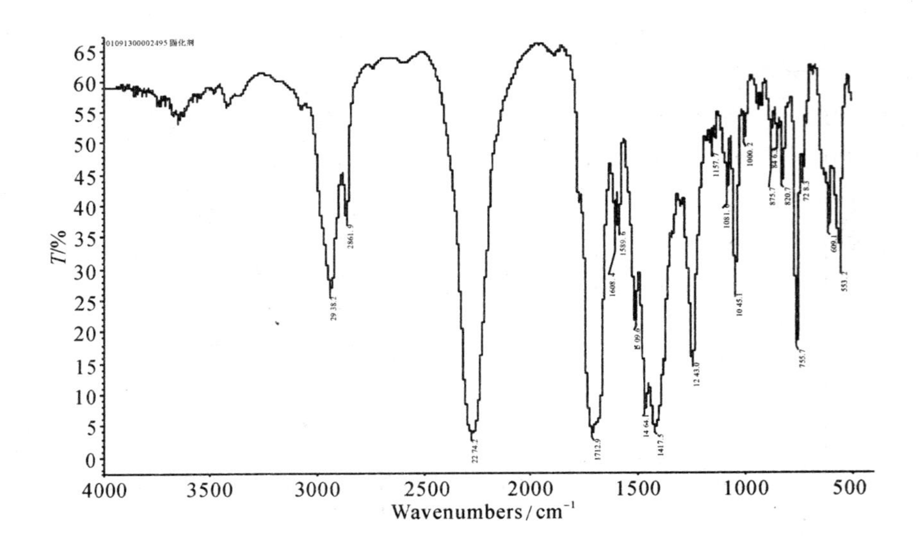

图 10.4 异氰酸酯涂料的红外光谱图

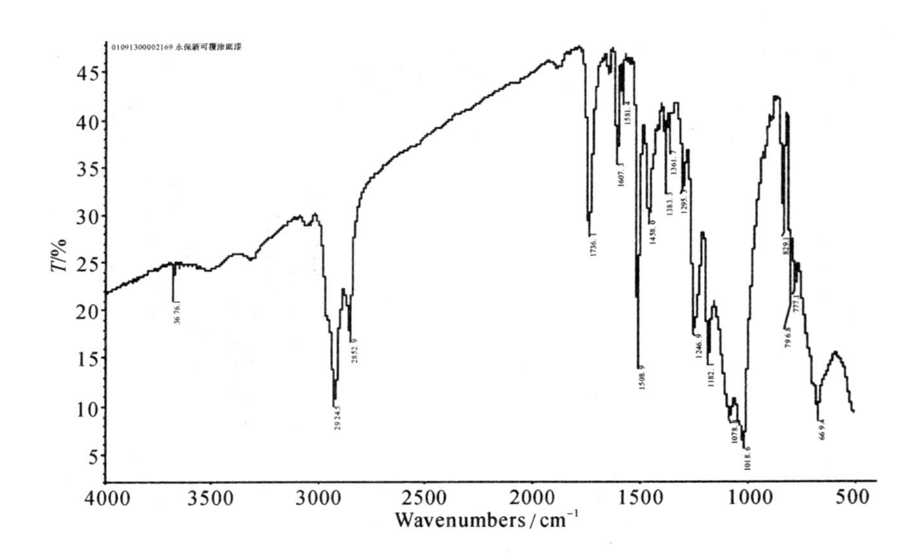

图 10.5 环氧树脂涂料的红外光谱图

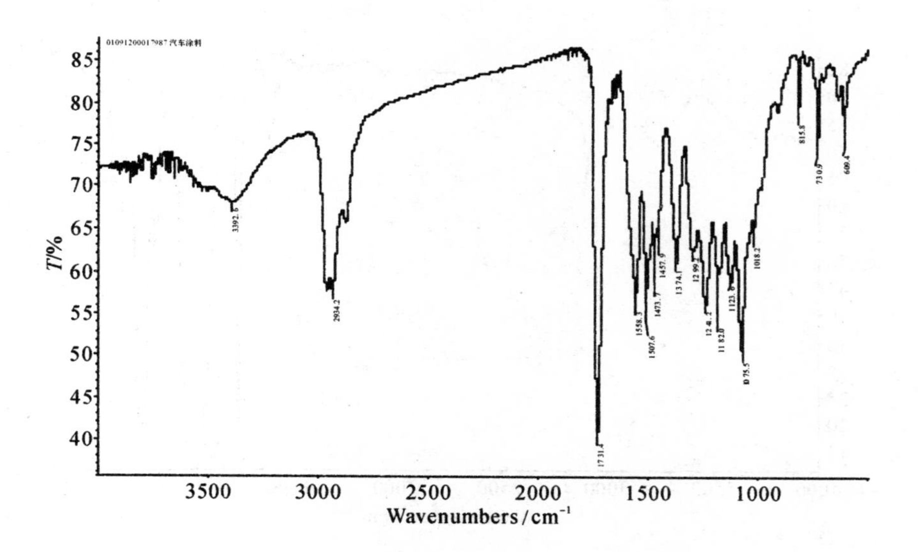

图 10.6　聚酯树脂涂料的红外光谱图

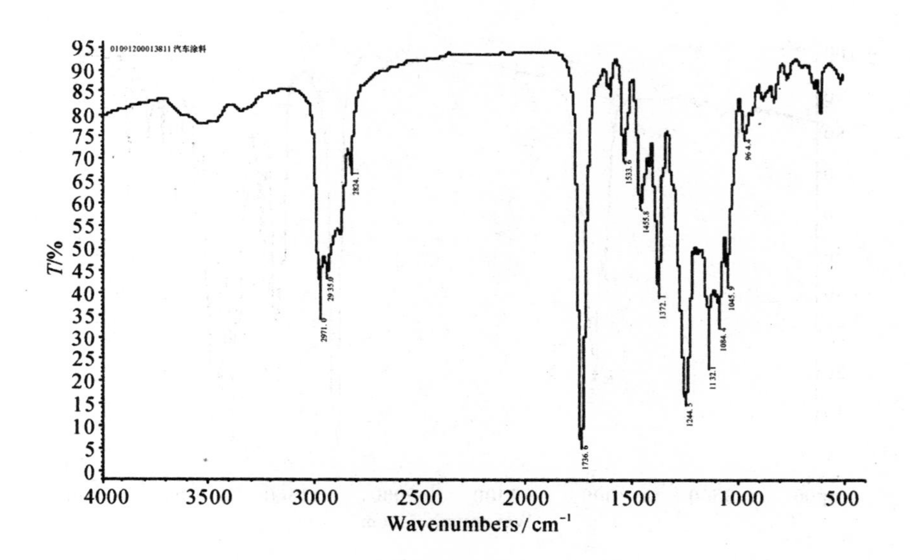

图 10.7　醋酸乙烯酯涂料的红外光谱图

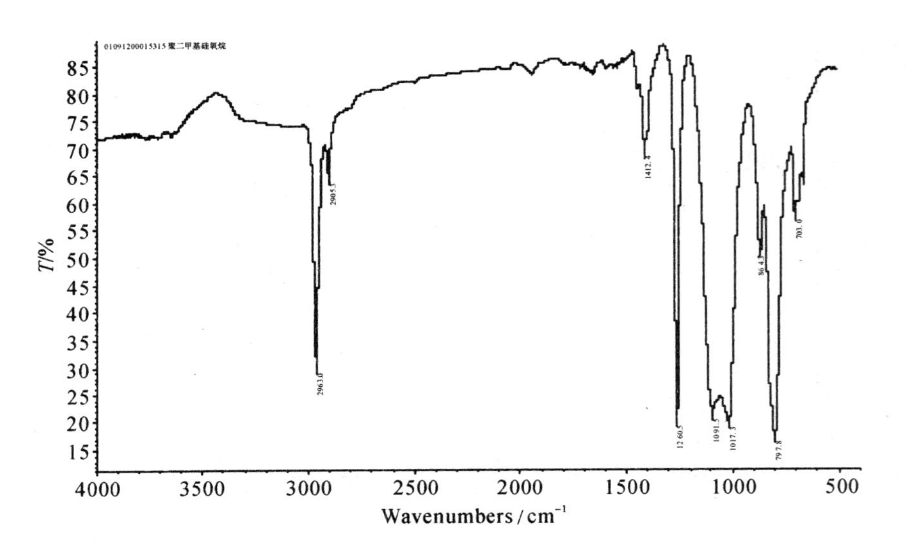

图 10.8　聚二甲基硅氧烷的红外光谱图

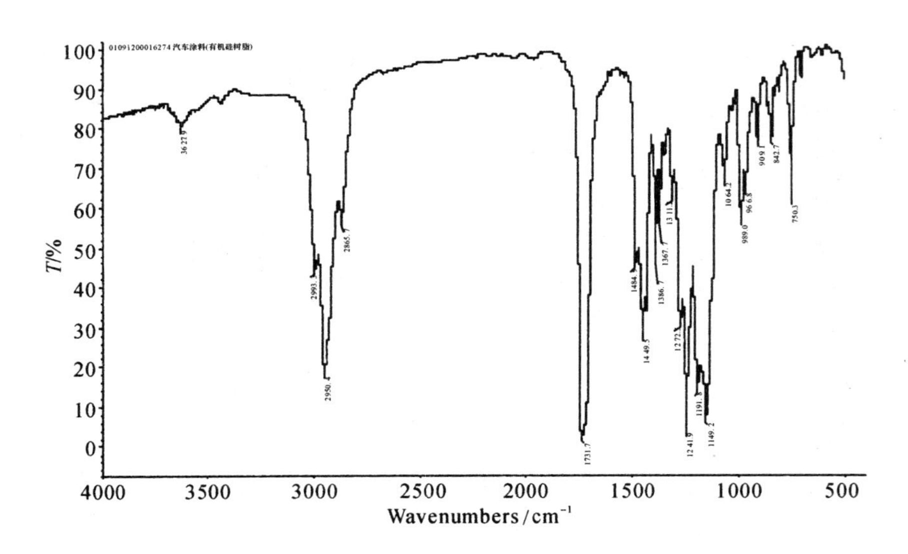

图 10.9　聚甲基丙烯酸甲酯涂料的红外光谱图

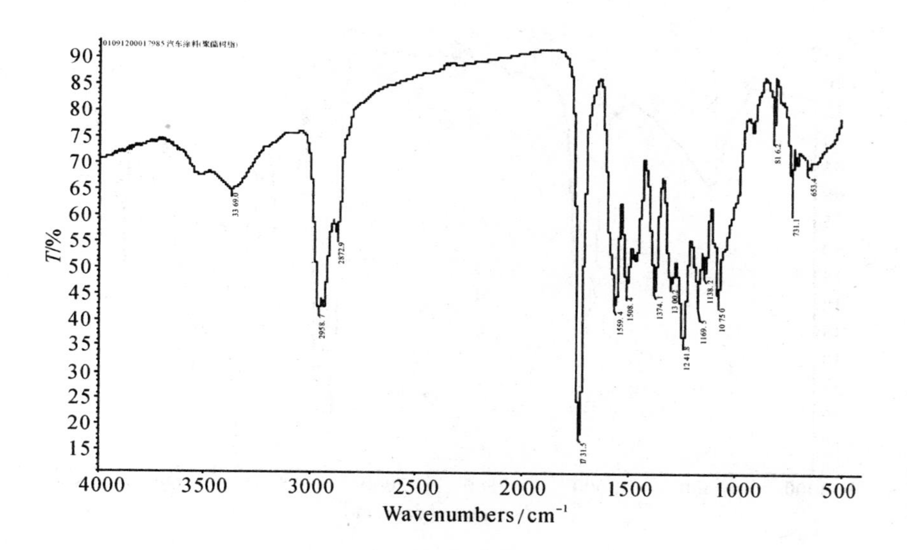

图 10.10　聚酯树脂涂料的红外光谱图

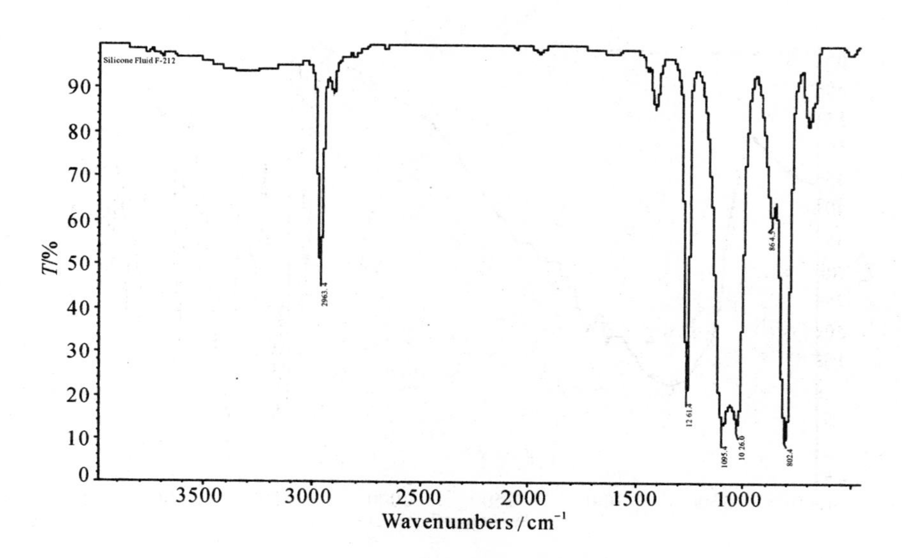

图 10.11　有机硅树脂的红外光谱图

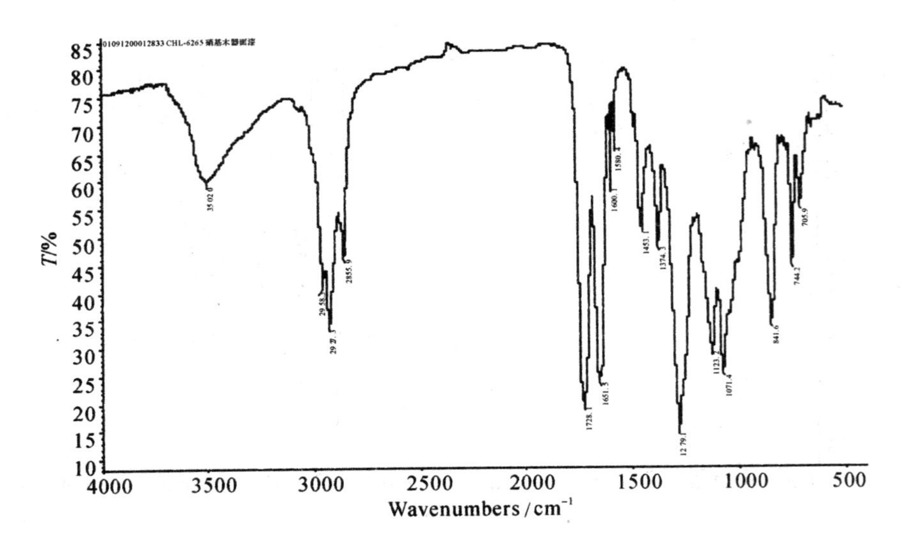

图 10.12　硝基树脂涂料的红外光谱图

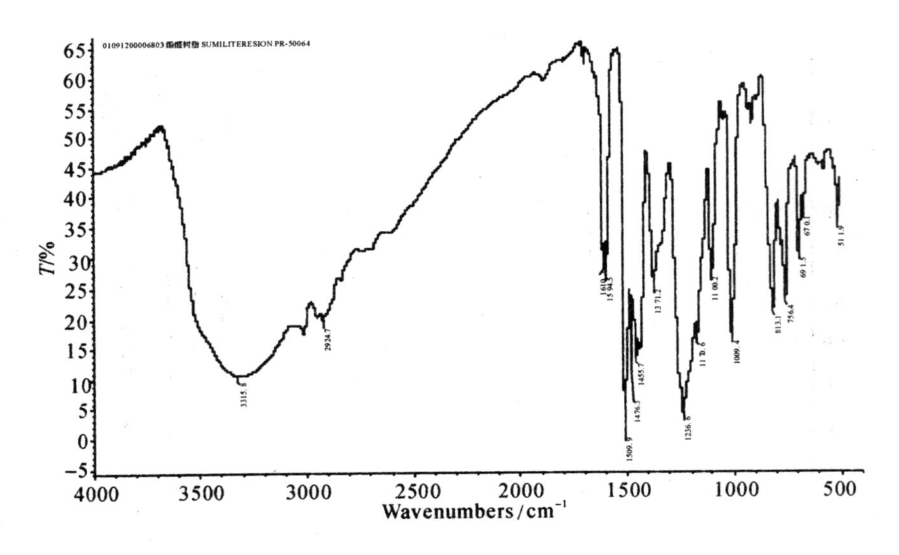

图 10.13　酚醛树脂涂料的红外光谱图

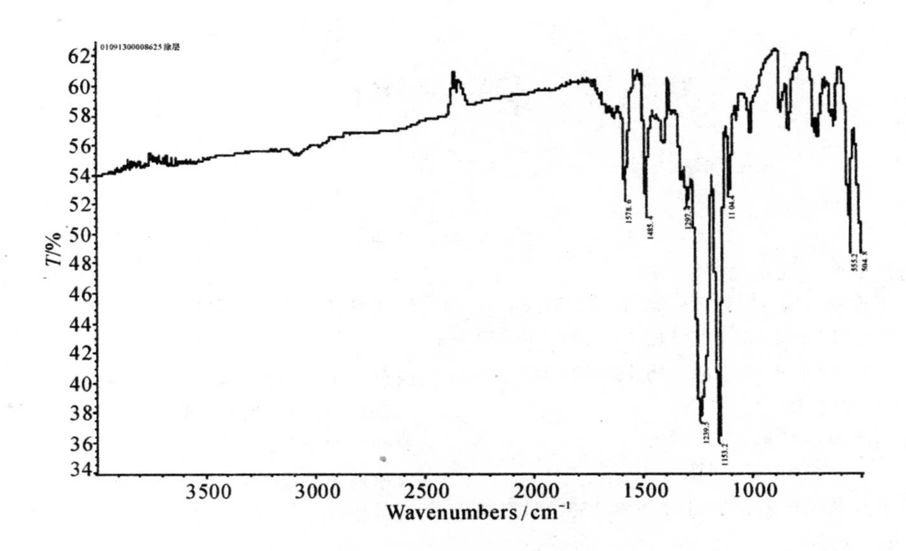

图 10.14 四氟乙烯树脂涂料的红外光谱图

参考文献

[1] 薛奇编著.高分子结构研究中的光谱方法[M].北京:高等教育出版社,1995.

[2] 肖军.纵谈现代车用涂料及其涂装[J].上海涂料,2006(12):37—40.

[3] 叶镜泉,廖文波.现代汽车涂料的发展趋势[J].广东化工,2008(11):3—5.

[4] 黄宁.红外光谱法在涂料剖析中的应用[J].涂料工业,1999(01):37—41.

[5] 马春妹.FT-IR红外光谱法在涂料工业中的应用[J].上海涂料,2002(03):35—38.

索　引